TRAITÉ

DE PHYSIQUE

APPLIQUÉE AUX ARTS ET MÉTIERS.

A. PIHAN DELAFOREST,
Imprimeur de la Cour de Cassation, rue des Noyers, n° 37.

TRAITÉ
DE PHYSIQUE

APPLIQUÉE

AUX ARTS ET MÉTIERS,

Et principalement à la construction des Fourneaux, des Calorifères à air et à vapeur, des Machines à vapeur, des
Pompes; à l'art du fumiste, de l'Opticien, du Distillateur;
aux Sècheries, Artillerie à vapeur, Éclairage, Bélier et
Presses hydrauliques, Aréomètre, Lampes à niveau constant, etc.

Par M. J.-J.-V. Guilloud,

PROFESSEUR DE MATHÉMATIQUES.

OUVRAGE ORNÉ DE 160 FIGURES.

PARIS,

BOURAYNE, LIBRAIRE,

ACQUÉREUR DU FONDS DE LIBRAIRIE DE RAYNAL,

Rue de Seine St.-Germain, Nº 48.

1835.

PRÉFACE.

Le monde industriel, c'est-à-dire, l'ensemble des personnes qui contribuent d'une manière quelconque aux opérations industrielles, peut se partager en trois classes principales : celle de *l'entrepreneur*, celle du *savant*, celle de *l'ouvrier*. Par *ouvrier* on entend ici l'individu qui exécute une opération quelconque ; *l'entrepreneur* est celui qui dirige cette exécution et qui paie l'ouvrier ; enfin le *savant* est celui qui, se vouant à la méditation, raisonne et réfléchit sur les conséquences immédiates ou éloignées de certaines données que lui a fait connaître l'expérience, et contribue aux opérations industrielles en ce qu'il trouve et fournit à l'ouvrier les moyens d'employer ses facultés d'une manière mieux raisonnée et plus avantageuse ; les moyens de faire plus d'ouvrage avec un travail déterminé ou un ouvrage donné avec moins de travail, ce qui revient au même ; ou bien encore de mieux faire sans se donner plus de peine, ou de faire aussi bien en se donnant moins de peine; et comme le prix d'une chose représente en général la peine qu'on s'est donnée pour la faire, il en résulte que pour une même dépense, chacun (l'ouvrier lui-même) peut se procurer un plus grand nombre des choses qu'il désire ; c'est en cela que consiste la perfectibilité de la société, sous le rapport industriel. Je ne veux pas dire que ces trois classes d'individus aient entre elles des lignes de démarcation marquées, au contraire, le même individu réunit la plupart du temps plus ou moins de ces trois qualités, et il existe encore des classes intermédiaires ou qui participent de plusieurs et qu'on ne saurait au juste dans quelle classe placer.

Mais pour que le savant, en perfectionnant le mode d'exécution de l'ouvrier, puisse contribuer efficacement à ses opérations industrielles, il faut que celui-ci, et presque toujours l'entrepreneur lui-même, connaisse les conséquences que le premier a tirées de ses études et de ses réflexions; faut-il pour cela qu'il raisonne précisément comme lui, et qu'il parcoure la même route qu'il a parcourue? il est évident que le temps lui manquerait presque toujours, et qu'il ne lui importe généralement que de connaître les résultats, et seulement ceux qui ont reçu quelque application dans les arts, les autres pouvant rester exclusivement dans le domaine de la science jusqu'à ce que quelque application nouvelle rende utile leur passage dans le domaine de l'industrie. Néanmoins, en étudiant ces résultats, il est bon qu'il connaisse sommairement les raisonnemens qui servent à les coordonner entre eux, et à en varier l'application suivant le besoin. Ce n'est pas que je pense qu'il lui serait absolument inutile de connaître complètement la science dont il ne doit appliquer que quelques parties, mais l'étudier et se mettre à même de la comprendre, serait, pour lui, employer à raisonner un temps destiné à agir. De là dérive l'utilité des ouvrages qui, dépouillant la science de tout ce qui n'a pas avec l'industrie un rapport immédiat, ne présentent à ceux qui exercent celle-ci que les parties qui leur seront certainement utiles. Sans doute c'est dépouiller la science de ce qui fait, pour le savant, *sa principale utilité et sa certitude*, mais qui, pour l'industriel, ne serait que des épines qui la rendraient presque toujours inabordable. Je le répète, il vaudrait mieux sans doute qu'il la connût à fond, mais faute de le pouvoir, ne vaut-il pas mieux lui en présenter la *surface* que de lui présenter ce qu'il n'aurait pas le loisir d'étudier et de comprendre. Aussi ce n'est pas sans étonnement que nous avons vu un savant * déplorer la manie de présenter au peuple des traités populaires, habitude qui est surtout en usage dans la Grande-Bretagne. Nous pensons précisément au contraire que c'est à cela même que l'Angleterre doit en grande partie sa richesse et sa supériorité industrielle.

C'est dans ce but que nous publions ce précis de physique appliquée aux arts.

---

* M. Biot, Précis de physique, préface.

Nous en avons distrait presque tout ce qui est relatif à la mécanique qui, à cause de son importance, fera un traité à part, que nous publierons incessamment. On comprend quelquefois sous le titre de chimie appliquée aux arts des faits et des *théories qui sont absolument du domaine de la physique*; nous préférons faire deux traités séparés, l'un de chimie et l'autre de physique, néanmoins celui-là renfermera souvent de la physique, et celui-ci quelquefois de la chimie. Ces deux sciences ont tant de points de contact qu'il est impossible d'éviter complètement ce mélange. Ces deux traités joints à celui de mécanique, dont nous avons parlé plus haut, formeront d'une manière complète, quoique abrégée, un *Traité de Physique, de Mécanique et de Chimie appliquées aux Arts.*

ABRÉVIATIONS

EMPLOYÉES DANS CET OUVRAGE.

———

° Signifie degrés du thermomètre.

dég. .... degrés de l'alcoomètre.

° .... degrés du cercle; on nomme ainsi la 360e partie de la circonférence.

′ .... minutes ou 60e de degré.

k. .... kilogramme.

l. .... litre.

g. .... gramme.

a. .... aune.

m. .... mètre.

dm. .... décimètre.

cm. .... centimètre.

mm. .... millimètre.

q .... à la suite des quatre abréviations précédentes, signifie carré.

c. .... dans le même cas, signifie cube.

c. .... calorie.

d. .... dynamie.

= .... égale.

+ .... plus.

— .... moins.

× .... multiplié par.

— .... divisé par (Voir page 5, note).

: .... est à.

:: .... comme.

√ .... racine carrée.

PHYSIQUE

APPLIQUÉE

AUX ARTS ET MÉTIERS.

LIVRE PREMIER.

PROPRIÉTÉS GÉNÉRALES DES CORPS.

CHAPITRE PREMIER.

POROSITÉ, DENSITÉ, POIDS.

On donne le nom de *pores* aux petits trous ou interstices qu'on aperçoit dans quelques corps, qu'on démontre par l'expérience dans d'autres, et qu'on suppose par analogie dans tous. Si, par exemple, on presse du mercure dans une peau de chamois, il passera au travers ; ce qui prouve qu'il y a des trous qui la traversent : ce sont ses

1

pores. De même l'eau s'infiltre au travers d'un grand nombre de corps, ce qui prouve que tous ces corps ont des pores : cette propriété des corps se nomme *porosité*.

Mais l'étendue des pores d'un corps quelconque peut être plus ou moins grande par rapport aux espaces pleins. Par exemple, si je presse avec force un morceau de liège, il se réduira à un plus petit *volume*; c'est-à-dire qu'il n'occupera plus autant de place : il est évident qu'alors les pores en sont moins étendus qu'auparavant : dans ce cas, il y a la même matière en un plus petit volume, ou, ce qui revient au même, il y a plus de matière dans un même espace : c'est ce qu'on appelle plus *dense* ; et l'action par laquelle on réduit un corps à un plus petit volume s'appelle *condensation* ou *compression*. La quantité plus ou moins grande de matière qu'un corps contient dans un espace déterminé se nomme *densité;* ce mot devrait s'employer pour les différens états par lesquels un même corps peut passer ; et, lorsque nous parlerons des substances *gazeuses*, nous verrons qu'elles sont susceptibles de très grands changemens à cet égard; néanmoins on l'emploie souvent pour représenter l'état relatif de deux corps différens. C'est ainsi qu'on dit que le plomb est plus dense que l'étain, parce qu'un volume déterminé, un centimètre cube, par exemple, de plomb, est plus pesant qu'un pareil volume d'étain ; c'est qu'alors on suppose la matière en général uniformément pesante ; et on dit qu'il y a plus de matière dans le centimètre cube de plomb, parce qu'il pèse davantage ; mais il serait plus exact de dire que son *poids spécifique* est plus grand.

Tout le monde sait ce que c'est que le poids d'un corps ; pour le mesurer, on le compare à une *unité*, c'est-à-dire à un poids dont on est convenu de se servir pour cet usage : c'est la livre ; elle est formée d'un demi-kilogramme, et celui-ci est le poids d'un litre ou décimètre cube d'eau, qui devrait être distillée et refroidie à environ trois degrés, pour que cela fût parfaitement exact ; mais, dans son état habituel, elle en approche assez pour qu'on puisse négliger cette inexactitude dans la pratique.

Lorsqu'un corps tombe, l'espace parcouru augmente en raison du carré des temps ; la vitesse acquise est double de la vitesse moyenne depuis le commencement de la chute, et un corps tombe de $4^m,904$ en une seconde. D'où il résulte qu'au bout de cette seconde, il a une vitesse de $9^m,808$ par seconde ; au bout de sept secondes, il a parcouru un espace de $4^m,904 \times (7 \text{ fois } 7)$, et acquis une vitesse de $9^m,808 \times (7 \text{ fois } 7)$ en sept secondes, ou $9^m,808 \times 7$ par secondes : ce qui fait voir que la vitesse augmente dans le même rapport que le temps, et par conséquent dans le rapport des racines carrées des hauteurs.

La hauteur d'où un corps est tombé étant connue, il est facile de calculer la vitesse acquise, au moyen d'une proportion. Soit, par exemple, trois mètres : ce corps, en tombant de $4^m,904$, acquiert une vitesse de $9^m,808$, nous aurons $\sqrt{4^m, 904} : \sqrt{3} :: 9^m, 808 : x$ d'où $x = 4,43 \times \sqrt{3}$ ou $7^m,67$ par seconde. En général, il suffit, comme on le voit par le résultat de cette proportion, de multiplier la racine de la hauteur par $4,43$.

On donne le nom de *poids spécifique* d'un corps au poids du corps sous un volume déterminé. Ainsi le poids spécifique de l'or surpasse celui du fer, parce qu'un volume quelconque d'or pèse plus qu'un pareil volume de fer. On compare ordinairement les poids spécifiques à celui de l'eau, et alors le nombre qui exprime celui d'un corps exprime aussi le nombre de kilogrammes que pèse un litre ou décimètre cube de ce corps ; car nous avons vu ci-dessus qu'on a pris pour former le kilogramme le poids d'un litre d'eau. Si donc le poids spécifique d'un corps est, par exemple, cinq fois celui de l'eau, un litre de ce corps pèsera cinq kilogrammes ou bien un *centimètre cube*, qui est le millième du litre, pèsera cinq *gram-*

mes, qui sont cinq millièmes de kilogramme.

Ainsi, pour déterminer le poids spécifique d'un corps, il faudrait en prendre un décimètre cube, et voir combien il pèse de kilogrammes, ou bien en prendre un centimètre cube, et voir combien il pèse de grammes; mais il n'est pas même nécessaire de prendre ainsi précisément un décimètre ou un centimètre cube. Pourvu qu'on pèse un morceau de ce corps et qu'on en connaisse le volume, on pourra trouver le poids spécifique par une simple division. En effet, supposons qu'on ait un morceau de plomb de quatre centimètres cubes $\frac{3}{4}$, on le pèsera exactement; on trouvera qu'il pèse 53,9 grammes : donc, un centimère cube pèse-rait $*$ $\dfrac{53,9^{\text{grammes}}}{4\,\frac{5}{4}}$ ou 11$^{\text{gr.}}$,35. Ce dernier nom-bre est donc le poids spécifique du plomb. Si on voulait ensuite déterminer le poids d'un pied cube de plomb, il n'y aurait qu'à multiplier le nombre ci-dessus par 34277; car le pied cube vaut ce nombre de centimètres cubes : cela don-nerait 389044 grammes, qui, à raison de 500

$*$ Cela signifie 53$^{\text{g.}}$ divisés par 4 $\frac{5}{4}$. C'est tou-jours ainsi que nous indiquerons la division, par exemple : $\frac{51}{21}$ signifie 51 divisé par 21, etc.

grammes par livre, valent 778 livres à peu près. On fera absolument de la même manière pour toute autre matière dont on voudra connaître le poids spécifique, il n'y aura qu'à diviser le poids d'un morceau quelconque par le volume du même morceau. Or, il sera facile d'en trouver le poids au moyen de balances ; mais il ne sera pas aussi facile d'en déterminer le volume, s'il est de forme irrégulière ; nous verrons, dans le Livre IV, le moyen de le faire.

Quant aux liquides ; il sera facile d'en mesurer un litre, et de le peser ; néanmoins l'aréomètre fournit un moyen plus commode (Chap. Ier, Liv. IV.)

Nous verrons, au Liv. III, les moyens de déterminer ceux des gaz.

Voici les poids spécifiques de quelques substances :

NOMS DES SUBSTANCES.	POIDS d'un litre en kilog.	NOMS DES SUBSTANCES.	POIDS d'un litre en kilog.
Platine...............	21,80	— sapin............	0,55
Or...................	19,26	— peuplier.......	0,38
Mercure liquide....	13,59	Liège...............	0,24
Mercure congelé....	15,68	Eau...............	1,
Plomb...............	11,35	Eau de mer.......	1,03
Argent...............	10,47	Vin de Bourgogne...	0,99
Laiton...............	8,40	Huile d'olive.......	0,91
Cuivre rouge.......	7,80	— de lin........	0,94
Fer forgé..........	7,78	Acide sulfurique....	1,85
Fer fondu..........	7,21	— nitrique.......	1,55
Acier...............	7,83	Essence de théréb...	0,87
Étain...............	7,29	Alcool.............	0,79
Zinc...............	7,19	Éther.............	0,71
Porphyre et granit..	2,76	Air...............	0,001299
Marbre de Carrare..	2,72	Gaz hydrogène.....	0,000089
Pierre de St.-Cloud..	2,20	— oxigène........	0,001434
Pierre d'Arcueil....	2,66	— Azote..........	0,001259
Pierre de St.-Leu...	1,58	Acide carbonique...	0,001974
Argile.............	2,67	Vapeur d'eau.......	0,000810
Verre blanc........	2,89	— d'alcool........	0,002095
Verre noir........	2,73	— d'essence de th..	0,006512
Bois de chêne.......	1,17	— d'éther........	0,003359

CHAPITRE II.

TENACITÉ, DUCTILITÉ.

On donne le nom de *tenacité* à la force avec laquelle un corps résiste lorsqu'on veut le rompre en le tirant par les deux bouts ; cette force est d'environ 30^k par millimètre carré pour le cuivre, et 55 pour le fer ; mais la qualité de ces métaux et la manière dont ils ont été travaillés peuvent l'augmenter ou la diminuer : nous y reviendrons dans notre traité de Mécanique.

La *ductilité* est la propriété qu'ont quelques corps, surtout les métaux, de changer de forme, et de s'étendre dans divers sens sans se rompre, soit sous le marteau, soit sous le laminoir, soit à la filière, etc. Les métaux sont très ductiles pour la plupart, du moins ceux qu'on emploie dans les arts.

CHAPITRE III.

COMPRESSIBILITÉ, ÉLASTICITÉ.

On appelle *compressibilité* d'un corps la

propriété de pouvoir être réduit à un volume plus petit , et *élasticité* celle de revenir à son premier état lorsque la force qui l'a comprimé vient à cesser.

On donne aussi le nom d'élasticité à la force avec laquelle un ressort tend à reprendre la forme qu'on lui a fait perdre momentanément ; mais il ne faut pas confondre cette propriété avec la précédente , qu'on nomme aussi *expansibilité* ou *force d'expansion*.

CHAPITRE IV.

DES DIFFÉRENTES NATURES DES CORPS.

Il y a des corps de quatre natures différentes ;

1° Les corps *solides* qu'on peut voir, toucher, et qui ont une forme déterminée qu'ils conservent tant qu'on ne fait pas effort pour la leur faire perdre : tels sont le fer , le bois, etc.

2° Les corps *liquides* qu'on peut voir, toucher, mais qui n'ont pas de forme déterminée , tels que l'eau.

3° Les corps *gazeux* qu'on ne peut point toucher, presque jamais voir, mais qu'on peut cependant enfermer, tels que l'air.

4° Les corps *impondérables*, dont la matérialité n'est point perceptible.

Les derniers font une classe à part, et ne passent jamais à d'autre état : ce sont le *calorique*, la *lumière*, le *fluide électrique*.

Les trois premiers états, au contraire, appartiennent souvent au même corps : ainsi, l'eau peut être solide ; alors elle se nomme glace. Elle peut être liquide ; c'est son état habituel. Elle peut être gazeuse, et porte le nom de vapeur. Ces différens états dépendent du plus ou moins de chaleur que ces corps renferment, comme nous le verrons au chapitre *Eau*, et au chapitre *Calorique*.

CHAPITRE V.

DES DIVERSES SORTES DE FORCE.

On nomme force la cause quelconque qui produit ou tend à produire un mouvement, il y en a de plusieurs sortes, et qui ne peuvent pas être comparées entre elles, comme quelques personnes ont essayé de le faire.

Nous examinerons cela d'une manière plus spéciale dans notre traité de Mécanique. Néanmoins nous allons en dire quelque chose pour pouvoir apprécier la force des machines à vapeur, dont nous parlerons au IVe Livre.

Il faut distinguer la *pression* du *choc* : la première produit une action continue sur un corps, et tend à le mouvoir : on la compare à la pesanteur qui est une pression dont on connaît mieux la grandeur que de toute autre; mais on peut l'exprimer d'une manière *absolue* ou d'une manière *relative*. La première s'exprime en kilogrammes ou livres, la seconde en pieds, mètres ou millimètres d'eau ou de mercure. Par exemple, si je dis qu'une surface éprouve une pression de trois décimètres d'eau : cela veut dire qu'elle est autant pressée que si, étant horizontale, on la couvrait d'une couche d'eau de trois décimètres de hauteur; on pourrait aussi dire qu'elle éprouve une pression de trois kilogr. par décimètre carré ; car trois décimètres d'eau sur un décimètre carré : cela fait trois décimètres cubes qui pèsent un kilogr. chacun.

Lorsqu'on connaît la pression relative qu'éprouve une surface et l'étendue de cette surface, on calcule la pression absolue en multipliant l'un par l'autre. Par exemple, une surface de 35 décimètres carrés qui éprouverait une pression de 5 décimètres d'eau, éprouverait au total une pression de 35×5, ou 175 kilogram.; car, sur chaque décimètre carré, il y en a 5 de hauteur; ce qui fait 5 décimètres cubes ou 5 kilogram.

Mais on observera que, pour que le résultat soit juste, il faut que la pression soit exprimée en décimètres d'eau, et la surface en décimètres carrés. Si, aux décimètres on substituait les centimètres, le résultat, au lieu de kilogrammes, exprimerait des grammes.

Si, au lieu d'une colonne d'eau, c'était une colonne de mercure, il faudrait la multiplier par 13,57, poids spécifique du mercure : par là elle serait réduite en eau. Si la surface et la hauteur étaient exprimées en pieds, il faudrait en multiplier la hauteur par 3,25 pour la réduire en décimètres, et la surface par 10,55 pour la réduire en décimètres carrés; si ensuite on voulait exprimer le résultat en livres, il faudrait le diviser par 2, et réduire le quotient en onces et gros. Exemple :

Quelle est la pression exercée sur une surface de 3 pieds carrés $\frac{1}{2}$ par une couche de mercure de 1 pied $\frac{1}{4}$ de hauteur?

$$1^{\text{pied}}\tfrac{1}{4} = 3,25 \times \left(1\tfrac{1}{4}\right) = 4^{\text{déc.}},06.$$

$$4^{\text{déc.}},06 \text{ de mercure} = 4,06 \times 13,57 = 55^{\text{déc.}},09 \text{ d'eau.}$$

$$3 \text{ pieds carrés } \tfrac{1}{2} = 10,55 \times \left(3\tfrac{1}{2}\right) = 36^{\text{déc.}},92.$$

$$55,09 \times 36,92 = 2033^{\text{kilog.}},92.$$

$$\text{Et en livres } \frac{2033,92}{200} = 1016^{\text{liv.}}15^{\text{onc.}}3^{\text{gros.}}$$

On voit, par la complication de ce calcul, comparée à la simplicité du précédent, qui n'est qu'une multiplication, combien l'emploi des mesures décimales est commode, et combien il serait avantageux que tout le monde les connût bien, et qu'on ne parlât plus des autres.

Le *choc* est l'action d'un corps en mouvement et ayant déja une vitesse acquise sur un autre corps qu'il rencontre; mais cette action ne peut se comparer à la pression, et est d'une nature toute différente, comme nous le prouverons dans la mécanique. Elle s'estime en multipliant le poids du corps par le carré de sa vitesse. Ainsi, la puissance d'un coup de marteau dépend de son poids et de la vitesse acquise au moment du choc; et si nous supposons un marteau pesant un kilogramme et ayant une vitesse d'un mètre par seconde, et que nous lui comparions tous les autres chocs, la puissance d'un coup de marteau pesant cinq kilogr. sera 5, ou cinq fois plus grande; et si, en même temps, la vitesse est de trois mètres par seconde, le choc sera encore 9 fois plus grand, ou 45 fois égal au premier. De même, si le marteau pèse $4^k,54$, et a une vitesse de $12^m,11$ par seconde, le choc sera $4,54 \times (12,11)^2 = 4,54 \times 146,65 = 665,80$, ou à peu près égal à 666 fois le premier.

On désigne aussi par les mots *puissance mécanique* ou *force vive* l'effet produit par une machine; mais ce genre de force ne diffère pas du choc, estimé comme nous l'avons fait voir ci-dessus. Cette puissance s'estime en kilogrammes ou litres d'eau élevés à un certain nombre de mètres; mais, pour éviter de donner ainsi toujours deux mesures lorsque nous parlerons de la puissance mécanique d'une machine, nous prendrons pour unité la force nécessaire pour soulever un mètre cube d'eau ou 1000 kilogr. à un mètre de hauteur, et nous nommerons cette unité *dynamie*. Ainsi, lorsque nous dirons que la puissance mécanique d'une machine est de 42 dynamies par heure, c'est-à-dire que cette machine est capable d'élever, chaque heure, 42 mètres cubes d'eau à un mètre de hauteur, ou un mètre cube à 42 mètres de hauteur. Il sera facile, dans tous les cas, de calculer le nombre de dynamies correspondant à un effet donné, en multipliant le nombre de mètres de hauteur par le nombre de mètres cubes d'eau, ou de 1000 kilogr. qui sont élevés. Par exemple, si une pompe élève à 12 mètres de hauteur un mètre cube $\frac{1}{2}$ d'eau par minute, cela fera :

$$1 \tfrac{1}{2} \times 60 = 90 \text{ mètres cubes par heure,}$$
$$\text{et } 90 \times 12 = 1080 \text{ dynamies par heure.}$$

Si on voulait comparer la valeur d'une dynamie ou choc que nous avions pris pour unité, page 13, il suffit de calculer de quelle hauteur un corps devrait tomber pour acquérir une vitesse d'un mètre par seconde, nous aurons pour cela (page 6) $(9,808)^2 : (1)^2 :: 4,904 : x$, puisque les hauteurs sont entre elles comme les carrés des vitesses, et nous aurons $\frac{4.904}{9,808 \times 9,808} = 0,05$; et, comme nous avons supposé le poids de 1 kilogr. ou 0,001 de mètre cube d'eau, la force dynamique sera 0,5 $\times$ 0,001 $= 0,00005$ ou $\frac{1}{20000}$ de dynamie.

On estime aussi quelquefois l'effet d'une machine en *chevaux dynamiques.* Le cheval dynamique est une unité dans laquelle le temps entre *comme élément*, tandis qu'il n'entre pas dans la détermination de la dynamie ; de sorte que lorsqu'on exprime l'effet d'une machine en dynamies, il faut aussi dire en combien de temps elle produit ces dynamies, tandis que, lorsqu'on dit qu'une machine est équivalente à quatre chevaux, par exemple, cela exprime une idée complète. Diverses personnes ont déterminé de diverses manières le cheval mécanique ; quant à nous, nous entendrons par cheval dynamique la puissance nécessaire pour produire cent dynamies par heure ; ce qui équivaut à peu près à l'ouvrage d'un cheval ordinaire.

LIVRE II.

DU CALORIQUE.

Tout le monde connaît la sensation de la chaleur. La cause de cette sensation, quelle qu'elle soit se nomme *calorique*; c'est l'agent le plus puissant, le plus répandu dans la nature, le plus employé dans les arts, c'est pourquoi nous en avons fait l'objet du premier chapitre.

Rien ne démontre d'une manière bien précise que le calorique soit matériel, et il ne jouit point des propriétés dont la matière jouit généralement; on n'a pas pu parvenir à le peser, on ne peut l'enfermer puisqu'il passe à travers tous les corps; il paraît donc ne pas jouir des propriétés dont l'idée est presque toujours liée à celle de matière; au reste cette discussion pourrait bien n'être qu'une dispute de mots, et si on n'appelle corps et matière que ce qui est pesant et coercible, il est très douteux que le calorique soit un corps; mais si on se fait de ces deux propriétés des idées qui ne soient pas liées d'une

manière nécessaire à celle de corps, il nous
semble que le calorique peut fort bien s'appeler
un corps, de sorte que la solution de cette question ne serait qu'un objet de convention. Quoi
qu'il en soit, en considérant le calorique comme
un corps, cela simplifie les idées et surtout le
langage, et cette considération n'a, jusqu'à ce
jour, conduit à aucune erreur manifeste; c'est
pourquoi nous le considérerons ainsi.

CHAPITRE PREMIER.

DE LA MESURE DU CALORIQUE.

ARTICLE 1er.

*De la tension du calorique ou de la tempéra-
ture.*

L'effet du calorique qui se renouvelle le plus
souvent et toutes les fois qu'il passe d'un corps
dans un autre, c'est la dilation des corps où il
passe et la contraction de ceux d'où il sort, c'est-
à-dire que toutes les fois qu'il entre du calorique dans un corps, le volume de celui-ci
augmente, et toutes les fois qu'il en sort, son volume diminue; il y a fort peu d'exceptions

pour les solides et les liquides et aucune pour les gaz.

Il est bon d'observer qu'il y a toujours du calorique dans les corps; que ceux que nous appelons froids en contiennent encore, mais moins; les expressions de chaud et de froid ne sont que relatives; d'ailleurs la sensation que nous éprouvons du chaud et du froid serait un fort mauvais moyen de comparer en général la chaleur des corps; car nous éprouvons la sensation de chaud lorsque nous passons dans un lieu plus chaud que celui dont nous sortons, et celle de froid quand nous passons dans un lieu moins chaud. C'est ainsi que les caves nous paraissent chaudes en hiver et froides en été, quoiqu'elles soient toujours à la même température à peu près.

Nous nous servirons donc de la dilatation des corps pour apprécier la température c'est-à-dire la *tension* ou la force avec laquelle le calorique tend à s'échapper d'un corps, tension qu'il ne faut pas confondre avec la quantité absolue de calorique que contient un corps, comme nous l'expliquerons au chapitre suivant. Les corps se présentent comme nous l'avons déja dit sous trois états différens, solide, liquide et gazeux, il en résulte trois espèces de thermomètres, les thermomètres solides, les thermomètres à liquide et les thermomètres à gaz. Nous parlerons en premier lieu des seconds comme étant les plus fréquemment employés.

ARTICLE 2.

Thermomètres à liquide.

On emploie en général du mercure ou de l'esprit de vin pour construire les thermomètres. Les thermomètres à mercure ont une marche plus régulière et conviennent mieux pour les observations exactes.

Le mercure ou *vif-argent*, ainsi nommé parce qu'il ressemble à de l'argent fondu, est un métal liquide à la température ordinaire et qui ne devient solide qu'à un froid très intense, comme nous le verrons lorsque nous parlerons de la congélation et de la fusion des corps. On ne le trouve pas ordinairement dans le commerce à l'état de pureté ; cependant il convient qu'il soit tel pour la construction des thermomètres : le mercure le plus pur est le mercure *revivifié du cinabre* parce qu'en effet on l'obtient par la distillation du cinabre; mais il est facile de purifier le mercure du commerce, et il faudra toujours le faire soi-même si on est jaloux de faire des thermomètres parfaits ; c'est le seul moyen d'être absolument sûr de sa pureté. D'abord on le mettra dans un morceau de peau de chamois qu'on liera fortement

de manière à former une espèce de poche parfaitement close qui contienne le mercure, puis
pressant ce nouet on fera sortir le mercure à
travers les pores de la peau ce qui le purgera
des impuretés les plus grossières, après quoi on
le distillera. Pour cela on se procurera une cornue de verre ou de porcelaine, un ballon et
un tuyau de verre pour communiquer de l'un
à l'autre, qui se nomme allonge ; on place la
cornue sur un fourneau, on engage son bec
dans l'allonge et l'autre bout de l'allonge dans
le ballon et on bouche bien les jours qu'il pourrait y avoir aux jointures avec un mélange de
farine de graine de lin et de colle d'amidon,
qu'on nomme lut et qui se prépare en broyant
ces deux substances ensemble jusqu'à consis-
tance de pâte ferme. Les joints étant lutés on
allumera peu à peu du feu sous la cornue jusqu'à ce que le mercure bouille, et on rafraîchira
le ballon soit au moyen de linges mouillés, soit
en le trempant dans l'eau ou dans la glace. La
figure 1 peut donner une idée de la disposition
de l'appareil ; c, cornue ; a, allonge ; b, ballon ;
f, fourneau ; l, lut maintenu au moyen de
bandes de toile. Le mercure contenu dans la
cornue se vaporise par l'action du feu, et les
vapeurs, en se refroidissant dans l'allonge et le
ballon, se condensent ; les métaux étrangers restent dans la cornue. S'étant ainsi procuré du

mercure bien pur, on procèdera à la préparation du tube qui doit le contenir. On choisira un tube de verre bien cylindrique, c'est-à-dire dont la grosseur soit partout la même, ce qu'on vérifiera en y introduisant une goutte de liquide et en lui faisant parcourir la longueur; elle doit occuper le même espace dans quelque endroit du tube qu'elle soit; s'il en était autrement il faudrait rejeter le tube et en choisir un autre. Le tube choisi, il faudra y souffler une boule à une extrémité : pour cela, on le présentera à la flamme d'une lampe d'émailleur, que nous décrirons ci-après, (L.III,c.3.) on le fondra et on l'arrondira avec un morceau de fer ou de cuivre qu'on tiendra dans la même flamme afin de le maintenir chaud, ensuite on soufflera par l'autre extrémité ce qui formera une boule; plus cette boule sera grosse relativement au tube, plus le thermomètre sera susceptible d'indiquer de petites variations de températures. Pour éviter d'introduire de l'humidité dans le tube en soufflant la boule, au lieu de la souffler avec la bouche, il faut lier à l'autre extrémité une bouteille de gomme élastique, et en la pressant légèrement on chasse l'air qu'elle contient qui va former une boule à l'autre extrémité, et on laissera refroidir sans lâcher la gomme élastique.

Le tube étant ainsi préparé, il faut y introduire le mercure, ce qu'il est impossible de faire directement si le tube est étroit, ce qui arrive ordinairement. On y parvient en échauffant fortement le tube, mais par degrés, car une chaleur brusque le briserait. Lorsqu'il est très chaud, et qu'on a également fait chauffer et même bouillir le mercure qu'on veut y introduire, précaution nécessaire pour ne pas briser le tube, on plonge son orifice dans le mercure, et, à mesure qu'il se refroidit, celui-ci s'introduit dans l'intérieur par une cause que nous expliquerons à l'article de la pesanteur de l'air. On chauffe de nouveau la boule et le tube jusqu'à faire bouillir le mercure, afin de chasser jusqu'aux dernières particules d'air qui pourraient s'interposer ensuite dans la colonne de mercure, et par là la faire paraître plus haute qu'elle n'est réellement. S'il n'y a pas assez de mercure introduit la première fois, on plonge de nouveau l'orifice dans le mercure chaud, et on le laisse refroidir. La quantité de mercure qu'on doit introduire dépend de l'usage auquel on destine le thermomètre. Pour l'apprécier approximativement, il convient de le plonger dans de la neige ou de la glace fondante, puis ensuite dans de l'eau bouillante, et de marquer à peu près les deux points où le mercure s'est arrêté dans le tube, dans ces deux circonstances. Si on veut employer le thermomètre à mesurer de très basses températures, il faudra qu'il reste entre la boule et le point de la glace un tiers ou moitié de l'espace qu'il y a entre la glace et l'eau bouillante ; et, si on le destine à mesurer des températures très élevées, il faut qu'il reste au-dessus de l'eau bouillante un intervalle égal à l'espace ci-dessus, et même plus. Si les conditions qu'on désire ne sont pas remplies, on ôtera ou on ajoutera du mercure de manière à en approcher le plus possible. Cela fait, et la longueur superflue du tube étant ôtée, s'il y en a, on tirera cette extrémité à la lampe en un tube très fin ; puis, faisant chauffer graduellement sur des charbons ardens jusqu'à ce que le mercure arrive à l'extrémité du tube. A cet instant on la présente à la flamme de la lampe pour la boucher et empêcher l'air de rentrer à mesure que le mercure se contracterait par le refroidissement ; ensuite on scelle cette extrémité à la lampe, en la fondant ; car si on laissait le petit tube qu'on y avait formé, il serait trop fragile. Il ne reste plus maintenant qu'à graduer le thermomètre.

Pour cela on part de deux points fixes, dont nous avons parlé ci-dessus, savoir : la température de la glace fondante et celle de l'eau bouillante. La première est absolument invariable. Ainsi, dans quelque lieu et dans quelque temps qu'un thermomètre soit fait, il sera toujours comparable aux autres qui auront été faits en suivant les mêmes principes ; mais il faut bien observer de plonger dans la glace fondante la boule du thermomètre, et toute la partie du tube qui contient du mercure ; celui-ci, diminuant de volume, descendra dans le tube ; lorsqu'il ne descendra plus, on marquera avec soin le point où il s'est arrêté, soit avec un diamant, soit avec un morceau de silex. Il convient, après avoir fait ce trait, de laisser encore quelques instans le thermomètre dans la glace fondante, afin de vérifier si le mercure s'y arrête d'une manière bien précise. Dans le cas où il y aurait une légère différence, on la noterait pour en tenir compte en faisant l'échelle et en l'ajustant. Cela fait, il faudra déterminer la température de l'eau bouillante, et ce second point demande plus d'attention que le premier. D'abord il faudra se servir d'eau distillée, car l'eau impure ne bout pas précisément à la même température. Si on plongeait le thermomètre dans l'eau bouillante, comme il faudrait l'enfoncer à une certaine profondeur pour que tout le mercure fût plongé, et que les couches inférieures de l'eau bouillante sont à une température plus élevée que la surface, il en résulterait une inexactitude plus ou moins grande, suivant la longueur du thermomètre. On prendra un matras à large col (*fig.* 2), qu'on mettra sur le feu, à moitié plein d'eau ; on bouchera l'orifice avec un bouchon qu'on percera de deux trous, par lesquels on fera passer le tube du thermomètre et un tube recourbé a, destiné à donner une issue à la vapeur lorsque l'eau sera bouillante. On aura la facilité de retirer un peu le thermo-mètre pour voir la surface du mercure, et de l'enfoncer pour qu'il soit tout entier dans la va-peur. Lorsque le mercure, cesse de monter, on marque le point où il s'arrête, et le second point fixe de l'échelle est déterminé. Cette mé-thode est fondée sur ce que la vapeur, qui s'exhale de l'eau bouillante, est toujours à la même tem-pérature que la surface de celle-ci. Si le vase dans lequel on fait bouillir l'eau est de verre, il faut avoir soin de mettre au fond quelques grains ou un peu de limaille métallique, car l'eau ne bout pas à la même température dans un vase de verre que dans un de métal ; mais, par le moyen que nous venons d'indiquer, on fait disparaître cette différence. Ce n'est pas encore tout, le résultat trouvé doit être corrigé par une cause que nous expliquerons au livre suivant. L'eau bout à une température plus ou moins élevée, suivant la hauteur du baromètre ; et, comme on est convenu de prendre pour hauteur moyenne celle de 760 millimètres, on a trouvé par expé-rience que chaque millimètre de plus ou de moins faisait croître ou décroître de $\frac{1}{2700}$, ou 0,00037 l'intervalle entre la glace et l'eau bouil-lante ; il faudra donc y ajouter autant de fois

cette quantité qu'il y aura de millim. au - dessus
de 760 , ou l'ôter autant de fois qu'il y en aura
de moins.

Pour apprécier l'utilité de tous ces soins, nous
allons calculer jusqu'où pourrait aller l'erreur
qu'on commettrait en les négligeant. Avant,
nous dirons que l'intervalle entre la glace et
l'eau bouillante se divise en cent parties qu'on
appelle degrés.

1° La différence produite par les sels ,
qui sont tenus en dissolution dans l'eau ,
peut aller à plusieurs degrés ; mais, comme
ordinaiemrent elle en contient fort peu ,
cela ne peut guère aller qu'à $\frac{1}{2}$

2° Celle produite par un vase de verre,
au lieu d'un vase de métal, va, d'a-
près M. Gay-Lussac , à $1 \frac{1}{4}$

3° Si le baromètre était à une hauteur
de 767 millimètres, cela ferait une diffé-
rence de 0,00037$\times$100 degr. environ, ou $\frac{1}{4}$

Ce qui ferait en tout une différence de $2^{\text{degr.}}$
qui s'accroîtrait encore si on plongeait le thermomètre dans l'eau à une certaine profondeur.

On transportera sur un morceau de papier ,
ou sur une planche l'intervalle marqué sur le
thermomètre , et on le divisera en cent parties
égales ; on portera d'autres distances égales au-
dessus et au-dessous des points de la glace et de
l'eau bouillante ; on écrira 100 à ce dernier, et 0

à celui de la glace, en comptant ensuite les degrés à partir de ce point, soit en montant, soit en descendant. On varie de plusieurs manières les échelles qu'on fixe au thermomètre. S'il doit rester pendu contre un mur, on les fait en bois ou en métal ; s'il est destiné à être plongé dans les liquides, on en ferme l'échelle qu'on fait de papier, dans un tube de verre qu'on fixe à côté du tube du thermomètre, ou qui le renferme aussi.

Les degrés s'indiquent par le signe °, et pour distinguer les degrés qui sont au - dessous de zéro, nous les indiquerons par le signe—(*moins*). Ainsi une température de —4° est une température assez froide non-seulement pour geler l'eau, mais encore pour faire descendre le thermomètre de quatre degrés au-dessous de la glace fondante. Les degrés au-dessus seront marqués du signe $+$ (*plus*), et souvent d'aucun signe.

Au lieu de mercure, on emploie souvent l'esprit de vin que l'on colore en rouge au moyen d'un peu de carmin ou d'orcanette. On pourrait également employer d'autres liquides ; mais le mercure est préférable, parce que sa dilatation a une marche plus régulière, qu'il ne bout qu'à une température très élevée, et ne se congèle qu'à une température très basse (— 40°). L'esprit de vin ne se congèle pas du tout, du moins aux températures obtenues jusqu'à ce jour. Mais, comme il bout à 78°, on ne peut pas le soumettre à la température de 100°, avant d'avoir bien scellé l'extrémité supérieure. Cela fait, on le peut, parce que le tube a une force suffisante pour résister aux vapeurs qui se forment. Newton construisait ses thermomètres avec de l'huile de lin, et divisait la distance de l'eau bouillante à la glace en 34 degrés ; c'est lui qui le premier a senti la nécessité de déterminer des points fixes, afin de rendre les thermomètres comparables entre eux.

La division en cent degrés n'est pas la seule employée ; nous en indiquerons quatre autres.

1° Dans le thermomètre de Réaumur, il y a 80° de la glace à l'eau bouillante, de sorte que chaque degré vaut $\frac{100}{80}$ ou $\frac{5}{4}$ d'un degré du thermomètre centigrade.

2° Dans le thermomètre de Farenheit, la glace fondante est marquée 32°, et l'eau bouillante 212, de sorte que l'intervalle est divisé en 180 parties, et par conséquent chaque degré vaut $\frac{100}{180}$ ou $\frac{5}{9}$ de degré du thermomètre centigrade. Le o correspond à — $17\frac{7}{9}$; ce froid est obtenu par un mélange de neige et de sel marin.

3° Le thermomètre de Delile n'a qu'un point fixe, celui de l'eau bouillante, auquel il est marqué o, et chaque degré est formé de 0,0001 du volume du mercure contenu dans le thermomètre. Le degré de 150 répond à la glace fondante, de sorte que chaque degré vaut $\frac{100}{150}$ ou $\frac{2}{3}$ de degré centigrade.

On pourrait également, comme l'a proposé M. Clément, marquer 1000 à la température de la glace, et diviser le volume du mercure à cette température en mille parties ou degrés ; le o de ce thermomètre ne serait que fictif, et correspondrait à un froid capable de réduire le volume du mercure à o, c'est-à-dire qu'il n'existerait pas du tout. Cette graduation aurait l'avantage de ne pas présenter des degrés en $+$ et en $-$. Dans ce thermomètre, la glace serait 1000, l'eau bouillante 1030, et par conséquent chaque degré vaudrait $\frac{100}{30}$ ou $3\frac{1}{3}$ degrés centigrades.

Il serait facile, d'après ces données, de ramener une température donnée sur l'un quelconque de ces thermomètres à la température correspondante du thermomètre centigrade. Exemples :

48° de Réaumur $= 48 \times \frac{5}{4} = 60$ degrés centigrades.

100° de Farenheit $= 100 - 32 = 68°$ au-dessus de glace $= 68 \times \frac{5}{9} = 37° \frac{7}{9}$ centigrades.

La *figure 3* présente la comparaison graphique des cinq échelles précédentes.

ARTICLE 3.

Thermomètres à air.

Nous venons de parler des thermomètres à

liquides, nous parlerons en second lieu des thermomètres à air.

Le premier thermomètre fut inventé par un nommé Drebbel, Hollandais, vers la fin du seizième siècle; c'était un thermomètre à air dont la graduation n'avait rien de fixe, et deux thermomètres faits sur le même principe n'étaient pas comparables entre eux. En outre, la même cause qui fait varier le baromètre dont nous parlerons au livre suivant influait aussi sur ce thermomètre, de sorte que le phénomène de son ascension était le résultat de deux causes dont on ne pouvait apprécier l'influence séparément, et cet instrument était aussi bien un baromètre qu'un thermomètre, ou plutôt n'était ni l'un ni l'autre; il se composait d'une boule et d'un tube, (*fig. 4*) qu'on renversait dans une capsule *c*, contenant un liquide coloré. L'air qui y était contenu empêchait d'abord le liquide d'entrer dans le tube; mais on échauffait la boule; en général, la chaleur de la main suffisait; l'air dilaté par cette chaleur sortait en partie du tube; et, lorsque celui-ci se refroidissait, le liquide remplissait le vide qu'il laissait; mais, comme la chaleur de l'athmosphère, en échauffant plus ou moins la boule, dilatait plus ou moins l'air contenu, il en résultait que le liquide montait plus ou moins dans le tube; plus il faisait chaud, plus il descendait, et *vice versâ*. Aujourd'hui on ne se sert plus de thermomètre à air proprement dit, excepté dans des expériences momentanées, et, pour indiquer tout simplement que la température monte ou descend, sans indiquer de combien de degrés, pour cela, on emploie un tube fin muni d'une boule (*fig. 5*) dans lequel on introduit une goutte de liquide *a*. Lorsque l'air qui est contenu se refroidit, il diminue de volume, et la goutte *a* descend, et *vice versâ*.

On emploie plus souvent un instrument nommé thermomètre différentiel ou *thermoscope* ; il est destiné à indiquer seulement les différences de températures. Pour le construire, on prend un tube de verre recourbé (*fig. 6*) muni aux extrémités de deux boules aussi égales que possible ; on y introduit une goutte de liquide *a* , et on ferme hermétiquement l'instrument au moment où, toutes ses parties étant à la même température, la goutte *a* est au milieu. On place ce tube sur une échelle de bois ou de carton tel qu'on le voit dans la *figure 6*. Les degrés de cette échelle n'ont ordinairement aucun rapport avec ceux des thermomètres ordinaires. La sensibilité de cet instrument est telle que la chaleur de la main, placée à un mètre de l'une des deux boules, échauffe l'air qui y est enfermé et qui, en se dilatant, pousse l'indice *a* du côté opposé : cet instrument est, comme on voit, seulement destiné à indiquer quelle est la plus chaude des deux boules. Nous reparlerons de cet instrument lorsque nous en serons au calorique rayonnant.

ARTICLE 4.

Des thermomètres solides et des pyromètres.

On ne peut pas, au moyen des thermomètres, mesurer les températures très-élevées, telles que celles des fourneaux. Les instrumens qui y sont destinés prennent le nom de *pyromètres*; il y en a de plusieurs sortes.

Le plus connu est celui de Wegwood, il est composé d'un petit cylindre d'argile et d'une plaque métallique sur laquelle sont fixées deux règles dont la distance à un bout n'est que les deux tiers de ce qu'elle est à l'autre; le long de ces règles, sont marquées 240 divisions qui servent à juger de la grosseur du cylindre d'argile; car il est évident qu'en le présentant entre les deux règles, il s'approchera d'autant plus des extrémités rapprochées qu'il sera plus petit; on fait sécher ce petit cylindre, qui a environ douze millimètres, à une chaleur rouge obscur, ce qui correspond à environ 580° centigrades, ensuite on lime l'un de ses côtés peu à peu jusqu'à ce qu'il passe entre les règles métalliques jusqu'au 0°. Lorsqu'on veut mesurer une très haute température, par exemple celle du fer fondu, on met un cylindre d'argile ainsi préparé sur le fer en fusion, et on le retire quelque temps après. La chaleur a fait diminuer ses dimensions; on le présente entre les règles et on trouve qu'il entre jusqu'au 130me degré, ce qui indique que l'argile à diminué de $\frac{130}{240}$ de son volume primitif.

On a essayé de comparer les degrés du pyromètre à ceux du thermomètre. D'après ce que nous avons dit ci-dessus, le $0°$ correspond à $580°$ centigrades, et on a trouvé par expérience que chaque degré vaut $72°$; par conséquent la fusion du fer serait à $580 + 130 \times 72$ ou $9940°$; mais ces résultats sont fort incertains. Quelques expériences faites par M. Pouillet sur la température des fourneaux, semblent prouver que les températures les plus hautes ne s'élèvent pas à $800°$. La méthode de sécher les cylindres d'argile à la chaleur rouge, avant de les ajuster sur le pyromètre, présente aussi l'inconvénient de ne pas être bien sûr d'opérer toujours à une même température; c'est sans doute pour cela que M. Thénard conseille de les ajuster après les avoir séchés à la température de l'eau bouillante; mais ce chimiste n'a pas fait attention que, dans ce cas, le $0°$ correspondrait à $100°$ et non à 580 ou 598, comme il le dit une page plus loin.

Avec les données qu'on a aujourd'hui, les pyromètres ne paraissent pouvoir donner que des

mesures comparatives de température, mais non
proportionnelles, et comparables au thermomètre
ordinaire.

On a aussi essayé de faire des thermomètres
solides propres à mesurer les températures ordinaires; mais, comme les dilatations des solides
sont fort peu étendues, on a été obligé d'employer un moyen particulier pour rendre plus
sensibles les mouvemens causés par la chaleur.
On forme une portion de cercle, *abc* (*fig. 7*),
de deux lames superposées, par exemple fer et
cuivre. Lorsqu'elles s'échauffent, le cuivre se dilatant plus que le fer, cela change la courbure de
la lame et fait varier l'extrémité libre *c*, beaucoup plus que si on n'employait qu'un métal. On
rend quelquefois ces variations encore plus sensibles à l'aide d'un engrenage; mais un semblable
thermomètre a plusieurs inconvéniens que ne
compense aucun avantage. Il est facile de concevoir que si, au lieu d'un cercle *abc*, il y en a plusieurs en forme de spirale, l'effet produit sera
multiplié; c'est ainsi que sont construits les
thermomètres Breguet; la lame métallique est
formée de trois lames : argent, or et platine,
qu'on a rendues adhérentes au moyen d'une
pression et d'une haute température, et laminées
à $\frac{1}{45}$ de millimètre d'épaisseur. L'avantage de ces
instrumens consiste dans leur peu de masse; ils
indiquent de suite de petits changemens de

température, que des thermomètres ordinaires n'indiqueraient qu'avec lenteur.

Il nous reste encore à parler d'un pyromètre métallique, que nous devons d'autant moins passer sous silence, qu'il peut recevoir de nombreuses applications dans les arts pour s'assurer de la température des fourneaux. Il est employé par M. Brognard à la manufacture de porcelaines de Sèvres ; *il consiste en une barre de platine ab* (*fig.8*) qui est dans le fourneau appuyée contre un mur en a ; l'extrémité b, qui est dehors, appuie contre la queue d'une aiguille boc dont l'autre extrémité parcourt les divisions d'un quart de cercle de, et, comme ob est beaucoup plus court que oc, il s'ensuit que les mouvemens de b, quoique fort petits, produisent de grands déplacemens de l'extrémité c.

Article 5.

De la Chaleur spécifique.

Il ne faut pas croire que le thermomètre indique la quantité de calorique contenue dans un corps, ni même que sa marche soit proportionnelle à cette quantité; cela est à peu près vrai seulement pour un même corps, tant qu'il ne change pas d'état; encore cela n'est pas absolument prouvé pour tous les cas possibles, mais cela se vérifie pour les cas ordinaires. Ainsi, il faudra bien à peu près autant de calorique pour élever un kilogr. d'eau de 3° à 4° que pour l'élever de 10° à 11°, et la très petite différence qu'il y a pourrait bien ne provenir que du changement de volume que la chaleur fait éprouver à l'eau. Mais il ne faut pas croire que la même quantité de calorique élève d'un degré la température d'un kilogr. d'un autre corps que l'eau ; c'est la mesure de cette quantité pour chaque corps qui forme ce qu'on nomme sa chaleur spécifique.

Toutes les fois qu'on veut évaluer une grandeur quelconque, la première chose à faire est de choisir une unité de cette espèce, c'est-à-dire une quantité de même nature à laquelle on compare toutes les autres. Nous prendrons donc pour unité de chaleur la quantité de calorique nécessaire pour élever de 1° la température d'un kilogr. d'eau, et nous la nommerons *calorie*. Ainsi, pour élever 54 kilogr. d'eau de 50° à 55°, il faut $5 \times 54 = 270$ calories.

Lorsqu'on voudra mesurer le calorique spécifique d'un corps, on en mêlera une quantité d'un poids et d'une température déterminés avec une certaine quantité d'eau, et on observera de combien de degrés cela a élevé la température de celle-ci ; mais, comme l'air environnant et le vase en enlevant, pendant l'expérience, du calorique à l'eau, rendrait le résultat inexact, on déterminera à peu près, par une expérience préliminaire, de combien de degrés l'eau doit s'échauffer, et on se procurera de l'eau qui soit au-dessous de la température de l'air de la moitié de cette quantité ; au moyen de cette précaution, l'air fournira à l'eau, pendant la première moitié de l'expérience, autant de calorique qu'elle lui en enlèvera durant la dernière moitié. Soit proposé, par exemple, de déterminer la chaleur spécifique de l'huile, on prendra un kilogr. d'huile ; on l'échauffera, par exemple, de $60°$; on la versera dans un vase contenant 4 kil. d'eau; on agitera le mélange en observant sa température, qui s'élèvera d'environ 5 degrés. Alors on recommencera l'expérience ; on se procurera de l'eau à $2° \frac{1}{2}$ au — dessous de l'air atmosphérique, et on en versera 4 kilogr. dans un vase en même temps qu'un kilogram. d'huile à $60°$, et, en remuant le mélange, on observera sa température. Je suppose qu'elle soit d'abord de $8°$, l'air atmosphérique étant à $10° \frac{1}{2}$, et qu'elle s'élève à $13° \frac{7}{9}$, on en conclura que le calorique nécessaire pour élever 1 kilogr. d'huile de $13° \frac{7}{9}$ à $60°$, ce qui fait $46° \frac{2}{9}$, est le même que celui qu'il faut pour élever 4 kil. d'eau de $8°$ à $13° \frac{7}{9}$; ce qui fait $5° \frac{7}{9}$, ou bien un seul kil. d'eau de $5° \frac{7}{9} \times 4 = 23° \frac{1}{9}$; mais, si 1 kil. d'huile exige $23^{\text{cal}} \frac{1}{9}$ pour monter de $46° \frac{2}{9}$, pour monter de $1°$, il n'en exigerait que $\frac{23\frac{1}{9}}{46\frac{2}{9}} = \frac{1}{2}$ ou 0,5. La chaleur spécifique de l'huile est donc de 0,5 ou la moitié de celle de l'eau. Second exemple : Soit proposé de déterminer la chaleur spécifique du plomb. On prendra un kilogr. de plomb, on le mettra dans un vase quelconque qu'on plongera dans l'eau chaude un temps suffisant pour qu'il acquière la température de celle-ci que nous supposerons bouillante à $100°$; puis on le mettra rapidement dans un autre vase en même temps que 2 kilogr. d'eau qu'on agitera en observant sa température qui s'élèvera d'environ $1°$. Alors on recommencera l'expérience; on se procurera de l'eau à $11°\frac{1}{2}$, si l'atmosphère est à $12°$, et on en versera 2 kilogr. dans un vase en même temps qu'on y déposera un kilogr. de plomb à $100°$. Je suppose qu'elle s'élève depuis $11°,5$ jusqu'à $12°,75$, ou de $1°,23$, on en conclura que le calorique nécessaire pour élever 1 kilogr. de plomb depuis $12°,75$ jusqu'à $100°$, ou de $87°,27$, est le même que celui qu'il faut pour élever 2 kilogr. d'eau de $1°,23$, ou bien un kilogramme d'eau de $1°,23 \times 2 = 2°,46$; mais, si 1 kilogr. de plomb exige $2^{cal.},46$ pour monter de $87°,27$, il n'en exigerait que $\frac{2,46}{87,27} = 0,0282$ pour monter de $1°$: la chaleur spécifique du plomb est donc 0,0282 de celle de l'eau.

Il peut arriver que la substance dont on cherche la température produise un effet chimique sur l'eau qui augmente sa température au moment du mélange. S'il s'agit, par exemple, d'acide sulfurique, je ferai d'abord l'expérience comme ci-dessus ; mais, avant de faire le calcul, il faudra tenir compte de la chaleur produite par la combinaison de l'acide sulfurique à l'eau. Supposons, par exemple, qu'on mêle 1 kilogr. d'acide à 4 kilogr. d'eau, et que, dans l'expérience, la température de l'eau s'élève de 32°, avant de faire mon calcul, je mêlerai d'autre part 1 kilogr. d'acide à 4 kilogram. d'eau à la même température l'un que l'autre, et, comme on trouvera que la température du mélange s'élève de 15°, on en conclura que, dans les 52° ci-dessus, il y en a 15 dus à l'action chimique, et on fera son calcul comme s'il n'y avait que 32° — 15°, ou 17°.

On pourrait aussi, en mêlant la substance à éprouver avec une autre, déterminer le rapport de leurs chaleurs spécifiques, et ensuite déterminer la chaleur spécifique de la seconde. Par exemple, pour l'acide sulfurique, on déterminerait le rapport de sa chaleur spécifique à celle du mercure, en mêlant de l'acide sulfurique chaud avec du mercure, et ensuite on déterminerait la chaleur spécifique de ce dernier, comme nous l'avons expliqué ci-dessus.

Pour les gaz la méthode ci-dessus ne serait point praticable ; il est nécessaire de la modifier. Pour cela on se procure un vase qui soit traversé par un conduit de métal mince, qui fasse dans l'intérieur plusieurs circuits. Ce vase se nomme *calorimètre*.

Lorsqu'on veut chercher la chaleur spécifique d'un gaz, il faut en avoir une certaine quantité qu'on échauffe, puis on remplit le vase ci-dessus, par exemple, d'eau à 2° au-dessous de l'atmosphère. Je suppose qu'il en contienne 3 kil. ; on fait passer un courant du gaz chaud dans le conduit, en observant avec soin la température qu'il a à son entrée et à sa sortie, et on continue jusqu'à ce que la température de l'eau s'élève de 2° au-dessus de l'atmosphère. Je suppose que, pendant ce temps, on ait introduit 300 litres de gaz, et qu'il se soit refroidi de 20° ; on en conclura que le calorique nécessaire pour élever 300 litres de ce gaz de 20° équivaut à celui qu'il faut pour élever 3 kilogrammes d'eau de 4°, ou à $3^{cal.} \times 4 = 12^{cal.}$; et si d'ailleurs on sait, par les moyens que nous indiquerons au IIIe Livre, que ces 300 litres de gaz pèsent $0^k,45$, on en conclura que, pour élever ces $0^k,45$ d'un seul degré, il faudrait $\frac{12}{20}^{cal.}$ et pour 1 kil. $\frac{12^{cal.}}{20 \times 0,45} = 1^{cal.}\frac{1}{3}$ ou $1^{cal.},33$; et que c'est par conséquent là la chaleur spécifique de ce gaz.

Voici les chaleurs spécifiques de diverses substances *.

Eau...............	1	Bois de chêne.......	0,500
Glace.............	0,9000	Verre.............	0,1929
Soufre...........	0,2085	Acide nitrique......	0,6407
Fer..............	0,1105	Poids spécifique. 1,3	
Cuivre...........	0,1111	Acide sulfurique....	0,3346
Bronze des canons...	0,1100	Poids spécifique. 1,87	
Zinc.............	0,0931	Alcool............	0,64
Argent...........	0,082	Huile d'olive**......	0,500
Etain............	0,0475	Huile de lin........	0,528
Antimoine........	0,0645	Huile de térébenth....	0,472
Or...............	0,050	Air...............	0,2669
Plomb...........	0,0282	Hydrogène,........	3,2936
Mercure..........	0,0290	Acide carbonique....	0,2210
Bismuth..........	0,043	Oxigène...........	0,2361
Chaux vive........	0,2169	Azote.............	0,2754
Brique...........	0,450	Vapeur aqueuse.....	0,8470

Il y a une autre méthode de déterminer la chaleur spécifique des corps, et elle a été employée par MM. Lavoisier et Laplace à déter-

---

* Ces nombres diffèrent beaucoup de ceux donnés par M. Clément, dans ses leçons de chimie appliquée aux arts; nous en ignorons la cause. Ceux que nous donnons sont ceux qui nous ont paru mériter le plus de confiance, ils sont extraits, pour les solides et liquides, de la Chimie de M. Thénard, et pour les gaz, des recherches faites par MM. Laroche et Bérard. *Annales de Chimie,* T. 85, p. 72.

** M. Biot donne 0,3096.

miner une partie de celles que nous venons de donner. Cette méthode est fondée sur ce que la glace, en se fondant, absorbe, détruit une certaine quantité de calorique, sans que sa température s'élève.

On se sert d'un instrument nommé calorimètre à glace, qui est composé de trois vases les uns dans les autres; le plus petit des trois peut n'être qu'un grillage, lorsque ce sont des corps solides qu'on met en expérience. L'intervalle qu'il y a entre ce vase et le moyen est rempli de glace, et il y a une issue par le bas pour donner passage à l'eau fournie par la glace fondue. L'intervalle entre le second vase et le plus grand est également rempli de glace, qui se fond par l'influence de l'air extérieur, et est destiné à préserver la glace intérieure de cette influence. Le vase moyen et le grand ont chacun en particulier un couvercle à rebord qu'on remplit aussi de glace, afin de compléter l'enceinte de glace formée pour chacun d'eux. Tout étant disposé comme nous venons de le dire, et ayant mis un vase sous le conduit qui donne issue à l'eau qui s'écoule de la seconde capacité du calorimètre, on introduira dans le vase intérieur un corps quelconque échauffé; on refermera le calorimètre, et on recueillera avec soin l'eau provenant de la glace fondue par ce corps, et de son poids on conclura la chaleur spécifique de

celui-ci. Par exemple, si on met d'abord en expérience 3 kilogr. d'eau à 100°, qu'on enfermera
dans un matras, si la capacité intérieure n'est
qu'un grillage, on trouvera qu'il y a 4 kilogr.
de glace fondue; et, comme les 3 kilogr. d'eau
se sont refroidis de 100° à 0°, cela fait $300^{cal.}$
pour fondre 4 kil. de glace, ou $\frac{300^{cal.}}{4} = 75^{cal.}$ pour
1 kilogr. Ayant ainsi déterminé à combien de
calories correspond 1 kil. de glace fondue, on
pourra facilement calculer la chaleur spécifique
de chaque corps lorsqu'on connaîtra le nombre
de kilogr. de glace qu'il fond en se refroidissant de 1°. En multipliant ce nombre par 75,
par exemple, 6 kilogr. de briques chauffées
à 100°, fondront $3^k,6$ de glace, ce qui fait
$3,6 \times 75 = 270^{cal.}$ pour 6^k à 100°, ou $\frac{270^{cal.}}{6 \times 100} = 0,450^{cal.}$
pour 1 kilogr. à 1°.

La connaissance de la chaleur spécifique des
corps est de la plus grande utilité dans les arts;
elle est nécessaire par exemple, pour calculer
combien il faudrait brûler de charbon pour produire un effet demandé tel que l'échauffement de
1000 litres d'eau par heure : nous ferons ces applications lorsque nous aurons établi les autres
données nécessaires pour faire ce calcul.

CHAPTRE II.

DE LA TRANSMISSION DU CALORIQUE.

Il y a un grand nombre de causes qui modifient le mode de transmission du calorique; nous diviserons ce chapitre en trois articles, qui traiteront de la transmission du calorique; 1° par rayonnement, 2° au travers des corps, 3° par les courans des fluides.

ARTICLE 1er.

Du rayonnement.

Jusqu'ici nous avons considéré le calorique comme inhérent aux corps ou passant immédiament de l'un dans l'autre au contact; mais le calorique passe souvent d'un corps à l'autre à distance, il s'élance de l'un à la manière de la lumière, franchit l'espace en un instant infiniment petit, va frapper un autre corps dans lequel il pénètre quelquefois, mais d'autres fois il est renvoyé par celui-ci : le calorique dans cet état de liberté se nomme calorique rayonnant, les corps ont par rapport à lui trois facultés distinctes :

Le pouvoir émissif, c'est-à-dire le pouvoir d'émettre ou de lancer plus ou moins de calorique.

Le pouvoir absorbant, c'est-à-dire d'absorber une partie plus ou moins grande du calorique qui vient les frapper.

Le pouvoir réfléchissant ou réflecteur, c'est-à-dire de renvoyer une partie du calorique qui vient les frapper, ce qu'on appelle *réfléchir* le calorique.

Plusieurs causes peuvent augmenter ou diminuer ces facultés et leurs effets.

Il est évident que la température d'un corps en augmentant, accroît la quantité de calorique émis; mais le pouvoir émissif n'est pas augmenté pour cela, car on nomme ainsi le pouvoir qu'a un corps d'émettre plus ou moins de calorique, en égard à sa température.

On suppose donc dans la pratique qu'un corps émet une quantité de calorique proportionnelle à sa température, tout restant égal d'ailleurs; mais cette supposition regardée comme exacte par Newton, ne doit plus être regardée que comme un à-peu-près suffisant dans les applications. De nouvelles expériences faites par M. de Laroche, lui ont prouvé que dans de hautes températures le pouvoir rayonnant des corps est réellement augmenté, c'est-à-dire qu'ils en lancent plus que ne l'exigerait la proportionnalité

supposée par Newton , et confirmée par les expériences faites à des températures au-dessous
de 100°.

Comme un corps *n'absorbe* que le calorique
qu'il ne *réfléchit* pas, il est clair que l'un de ces
pouvoirs diminue à mesure que l'autre aug-
mente. Si par exemple un corps réfléchit les $\frac{3}{4}$
des rayons qu'il reçoit, c'est qu'il en absorbe le
quart.

L'expérience prouve que le pouvoir absorbant et le pouvoir émissif augmentent en même
temps, de sorte que les meilleurs réflecteurs
émettent et absorbent fort peu de calorique.

Mais on peut distinguer deux sortes de réflec-
tions ; celle des corps polis qui renvoient le calorique régulièrement sous un angle égal à celui
sous lequel il est venu, et celle des corps de couleur blanche ou claire qui le réfléchissent dans
toutes les directions.

La réflexion régulière se manifeste dans l'expérience suivante : on place deux surfaces métalliques polies *mn* (*fig 9*), ayant la forme de calotes
sphériques, directement en face l'une de l'autre ;
on place au point *a*, à une distance du premier
à peu près égale à la moitié du rayon de la sphère
dont il fait partie, un corps chaud dont les rayons
vont frapper la surface polie *m*, se réfléchissent
suivant des lignes *bd* parallèles à la ligne *ae*,
vont frapper l'autre miroir et se réfléchissent au

point *e*, si à ce point on place la boule d'un thermoscope, l'indice marchera de l'autre côté, ce qui prouve que la boule *f* s'échauffe moins, quoique plus près du corps *a*.

Si le corps est un foyer ardent, on peut allumer en *e* un morceau d'amadou, quoiqu'à plusieurs mètres de distance.

Si on met en *a* un morceau de glace ou un corps froid quelconque, la boule *e* se refroidira au lieu de s'échauffer, ce qui vient de ce que, dans ce cas comme dans le précédent, il se fait un échange mutuel de calorique entre le corps *a* et la boule *b*, par le moyen des miroirs. Dans le premier cas, la boule *b* étant la plus froide, en recevait plus qu'elle n'en envoyait ; c'est pourquoi elle se réchauffait. Dans le second, au contraire, comme elle est la plus chaude, elle en envoie plus qu'elle n'en reçoit ; c'est pourquoi elle se refroidit : il se fait bien aussi un échange direct entre le corps *a* et la boule *f*, mais beaucoup moins prompt, parce qu'il n'est pas aidé par la réflexion des miroirs.

La réflexion irrégulière du calorique par les corps blancs se prouve en prenant deux vases à surfaces planes ; on les place à égale distance des boules d'un thermoscope, sur la face de l'un on colle du papier qu'on laisse blanc, et sur la face de l'autre du papier qu'on noircit ; ensuite on verse de l'eau dans ces deux vases, il se fait un échange mutuel de calorique entre chacun d'eux et la boule voisine, mais celui qui est noirci ayant un pouvoir absorbant et émissif beaucoup plus grand, l'échange sera plus prompt de son côté; si on a versé de l'eau chaude dans les deux vases, la boule qui est du côté du noir s'échauffera davantage, et se refroidira plus vite si on a employé de l'eau à la glace.

ARTICLE 2.

Du passage du calorique au travers des corps.

Le calorique ne passe pas avec une égale facilité au travers de tous les corps.

Les meilleurs conducteurs sont les métaux, on peut les ranger dans l'ordre suivant :

1° Or et argent;

2° Cuivre et étain;

3° Platine, fer, acier et plomb;

Ensuite :

4° Pierres;

5° Bois et briques;

6° Charbon;

7° Plumes, soie, laines, poils et les étoffes qui en sont formées, qui comparées entre elles conduisent d'autant moins la chaleur à épaisseur égale, que leur tissu est plus fin.

On doit choisir les uns ou les autres de ces corps, suivant qu'on veut conserver ou disperser le calorique; ainsi ce serait un contre-sens de faire en briques des conduits destinés à échauffer une chambre, ou en métal ceux destinés à conduire la chaleur plus loin, sans la laisser perdre en chemin; et comme le froid n'est qu'une diminution de calorique, il en résulte que les mêmes corps qui conservent la chaleur, conservent aussi le froid; c'est pourquoi la laine dont on enveloppe la glace est très propre à l'empêcher de fondre, tandis qu'un vase métallique serait le plus susceptible de la faire fondre rapidement.

Lorsqu'on construit des glacières, 1° on les enterre, parce que la transmission du calorique au travers de la terre est très lente; 2° on les construit en pierres ou en briques parce que ces corps sont peu conducteurs; 3° on les fait sphériques ou au moins circulaires, parce que c'est la forme sous laquelle une même capacité présente moins de surface.

Quant à la quantité absolue de calorique qui passe d'un corps à un autre ou bien au travers d'un corps, elle dépend de plusieurs causes, 1° la densité, la nature et la température du corps d'où il sort; 2° la densité, la nature et la température du corps où il entre; 3° la nature du corps au travers duquel il passe; ainsi, si la chaleur vient de l'eau bouillante, il en passera bien plus au travers d'une lame de cuivre, que si elle venait d'une masse d'air à 100°, cette quantité est à peu près proportionnelle à la capacité de ce corps pour le calorique à volume égal.

Ainsi, dans l'exemple que nous venons de citer, pour élever de 1°, un kil. d'eau ou un litre, il faut 1$^{cal.}$; et pour élever de 1°, un kil. d'air, il faut, 0$^{cal.}$,2669, et comme un litre d'air ne pèse que 0$^{kil.}$,0012, pour élever de 1°, un litre d'air, il faudra 0,2669 $\times$ 0,0012 $=$ 0,0003, d'où il résulte que la quantité de calories passées dans un temps donné, ne serait que les 3 millièmes de ce qu'elle était dans le premier cas, et encore nous avons supposé que le litre d'air pesât 0,0012, c'est bien son poids à 0°; mais à 100°, il ne pèse que 0,0009.

Les principes généraux que nous venons de donner, reçoivent des applications fréquentes; mais on peut rarement donner au calcul une grande précision, faute de données bien exactes.

Les applications les plus importantes sont dans le chauffage des appartemens, dans la formation de la vapeur, dans la distillation, etc. Nous en parlerons à chacun de ces articles en particulier, et nous donnerons, autant que possible, les nombres connus qui doivent servir de base à ces calculs.

Article 3.

De la transmission du calorique par les courans des fluides.

Les liquides et les corps gazeux paraissent très peu conducteurs du calorique dans le sens que nous y avons attaché dans l'article précédent; ainsi un plateau de glace fixé au fond d'un vase, et sur lequel on verse de l'eau bouillante en l'agitant le moins possible, pourra y rester long-temps avant d'être fondu, tandis qu'il se fondra en peu d'instans s'il a la faculté de venir au-dessus : cependant les fluides sont les principaux véhicules de la chaleur, et la chaleur communiquée par rayonnement n'est que fort peu de chose en comparaison de celle qui est communiquée par les fluides, surtout par les fluides gazeux; mais au lieu de la communiquer à la manière des corps solides, ils la *charrient* pour ainsi dire d'un endroit à un autre par les courans qui s'y établissent à cause de la mobilité de leurs parties. Toutes les fois qu'une portion du fluide est plus chaude que le reste, elle s'échauffe, se dilate, s'élève, et est remplacée par une autre qui en fait autant; soit par exemple *a b* (*fig. 10*), un vase plein de liquide, si nous en considérons une partie *cd*, cette partie est poussée en haut par le liquide *ef*, qui tend à s'introduire au-dessous; mais la colonne *cg* étant aussi pesante que la colonne *ef*, il n'y a pas de raison pour que la portion *cd* se meuve; mais, si cette même partie *cd* s'échauffe par le moyen d'un corps chaud, placé en c, elle se dilatera, occupera un plus grand espace, la colonne *cg* ne sera plus aussi pesante que *ef*, qui s'introduira au-dessous, et le liquide qui remplace *cd*, s'échauffant aussi, montera de même, ce qui formera un courant ascendant le long de *cg*; et comme le liquide *cd* est sans cesse remplacé, il y a tout autour des courans *affluens*, c'est-à-dire se dirigeant sur ce point; et vers les bords du vase, des courans descendans. Par ce mouvement continuel, la chaleur se communique bientôt dans toutes les parties du vase, tandis qu'elle ne se serait communiquée que très peu, si on eût échauffé les parties supérieures; car étant plus légères elles ne seraient pas descendues, aussi peut-on, en échauffant un vase par le côté, faire bouillir la partie supérieure, sans que l'inférieure soit très échauffée. C'est le phénomène inverse qui se produit dans l'expérience précitée d'un morceau de glace; si on le place au fond, il refroidit les parties voisines qui devenant plus pesantes restent au fond; si au contraire on le place au haut, les parties voisines devenant spécifiquement plus pesantes, des-

cendent , font place à d'autres qui viennent apporter leur calorique , et ce mouvement a bientôt fondu la glace. Dans l'air et les gaz , il se produit des courans analogues , et c'est dans la théorie
de ces courans que consiste toute la science du
fumiste et du chauffeur , dont nous parlerons au
livre III. Chaque fois qu'il y a un foyer dans une
chambre, *il y a au-dessus* un courant ascendant
qu'on rend quelquefois sensible au moyen d'une
spirale légère que ce courant fait tourner , lorsqu'on la fixe au-dessus d'un poêle ; tout autour
du foyer, il y a un courant affluent ; et un descendant , vers les bords de la chambre éloignés
du foyer ; mais en outre , il y a un courant plus
énergique que les autres , c'est celui qui traverse
le feu même et monte dans les conduits et dans
la cheminée. Nous parlerons plus en détail de ces
courans au livre III.

CHAPITRE III.

EFFETS DU CALORIQUE SUR LES CORPS.

Le calorique en entrant dans les corps, y produit toujours une augmentation de volume qu'on
nomme *dilatation*, le phénomène contraire se
manifeste lorsqu'il en sort, ce qui se nomme

contraction, et si quelques corps font exception, ils sont en très petit nombre; ce phénomène est si général que c'est lui qui sert de base à la mesure du calorique comme nous l'avons vu au premier chapitre; outre ce changement que le calorique produit par gradations insensibles, il y en a deux autres qui ne sont point graduels, c'est la transformation des solides en liquides, et des liquides en gaz. Ces phénomènes ont cela de remarquable qu'ils détruisent une grande quantité de calorique qui cesse d'être sensible au thermomètre, lequel calorique est reproduit exactement par les phénomènes contraires. Nous diviserons donc ce chapitre en trois articles.

ARTICLE 1er.

Dilatation et contraction.

Tous les corps ne se dilatent pas de la même quantité par la chaleur; de plus la dilatation d'un même corps varie à diverses températures quoiqu'on suppose le contraire; cette inexactitude se manifeste principalement pour les solides, dans le voisinage de la fusion; pour les liquides, aux températures voisines de la congélation et de la vaporisation; quant aux gaz, ils se dilatent uniformément.

1° *Dilatation des solides.*

Les solides sont ceux des trois espèces de corps qui, en général, se dilatent le moins; voici la grandeur de la dilatation de quelques-uns d'entre eux, elle est exprimée en fraction décimale de la longueur de la règle métallique qui a servi à l'expérience; ces fractions expriment la dilatation pour 100° d'augmentation. En les divisant par 100, on aurait la dilatation pour 1° à peu près, car cette dilatation augmente toujours plus rapidement à mesure que la température est plus élevée.

Cristal anglais (*flint-glass*).............	0,000812	Or pur.........	0,001466
Platine.	0,000856	Or au titre, non recuit........	0,001552
Verre avec plomb.	0,000872	*Id.* recuit......	0,006514
Verre sans plomb..	0,000876	Cuivre..........	0,001717
Glace de S.-Gobin.	0,000891	Laiton.........	0,001878
Acier non trempé.	0,001079	Argent pur.....	0,001910
Fer forgé........	0,001920	Étain..........	0,001938
Fer passé à la filière.	0,001235	Plomb	0,002848
Acier trempé.....	0,001240	Mercure.......	0,018018

On a mis à profit dans les arts l'inégalité de la dilatation des métaux, nous en avons déja vu un exemple (page 34), en parlant des thermomètres solides, et notamment du thermomètre Bréguet. Nous allons en citer une autre application qui est d'une très grande importance.

On sait que les horloges nommées pendules, ont leur mouvement réglé par un balancier qu'on appelle un pendule ; nous verrons dans notre traité de Mécanique, et nous énoncerons ici, comme un fait démontré par l'expérience, que ces horloges avancent toutes les fois que le pendule se raccourcit, et au contraire retarde lorsqu'il s'alonge ; or, la chaleur l'alongeant, il en résulte que l'horloge doit avancer quand il fait froid, et retarder quand il fait chaud. Pour conserver au pendule une longueur constante, on oppose la dilatation à la dilatation elle-même. Soit ab (*fig. 11*) le pendule, la tige a au lieu de supporter immédiatement la lentille b, supporte un châssis de fer cd, dont la traverse inférieure porte un châssis de cuivre ef, et comme le cuivre se dilate plus que le fer, il est évident que la dilatation de ef, fera monter la traverse fg plus que la dilatation de cd ne la fera descendre ; mais, comme cela ne compenserait pas encore toute la dilatation de la verge et du châssis $acdb$, on fixe à la traverse fg un châssis de fer hi, dont la traverse ik, porte un châssis de cuivre lm, dont la dilatation fait monter la traverse m, plus que la dilatation du fer hi ne la fait descendre ; et ces deux effets qui s'ajoutent peuvent fort bien compenser la dilatation des verges an et ob.

Si on considérait ces verges et ces châssis comme d'une pesanteur nulle par rapport à la lentille, comme d'après la table (pag. 55), la dilatation du fer est les $\frac{2}{3}$ à peu près de celle du cuivre, il suffirait que le cuivre fût les $\frac{2}{3}$ du fer pour que sa dilatation fût la même, et par conséquent pour que la lentille b restât immobile; *mais le poids des verges et des châssis* n'étant point nul, cela modifie cette conséquence, et le cuivre, au lieu d'être les $\frac{2}{3}$, doit être environ les $\frac{3}{4}$ du fer; et même ce rapport peut encore varier suivant le poids des châssis par rapport à celui de la lentille b. Un appareil de ce genre s'appelle *compensateur.*

La *fig.* 12 offre une autre espèce de compensateur moins usité que le précédent : à la tige du pendule est fixée une traverse ab, composée de deux métaux, tel que nous l'avons expliqué pag. 14, et portant deux poids à ses extrémités; le plus dilatable des deux métaux étant au-dessous de l'autre, lorsque la chaleur alonge le pendule, la lame ab en se courbant, élève les poids a et b, et ceux-ci compensent par là l'alongement du pendule, s'ils sont combinés convenablement; ils sont, comme on voit, fixés à des vis qui permettent de les rapprocher plus ou moins de la tige, et on détermine par expérience le point où il convient de les mettre pour obtenir une compensation parfaite.

3.

La *fig. 13* montre une autre disposition destinée à produire le même effet, et indiquée par Berthoud dans son traité de l'Horlogerie : *ab* est une verge d'acier qui tient au point de suspension et qui a au bas un talon qui porte une règle de cuivre *cd*, dont la dilatation tend à soulever, au moyen du talon *e*, la verge de fer *ef*, qui communique ce mouvement à la règle de cuivre *gh* ; celle-ci, par sa dilatation, accroit encore cet effet, et soulève la règle *ik*, et par suite le poids *p*. Ces diverses règles sont maintenues en place, au moyen des deux mentonnets *a* et *k*, que portent la première et la dernière, et des anneaux d'acier *l* et *m*.

Il vaut mieux employer l'acier que le fer parce que sa dilatation est plus différente de celle du cuivre.

La chaleur fait également retarder les montres ; en augmentant les dimensions du balancier qui leur sert de régulateur, et en éloignant sa circonférence de son centre ; on compense cet effet en fixant sur cette circonférence deux lames *ab*, *cd*, (*fig. 14*), composées de deux métaux dont le moins dilatable est au dedans. Lorsque la chaleur dilate le balancier, les lames en se courbant approchent les poids *b* et *d* du centre, pendant que toutes les autres parties du balancier s'en éloignent ; on détermine par expérience le poids qu'il convient de donner aux petites masses *b* et *d* une vis laissant aussi la faculté de les approcher plus ou moins des points *a* et *c*.

Lorsqu'un métal après avoir été dilaté par la chaleur se refroidit, il reprend les dimensions qu'il avait avant, et si quelque obstacle s'y oppose, il le combat avec une énergie prodigieuse et se rompt si l'obstacle résiste, de sorte que son énergie en se contractant est au moins égale à sa tenacité, savoir : $55^{kil.}$ par millimètre carré pour le fer, (pag. 8.)

On a employé cette force au conservatoire des arts et métiers, pour rapprocher les murs d'une voûte qu'elle avait écartés, et dont la chute était à craindre; on les a joints par une barre de fer qui les traverse jusqu'au dehors, elle est terminée à un bout par une tête et retenue par une large plaque de fonte, l'autre extrémité se termine par une vis et un écrou qu'on a serré sur une pareille plaque de fonte; on a fait rougir la barre, on a de nouveau serré l'écrou, et en se refroidissant elle a rapproché les murs.

Nous en verrons d'autres applications au chapitre 3 du Livre IV.

La table des dilatations que nous avons donnée pag. 53, donne l'augmentation de longueur, par exemple d'une règle de fer, mais cette règle augmente en même temps de largeur et d'épaisseur, d'où il résulte que son volume augmente dans un rapport plus considérable : le rapport des volumes est *cube* du rapport des longueurs, c'est-à-dire égal à ce rapport, multiplié par lui-même deux fois. Par exemple, si les deux longueurs sont entre elles comme 3 est à 2, leur rapport étant $\frac{3}{2}$, le rapport des volumes sera $\frac{3}{2} \times \frac{3}{2} \times \frac{3}{2}$ ou $\frac{27}{8}$, le nouveau volume sera donc les $\frac{27}{8}$, du premier et l'accroissement est de $\frac{19}{8}$ tandis que l'accroissement de la longueur n'est que de $\frac{1}{2}$. La première fraction est plus du triple de la seconde, mais si l'accroissement était fort petit comme cela arrive presque toujours, l'accroissement du volume comparé au volume primitif, est le triple de l'accroissement de la longueur; si, par exemple, la longueur croît de un millième de ce qu'elle était d'abord, le volume croîtra à très peu de chose près de 3 millièmes comme on peut s'en assurer en faisant le cube de 1,001 on trouvera 1,003003001, qui diffère fort peu de 1 et 3 millièmes.

Nous avons vu que la pesanteur spécifique d'un corps est égale à son poids divisé par son volume (page 5); d'où il résulte que, le poids restant le même, si le volume augmente, la pesanteur spécifique diminuera. Ce qui est d'ailleurs évident : si, par exemple, 3 kilogr. d'une matière quelconque occupent un décimètre cube, et que leur volume augmentant, ils occupent 1 décimètre $\frac{1}{4}$, il est clair qu'un décimètre ne pèsera plus 3 kilogrammes.

Il résulte de ce que nous venons de dire, que la chaleur diminue la pesanteur spécifique des corps ; mais cette diminution pour les solides est petite. Soit, par exemple, un décimètre cube de cuivre, qui pèse (page 7) $8^k,40$, si sa température augmente de 100 degrés, son volume augmentera de $0,001878 \times 3$ ou $0,005634$, et il sera $1^{déc.},005634$; sa pesanteur spécifique deviendra donc $\frac{8,40}{1,005 63}$, ou $8,353$.

On a remarqué que, lorsqu'on comprime un corps à coups de marteau, par exemple, il s'échauffe : il en résulte que, lorsqu'un corps passe de $11°$ à $10°$, comme il change de volume en même temps, un partie du calorique qui se dégage est produite par le changement de volume, tandis que le reste abaisse sa température ; c'est-à-dire que, si une force quelconque réduisait d'abord son volume autant qu'il doit se réduire en passant de $11°$ à $10°$, et cela sans changer sa température, il se dégagerait déja une certaine quantité de calorique, et si ensuite sa température s'abaissait à $10°$, il s'en dégagerait encore, et, comme il arriverait au même état que s'il s'était librement refroidi de $1°$, il en résulte qu'au total il s'est dégagé $0^{cal.},1111$, s'il s'agit d'un kilogr. de cuivre, ou $11^{cal.},11$, s'il y en a 100 kilogr. D'où il résulte qu'en le comprimant seulement de $0,00001878$ (page 55) sans changer sa température, cela ne développera pas $11^{cal.},11$; car, pour tirer $11^{cal.},11$ de cette quantité de fer, il faudrait que sa température diminuât de $1°$, et son volume en même temps de $0,00001878$.

On n'a pas encore fait d'expériences exactes sur la quantité de calorique développé par la compression dans les solides et les liquides. Dans les gaz même, on ne l'a déterminée que d'une manière indirecte, qui néanmoins mérite une grande confiance, à cause de la rigueur des calculs qui y ont été employés. Nous en ferons connaître le résultat au III° Livre.

2° *Dilatation des liquides.*

Le thermomètre dont nous avons déja parlé est un exemple de la dilatation des liquides. Nous avons déja dit, au commencement de cet article, que cette dilatation était sujette à des irgularités, surtout aux approches de la congélation, c'est-à-dire de la température à laquelle le liquide passe à l'état solide, et de celle où il est près de bouillir ; de sorte qu'en général les liquides pour lesquels ces deux températures seront plus éloignées l'une de l'autre, et surtout ceux dont ces températures s'écarteront le plus des températures ordinaires, auront, dans les circonstances habituelles, une dilatation plus uniforme ; le mercure est dans ce cas : aussi , les thermomètres à mercure sont-ils préférables à tous les autres, excepté dans les circonstances très rares où on voudrait mesurer des températures qui seraient à plus de $50°$ au-dessous de $0°$, car le mercure gèle à $— 40°$; alors il faut employer le thermomètre à esprit-de-vin qui, dans cette circonstance, doit avoir plus d'uniformité qu'aux températures ordinaires qui approchent trop de son point d'ébullition.

L'eau est celui des liquides dont les dilatations ont été étudiées avec le plus de soin ; elle se contracte de moins en moins rapidement à mesure que la température s'abaisse ; au-dessous de $4°$ elle ne se contracte plus, elle se dilate, au contraire, à mesure qu'elle approche de la congélation, et il y a un point où elle est le plus dense possible : c'est entre $3° \frac{43}{100}$ et $4° \frac{44}{100}$; c'est ce point qu'on a choisi pour déterminer l'unité de poids dans les nouvelles mesures. Le *gramme* est précisément le poids d'un centimètre cube d'eau pure, distillée et amenée à ce *maximum* de densité dont nous venons de parler, et le kilogr. est le poids d'un décimètre cube d'eau dans les mêmes conditions. On verra, dans la table suivante, le volume que prend l'eau à diverses températures, et les pesanteurs spécifiques qui en résultent; et, comme nous avons vu (page 5), qu'on obtient la pesanteur spécifique en divisant le poids par le volume, il en résulte que la troisième colonne de cette table est formée en divisant 1 par les nombres de la seconde, par exemple, pour 20°, la pesanteur spécifique $= \frac{1}{1,0017} = 0,9983$.

TEMPÉRATURE.	VOLUME d'un kilogr. d'eau en litres.	POIDS d'un litre d'eau en kilogr.
0°	1,0001	0,9999
5°	1,0000	1,0000
10°	1,0003	0,9997
20°	1,0017	0,9983
30°	1,0042	0,9959
40°	1,0078	0,9922
50°	1,0124	0,9877
60°	1,0178	0,9825
70°	1,0241	0,9766
80°	1,0310	0,9699
90°	1,0386	0,9628
100°	1,0467	0,9553

Il y a quelques liquides qui, comme l'eau, augmentent de volume à mesure qu'ils se refroidissent, lorsque leur température est très près du point de congélation; mais cette règle n'est pas générale ; cela arrive aux corps qui augmentent de volume dans l'acte même de la congélation : le mercure, par exemple, n'est pas dans ce cas; mais tous augmentent de plus en plus rapidement à mesure qu'ils approchent du point d'ébullition. Ce fait a été vérifié pour le mercure lui-même par MM. Dulong et Petit, dans des expériences dont nous parlerons tout à l'heure.

La dilatation de l'alcool est beaucoup plus considérable que celle de l'eau; elle est de $0,1255$ de $0°$ à $100°$.

Les observations que nous avons faites à la fin du premier paragraphe de cet article peuvent s'appliquer aux liquides comme aux solides : c'est pourquoi nous ne les répéterons pas ici.

3° *Dilatation des Gaz.*

La dilatation des gaz, comme nous l'avons annoncé au commencement de cet article, est absolument régulière ; cette régularité a été constatée presqu'en même temps par M. Gay-Lussac et par M. Dalton : quelques autres, ayant essayé avant eux de mesurer la dilatation des gaz, n'étaient pas arrivés à ce résultat, et même avaient trouvé des anomalies très bizarres. Cela provenait de ce que les gaz qu'ils employaient n'avaient pas été desséchés avec soin, non plus que les vases ordinairement de verre, auxquels il adhère toujours une légère couche d'humidité. Cette cause d'inexactitude néanmoins n'influe pas sur les résultats, tant qu'on porte la température des gaz plus haut que celle où on les a introduits dans l'appareil; mais, lorsqu'on l'abaisse au-dessous, cette humidité influe, au contraire, d'une manière très notable, et fait diminuer le volume plus rapidement que lorsque le gaz est sec, phénomène dont nous donnerons l'explication ci-après au Liv. IV, c. 2.

Pour obtenir un résultat exact, on chauffe un tube gradué terminé par une boule *ab* (*fig.15*), et on le remplit de mercure qu'on y fait bouillir, comme nous l'avons dit pour les thermomètres; ensuite on emplit un cylindre *bc* d'un gaz quelconque, et on y introduit quelques fragmens de muriate de chaux ou chlorure de calcium, qui a une très grande affinité pour l'humidité, de sorte que le gaz, après avoir séjourné quelque temps dans le cylindre, est parfaitement sec. Le tube et le cylindre étant fixés l'un au bout de l'autre au moyen d'un bouchon, comme on le voit dans la figure. On introduit un fil de fer au travers du bouchon *c*, qu'on pousse jusque dans la boule, en tenant celle-ci en haut, ce qui fait tomber un peu de mercure, qui est remplacé par de l'air, lorsqu'on retire

le fil de fer, et en continuant on parvient à
vider la boule, et même presque tout le tube,
si on doit refroidir l'appareil ; mais on ne vide .
que la boule, si on doit l'échauffer.

Ensuite on introduit la boule et une partie
du tube par la paroi d'une chaudière de métal,
dans laquelle est de l'eau qu'on doit échauffer ou
refroidir, et par la même paroi, au moyen
d'un bouchon percé, on introduit un thermomètre à côté ou en face du tube, à la même
hauteur, et en les faisant glisser l'un ou l'autre
dans le bouchon par lequel on les a introduits ;
on peut facilement observer la température au
thermomètre et la dilatation du gaz si on a mis
dans la chaudière de l'eau chaude, ou, au contraire, sa contraction si on y a mis de l'eau plus
froide que l'atmosphère.

Par des expériences semblables, répétées
avec soin, depuis 0° jusqu'à 100°, M. Gay-
Lussac a constaté, 1° que tous les gaz se dilatent également, et même les vapeurs, tant
qu'elles ne se précipitent pas, comme nous
l'expliquerons plus loin ; 2° qu'ils se dilatent
uniformément, c'est-à-dire que leur dilatation
de 1° à 5° est parfaitement égale à leur dilatation de 95° à 100°, par exemple ; 5° que cette
dilatation est de 0,375 de 0° à 100°, c'est-à-
dire que leur volume à 0° est à leur volume à
100° :: 1000 : 1375 ; et, comme cette dila-

tation est uniforme, elle est de $0,00375$ ou $\frac{1}{267}$ pour chaque degré. Mais il ne faut pas perdre de vue que cette dilatation est rapportée au volume du gaz à $0°$, de sorte que le volume d'un gaz à $0°$ étant partagé en 267 parties, il en occupera 268 à $1°$; 269 à $2°$; 366 à $99°$; 367 à 100; 260 à $-7°$; 200 à $-67°$, etc.

MM. Dulong et Petit, ayant répété les mêmes expériences en employant de l'huile au lieu d'eau, ont pu pousser leurs observations au delà de $100°$, passé ce terme ils ont trouvé que la dilatation du gaz n'était plus aussi grande pour chaque degré du thermomètre; mais comme tous les gaz donnaient exactement la même dilatation, ils en ont conclu que cette irrégularité ne venait pas de ce que les gaz se dilatassent trop peu, mais du mercure qui se dilatait trop rapidement, et cette irrégularité augmenta d'autant plus que la température s'approchait de l'ébullition du mercure, ce qui s'accorde avec ce que nous avons déja dit relativement à la dilatation des liquides.

Le fait de la dilatation uniforme des gaz est de la plus grande importance, ce phénomène que nous appellerons *loi de Gay-Lussac*, joint à la *loi de Mariotte*, met en état de résoudre toutes les questions qu'on peut se proposer sur le volume ou le poids spécifique d'une même masse de gaz; nous y reviendrons lorsque nous aurons fait connaître cette dernière loi.

Article 2.

Fusion et Congélation.

Nous avons déja dit que les états solide, liquide et gazeux, n'appartiennent pas exclusivement à tels ou tels corps, mais qu'au contraire, presque tous les corps pouvaient successivement passer par ces divers états. Le passage de l'état liquide au solide se nomme *congélation*, et le passage de l'état solide à l'état liquide *fusion* ou *liquéfaction*. Ainsi, le fer ou le plomb fondus, lorsqu'ils redeviennent solides, se congèlent ; la différence entre ces phénomènes et celui de la congélation de l'eau n'est que la température à laquelle ils s'opèrent, et qui varie pour les diverses substances et pour une même substance, selon son degré de pureté : ainsi l'eau qui, à l'état de pureté, se gèle à 0°, peut supporter plusieurs degrés au-dessous lorsqu'elle renferme des sels ; elle pourrait même supporter un froid très intense si elle en contenait une grande quantité. Voici le point de congélation de diverses substances :

Eau, 0°. Étain, 219°. Cire, 60°. Suif, 33°. Soufre, 170°. Plomb, 260°.

Quant aux termes de la fusion des autres métaux, ils avaient été déterminés par le pyromètre

de Wegwood ; il est à présumer que la défec-
tuosité de cet instrument les avait fait placer
beaucoup trop haut. C'est ainsi qu'on avait placé
la fusion du fer jusqu'à 9970°; nous pensons avec
M. Pouillet, qu'aucune température ne passe
600° ou 700° tout au plus; d'après les mêmes
expériences, ce physicien croit que celle du soleil est d'environ 800°. Nous ne parlerons pas
ici de ces expériences, nous attendons qu'elles
aient été vérifiées en les répétant dans plusieurs
circonstances, de manière à présenter un degré
de précision et de certitude suffisant pour qu'elles
puissent servir de base à des calculs.

La circonstance la plus remarquable de la
congélation et de la fusion, c'est le calorique qui
est comme créé dans la première et dévoré dans
la seconde. En général, un corps en échauffant
les autres se refroidit, et en se refroidissant
échauffe ceux qui l'avoisinent; il n'en est pas
de même au moment où ils se fondent et à celui
où ils se gèlent. Lorsqu'ils se fondent, ils absorbent la chaleur des corps environnans sans s'é-
chauffer eux-mêmes; lorsqu'ils se gèlent, ils
fournissent au contraire du calorique sans se refroidir.

Mettez de la glace fondante dans un vase,
plongez un thermomètre, pendant que la glace
fondra, le thermomètre indiquera constamment
la même température et cependant le vase ab-

sorbera sans cesse du calorique, et refroidirait
sensiblement de l'eau dans laquelle on le plongerait.

Réciproquement si on met dans un vase de
l'étain fondu en assez grande quantité, du moment où il commence à se congeler, ce qui arrive à 219°, il ne change plus de température
jusqu'à ce qu'il soit solidifié en entier, quoiqu'il
fournisse sans cesse aux corps en contact, une
assez grande quantité de calorique.

Le calorique que les corps absorbent en se
fondant, a pris le nom de calorique *latent* ou
combiné, parce qu'en effet il est caché, puisqu'il n'affecte ni nos sens ni le thermomètre, et
que cependant il est essentiel à la liquidité, puisque, par la privation de ce calorique, le liquide
redeviendrait solide; c'est donc du calorique
combiné avec un solide qui forme un liquide,
nous le nommerons calorique de *fluidité*.

On a mesuré le calorique de fluidité de divers
corps (car il n'est pas le même pour tous), par
les mêmes moyens que nous avons donnés pour
la mesure du calorique spécifique, c'est-à-dire
qu'on verse le corps liquide dans l'eau, et
on voit de combien de degrés il élève sa température; on en conclut combien de calorique il
fournit par sa solidification, exemple : qu'on
jette un hectogramme de fer fondu prêt à se soli-
difier dans 20 kilogr. d'eau, la température de

celle-ci sera élevée de $1°,475$, le fer fondu aura donc cédé à l'eau, $20^{cal.} \times 1,475 = 29^{cal.},50$, et en plaçant la fusion du fer à $600°$, sa chaleur spécifique étant $0,11$, la même quantité de fer $0^k,1$ solide, mais à la même température, aurait fourni $600^{cal.} \times 0,1 \times 0,11 = 6^{cal.},6$, qui ôtées de $29^{cal.},50$ donnent $22^{cal.},9$ pour calorique de fluidité d'un hectog.—de fonte ou $229^{cal.}$ par kilogr.

Mais si le corps en expérience devenait fluide au-dessous de la température ordinaire, au lieu de le faire congeler dans l'eau, il faudrait au contraire l'y faire fondre, telle est la glace; si on veut connaître son calorique de fluidité, on prendra par exemple, un kilog. de glace pilée, ou mieux un kilog. de neige à $0°$, et on le mettra dans 10 kilog. d'eau à $15°$; la neige étant fondue, la température du mélange sera à $5°$; pour arriver à cette température, la glace après être liquéfiée a absorbé $5^{cal.}$; les dix kil. d'eau à $13°$, en ont perdu $8 \times 10 = 80$; il y en a donc eu 75 employés à la liquéfaction; le calorique de fluidité de l'eau est donc de $75^{cal.}$ par kilog., ce que nous avions déja déterminé page 43 d'une autre manière.

On déterminerait de même le calorique de fluidité des autres corps, en voici quelques-uns :

Eau, 75^c. Fonte de fer, 229^c. Étain, 278^c. Cire, 97^c. Cristal, 245^c.

Cette absorption de calorique dans l'acte de la

liquéfaction s'observe même lorsque cette liquéfaction, par une cause quelconque, a lieu à une
autre température que celle où elle arrive ordinairement. Si, par exemple, on met un kilog.
d'acide sulfurique à $0°$ sur quatre kilog. de neige
à zéro, l'action de l'acide liquéfiera la neige, et
comme il ne lui fournit cependant pas le calorique qui doit être absorbé, la température du
mélange s'abaisse considérablement; en effet, les
4 *kilog.* de neige exigent pour se liquéfier $75^{cal.}$
$\times 4 = 300^{cal.}$; mais comme le mélange seul de
l'acide avec l'eau produit $15°$, cela fait $15^{cal.} \times$
$4\frac{1}{3} = 65^{cal.}$* qui ôtées de 300 reste $235^{cal.}$ qui
seraient capables d'abaisser la température du

mélange de $\dfrac{235}{4\frac{1}{3}}$ ou $54°$; si l'air environnant ne

fournissait pas continuellement du calorique et
d'autant plus rapidement que la température
s'abaisse.

C'est un phénomène tout semblable qui se
passe lorsqu'on fait des glaces ou sorbets-gla-
cés; on met dans une espèce de seau de la glace
pilée et du sel; ces deux substances se fondent

---

* Nous mettons $4\frac{1}{3}$, car il y a 4 kilogr. d'eau et
1 kil. d'acide sulfurique, mais qui, pour sa capacité pour le calorique, ne vaut que $0,33$, ce qui est
très près de $\frac{1}{3}$. Voyez page 41.

rapidement par leur action réciproque, et cela produit un froid bien plus grand que la glace seule; on plonge dans ce mélange la sorbetière, et on l'agite en tout sens, en l'ouvrant de temps en temps, pour détacher des parois intérieures les petits glaçons qui s'y sont formés.

Le phénomène du dégagement et de l'absorption du calorique dans l'acte de la congélation ou de la fusion a été d'abord remarqué par Black en 1760, et c'est lui qui inventa la méthode des mélanges, que nous avons exposée.

Nous avons déja dit que beaucoup de corps augmentent de volume en se congelant, d'autres au contraire diminuent; cette augmentation pour l'eau est d'environ un sixième.

Le fer, l'antimoine, le bismuth et le soufre augmentent aussi de volume au moment où ils se solidifient, ce qui ne veut pas dire qu'une fois froids ils occupent plus de place que quand ils étaient liquides, car du moment où ils se sont solidifiés à celui où ils ont été froids, ils ont éprouvé une diminution de volume qui a bien pu compenser l'augmentation précédente. Ainsi, de ce qu'une pièce de fonte froide occupe moins de place que quand on l'a coulée, on ne peut point en conclure, comme l'a fait M. Clément, qu'elle ne s'est pas gonflée en se congelant.

D'autres au contraire se contractent très subitement au moment où ils se gèlent, tel est le mercure, aussi un thermomètre à mercure exposé à trente neuf degrés au-dessous du 0°, n'est-il plus propre à indiquer la température.

ARTICLE 3.

Vaporisation et liquéfaction.

Presque tous les liquides chauffés jusqu'à un certain degré qui varie pour les différens liquides, et aussi par une autre circonstance dont nous parlerons bientôt, se transforment en vapeurs ou fluides aériformes; si cette transformation se fait au fond du vase, les bulles qui se forment soulèvent le liquide et l'agitent, c'est ce qu'on nomme ébullition. Il ne faut pas croire cependant que la transformation des liquides en vapeurs ne se fasse qu'à ce degré de température dont nous venons de parler, au contraire elle a lieu, plus ou moins, à une température quelconque, seulement elle n'est pas accompagnée du mouvement nommé ébullition. Quelquefois on distingue ces deux modes de vaporisation en donnant à la vaporisation insensible le nom d'évaporation, nous verrons bientôt à quoi tient cette différence.

Dans le phénomène de la vaporisation, on remarque une circonstance analogue à celle qui se produit dans la fusion, c'est-à-dire qu'il y a une certaine quantité de calorique absorbée ou neutralisée, de sorte que cette accumulation n'est pas sensible au thermomètre ; ainsi, lorsque l'eau est bouillante elle continue d'absorber de la chaleur sans augmenter de température. Le thermomètre continuant toujours d'indiquer 100°. Le calorique ainsi détruit, prend le nom de calorique *combiné*, et la quantité qu'il en faut pour former la vapeur, varie suivant les différens liquides. De même que le calorique de fluidité reparaît, lorsque le corps se congèle, de même, le calorique de vaporisation reparaît, lorsque la vapeur se liquéfie. Ainsi un kilogr. d'eau à 100°, mêlé à 10 kil. d'eau à 0°, produisent un mélange à 9°,09, ce qu'on pouvait prévoir en divisant 100, nombre de calories introduit, par 11, nombre de kilog. du mélange ; mais, si au lieu d'un kilog. d'eau à 100°, on introduit un kilog. de vapeur aussi à 100°, son contact avec l'eau froide la liquéfiera, et la température du mélange s'élèvera à 59°,09 ou 50° de plus, qui sont par conséquent fournis uniquement par le calorique de vaporisation. Or, 11$^{kil.}$ élevés de 50°, cela fait 550$^{cal.}$, le calorique de vaporisation de l'eau est donc égal à 550$^{cal.}$, à partir de l'eau bouillante, ou en d'autres termes, 1$^{kil.}$ de vapeur d'eau, résulte de la combinaison d'un kilog. d'eau à 100° avec 550$^{cal.}$, ou d'un kilog. d'eau à 0°, avec 650$^{cal.}$.

M. Desprez a déterminé de la même manière, que,

$1^{kil.}$ d'alcool à 78°,7, avec $208^{cal.}$ forment $1^{kil.}$ de vapeur d'alcool.

$1^{kil.}$ d'éther sulfurique à 55°,5 avec $172^{cal.}$ forment $1^{kil.}$ de vapeur d'éther.

$1^{kil.}$ d'essence de térébenthine à 157°,4 avec $77^{cal.}$ forment $1^{kil.}$ de vapeur d'essence. Les températures, 78°,7 ; 35°, 5 ; 157°,4 ; sont celles où ces trois liquides bouillent, dans les mêmes circonstances où l'eau bout à 100° ; si on voulait toutes les réduire à 0°, comme nous l'avons fait pour l'eau, il faudrait consulter leurs chaleurs spécifiques, **et on trouverait qu'il faut** (page 41) :

$$0{,}64 \times 78{,}7 = 50^{cal.} \text{ pour élever l'alcool}$$
à 78°,7 ;

$$0{,}472 \times 157°{,}4 = 74^{cal.} \text{ pour élever l'essence}$$
à 157, 4 ;

d'où il résulte que le calorique de vaporisation de l'alcool, est $50 + 208 = 258^{cal.}$, en partant de 0°

et pour l'essence de $77 + 74 = 151^{cal.}$.

Lorsqu'un obstacle s'oppose à la vaporisation d'un liquide, il s'échauffe au-dessus de la température de l'ébullition ; et si l'obstacle n'est pas insurmontable, il arrive qu'à une certaine température, le liquide se vaporise malgré l'obstacle qui s'y opposait. Si, par exemple, on fait chauffer de l'eau dans un vase fermé, elle s'échauffera au-dessus de 100°, et si on continue de chauffer, le vase éclatera, ce qui ne sera pas sans danger pour les spectateurs; c'est sur ce principe que sont fondés la marmite de Papin, et les autoclaves : ce sont des marmites dont le couvercle est fixé, soit par une, ou plusieurs vis, soit par un moyen quelconque, de sorte que l'eau, qui y est enfermée ne pouvant se réduire en vapeur, s'échauffe beaucoup au-dessus de 100°, et on peut y faire ce qu'on ne pourrait faire dans une marmite ordinaire, ou bien y faire la même chose, en moins de temps, à raison de la haute température. La marmite de Papin a été employée pour dissoudre dans l'eau la gélatine des os, de manière à ne laisser que la partie calcaire; les autoclaves ont été employés à faire cuire en une demi-heure, de la viande qui aurait exigé quatre ou six heures, dans une marmite ordinaire; mais il faut avoir soin, avant d'ouvrir la marmite, de la laisser refroidir jusqu'à la température de l'ébullition ou au-dessous ; car, sans cela, au moment où on l'ouvre, l'eau se réduit subitement en vapeur, et lance hors de la marmite tout ce qu'elle contient. La force avec laquelle la vapeur tend à s'échapper, augmentant à mesure que la température s'élève, il y aurait le plus grand danger à se servir de semblables instrumens, si l'on n'avait mis en usage plusieurs précautions, pour écarter ces dangers, ou du moins, rendre les accidens plus rares. Ces précautions, sont de deux sortes, les soupapes de sûreté, et les plaques fusibles : les soupapes de sûreté, consistent en une plaque dressée, posée sur un trou dont les bords sont également dressés, de manière que l'un s'applique exactement sur l'autre ; un petit cylindre empêche la soupape de s'écarter sur les côtés du trou, et on charge cette plaque d'un poids, calculé de manière que la vapeur puisse le soulever avant d'avoir la force de créver la marmite, calcul qu'il est facile de faire.

Je suppose, par exemple, qu'au moyen de la presse hydraulique, que nous décrirons Liv. IV, Chap. I, ou bien d'après la force connue de la matière qui compose la marmite, on ait déterminé qu'elle est susceptible d'une résistance de 10000 kilog. , par décimètre carré, alors, comme il est prudent de ne la soumettre qu'à une pression 5 fois plus petite, on comptera 2000 kilog. par décimètre, ou 20 kilog. par centimètre carré ; supposons que le trou soit rond d'un demi-centimètre de diamètre, ce qui fait* $0,0625 \times 3,141 = 0,1963$ centimètres carrés de surface ; il faudra donc un poids de $20^{kil.} \times 0,1963 = 3^{kil.},926$.

---

* 3,141 est le rapport de la circonférence au diamètre, et pour calculer la surface d'un cercle il faut multiplier le carré du rayon par ce rapport.

Les plaques fusibles sont des plaques d'alliage qu'on soude sur les côtés de la marmite, et qui se fondent, par exemple, à 186°, et comme à ce degré l'expansion de la vapeur équivaut à peu près à 1600$^{kil.}$ par décimètre, comme nous le verrons bientôt, il en résulte que la marmite n'aura jamais une pression plus grande à éprouver. La première précaution accompagne toujours la seconde, de manière à céder plus tôt, en sorte que la plaque fusible n'est utile que dans les cas extraordinaires ou imprévus. Malgré ces précautions, les dangers de ces machines en ont beaucoup limité l'usage; cependant tant qu'on ne commet pas d'imprudence, telle que celle de presser sur la soupape, ou de masquer la plaque fusible, on peut s'en servir sans crainte.

Nous avons déja dit que les liquides se réduisent en vapeurs à toute température; mais une force s'oppose constamment au développement de la vapeur; cette force, c'est la pression atmosphérique dont nous parlerons au Livre III. Nous verrons qu'elle équivaut à la pression qui serait produite par 10^m,31 d'eau, ou 103 kil. par décimètre carré. Cette pression varie, comme l'indique le baromètre : c'est pourquoi l'eau ne bout pas constamment à la même température; à une température quelconque, même au-dessous de 0°, l'eau tend à se réduire en vapeurs, et cette tension devient de plus en plus énergique, à mesure que la température s'élève ; mais, tant qu'elle n'est pas capable de vaincre la pression atmosphérique, la vapeur aqueuse s'insinue seulement peu à peu entre les molécules de l'air ; c'est là l'évaporation. A 100° ou à peu près, cette tension faisant équilibre à la pression atmosphérique, pour peu que la température monte au-dessus, les couches inférieures du liquide soulèveront les couches supérieures en se réduisant en vapeur, ce qui produit l'ébullition. Nous reviendrons, dans le Livre IV, sur l'évaporation et la vaporisation, phénomènes qui sont de la plus grande importance par le grand nombre d'applications qu'ils reçoivent.

Il semblerait que nous dussions parler ici de l'origine du calorique, c'est-à-dire des moyens par lesquels on se le procure ; mais l'air jouant le principal rôle dans la théorie de la combustion, nous en parlerons au Livre III.

LIVRE III.

DE L'AIR ATMOSPHÉRIQUE ET DES GAZ.

LES diverses espèces de gaz ne diffèrent guère que dans leurs propriétés chimiques, mais quant aux propriétés physiques, lorsqu'on en a étudié un on les connaît à peu près tous, et comme l'air atmosphérique est le plus répandu, nous l'étudierons de préférence aux autres.

L'air joue dans la nature un grand nombre de rôles, nous les classerons en quatre Chapitres.

CHAPITRE PREMIER.

DE L'AIR CONSIDÉRÉ EN LUI-MÊME.

ARTICLE 1er.

Du poids de l'air et de son élasticité.

L'air est pesant quoique dans les circonstances

ordinaires on ne s'en aperçoive pas; mais si on a des balances très justes et qu'on pèse un ballon de verre d'abord tel qu'il est naturellement, c'est-à-dire plein d'air, et qu'ensuite y ayant fait le vide comme nous l'indiquerons ci-après article 3, on le pèse de nouveau, on trouvera une différence notable entre son poids et le poids qu'il avait d'abord; on ne pourra, par ce moyen et sans aucun calcul préalable, en conclure d'une manière précise le poids de l'air, car on ne peut faire un vide parfait; mais cette expérience prouve déja que l'air est pesant; lorsque nous aurons parlé de la machine pneumatique, nous verrons la manière de déterminer exactement son poids.

L'air est élastique, c'est-à-dire susceptible d'être resserré dans un plus petit espace et de revenir à son premier volume par sa propre force d'expansion; cette élasticité peut se prouver par une infinité d'expériences, nous citerons les suivantes : qu'on mette dans un tube recourbé *abc* (*fig. 16*), fermé en *a* et ouvert en *c*, du mercure, en le tenant droit, l'air qui est dans la branche *ac* (qu'on aura dû dessécher avec soin en chauffant fortement le tube), n'ayant aucune issue, ne pourra s'échapper; mais à mesure qu'on ajoutera du mercure, il se réduira à un plus petit espace, jusqu'à se réduire à moitié de son volume primitif, s'il y a dans la branche *bc* 760 millimètres de mercure de plus que dans la branche ab; mais comme nous le verrons, la pression que ce liquide fait éprouver à l'air renfermé ne dépend pas de la longueur même de la colonne de mercure bc, mais seulement de la différence de hauteur des points d et e, de sorte que, si on incline le tube, malgré que la colonne fe soit toujours de la même longueur, comme en raison de son inclinaison (*fig. 17*), la différence de niveau eg sera plus petite que fe, l'air n'éprouvera plus une pression aussi forte, aussi le verra-t-on occuper un plus grand espace.

Il faut observer que dans cette expérience, l'air da éprouve non-seulement la pression de la colonne de mercure ge, mais encore la pression atmosphérique qui pèse sur la surface du mercure e, et qui par conséquent doit toujours s'ajouter à cette colonne ge. Cette pression est variable, le baromètre la fait connaître; nous supposerons ici qu'elle soit de 760 millimètres de mercure, il en résulte que pour avoir la pression éprouvée par l'air da, il faut ajouter 760 millimètres à la hauteur ge.

Et si on mesure avec soin la hauteur qui en résulte et la longueur da occupée par l'air, on trouvera que l'un est réciproquement proportionnel à l'autre, c'est-à-dire que lorsque la hauteur $ge + 760$ devient double, da devient moitié de ce qu'il était; si $ge + 760$ devient le triple, *da* deviendra le tiers , etc. C'est là ce qu'on appelle la loi de *Mariotte* : *Le volume des gaz se réduit dans le même rapport que la pression qu'ils éprouvent augmente.* Si les gaz n'avaient pas été bien desséchés, on observerait quelquefois des anomalies à mesure que l'augmentation de pression diminue leur volume, cela viendrait de ce que la vapeur d'eau qui remplit le petit espace *da*, se réduisant à un plus petit volume, se liquéfierait en partie et diminuerait par là le volume *da*.

On peut également mesurer ce que deviendrait le volume d'une certaine quantité d'air, s'il était soumis à une pression inférieure à la pression atmosphérique, au moyen de l'appareil *fig.* *18*; *ab* est un tube fermé en *a*, ouvert en *b*, et *cd* un autre tube plus gros, presque plein de mercure; on remplit le tube *ab* de mercure, à l'exception de quelques centimètres qui restent pleins d'air, on bouche l'orifice avec le doigt, et on le renverse dans l'autre tube *cd*, en ôtant le doigt seulement lorsque l'orifice est plongé dans le mercure; on enfonce le tube *ab* jusqu'à ce que le mercure qu'il renferme soit au même niveau que celui de l'extérieur; lorsqu'il est arrivé à ce point, il est évident que le mercure, étant à la même hauteur dedans et dehors, ne presse aucunement l'air renfermé en *a*, qui éprouve la seule pression atmosphérique qui l'air, au moyen de la machine pneumatique *; on met sous le récipient, par exemple, une vessie presque vide, et, lorsqu'on ôte l'air qui est sous le récipient, le peu d'air qui est dans la vessie, n'étant plus comprimé par la pression atmosphérique, se dilate, et remplit la vessie jusqu'à la tendre fortement. On fait aussi quelques autres expériences analogues dans le même but; mais elles n'ont pas, comme celles que nous avons exposées, l'avantage de mesurer l'expansion de l'air.

C'est sur la différence des pesanteurs spécifiques des gaz qu'est fondée la construction des ballons ou aérostats; l'explication de leur ascension est précisément la même que celle que nous donnerons à l'article de *l'équilibre des corps flottans*, pour les corps plus légers que l'eau, et qui montent à la surface lorsqu'on les plonge au fond; de même, un corps quelconque, placé dans un fluide, soit liquide, soit gazeux, doit s'y élever s'il pèse moins qu'un pareil volume de ce fluide, de sorte que, pour monter dans l'air, il suffit que le ballon soit plus léger qu'un égal volume d'air.

Le premier aérostat fut lancé par Montgolfier,

---

* Machine au moyen de laquelle on pompe l'air, dont nous parlerons article 3.

à Annonay, en 1782 ; l'enveloppe était de papier, et l'intérieur était rempli d'air qu'on échauffait afin de le rendre plus léger ; tels sont encore les petits ballons perdus, qu'on peut facilement exécuter en papier mou, et à l'orifice desquels on place un chiffon imbibé d'huile ou d'esprit de vin enflammé, pour maintenir la chaleur de l'air intérieur, afin qu'il demeure plus léger que l'air environnant.

Bientôt, un grand aérostat d'environ 40 pieds de diamètre fut construit de la même manière, à Lyon, sous la direction de Montgolfier ; au centre de l'orifice était une cage renfermant un feu de fagots qu'alimentaient les personnes placées dans une galerie tout autour. Après deux essais infructueux, dans un troisième, le ballon, quoiqu'endommagé, s'éleva ; plusieurs personnes des plus distinguées de la ville briguèrent l'honneur de faire cette ascension ; elle la firent au nombre de six, aux yeux d'une grande multitude de spectateurs étonnés par la nouveauté du spectacle ; elles redescendirent à environ deux lieues de la ville, sans accident.

Ce genre de ballon, nommé *montgolfière*, présentait de grands dangers, à cause de l'incendie qui pouvait facilement se communiquer au ballon ; pour les éviter, M. Charles eut l'heureuse idée de substituer à l'air chaud le gaz hydrogène qui, lorsqu'il est pur ne pèse que $\frac{1}{13}$ de l'air atmosphérique ; il prit pour enveloppe du taffetas recouvert d'un vernis de gomme élastisque dissoute dans l'essence de térébenthine.

MM. Charles et Robert s'élevèrent ainsi les premiers, au Tuileries, dans un aérostat de vingt-six pieds de diamètre.

Dans les ballons à gaz hydrogène, le voyageur, pour régler sa marche, emporte du lest formé de sacs pleins de sable ; lorsqu'il veut s'élever, il jette du lest, ce qui le rend plus léger ; lorsqu'il veut descendre, il ouvre une soupape placée au haut du ballon, par le moyen d'une ficelle qui y communique : par là le ballon devient moins léger.

La plus haute ascension a été faite par M. Gay-Lussac : il s'est élevé jusqu'à 7000 $^{m.}$ de hauteur.

ARTICLE 2.

De la pression atmosphérique, et du baromètre.

Nous avons déja dit que l'air est pesant, il en résulte que, la couche d'air qui environne la terre et qu'on nomme *atmosphère*, exerce sur tous les corps qui sont à la surface de la terre, une pression qui se transmet aussi latéralement, et de bas en haut, à cause de la fluidité de l'air ; on rend cette pression sensible de plusieurs manières, par exemple, ayant pris un bocal ouvert par les deux bouts, on attache à l'une des ouvertures, une vessie ou un parchemin, on pose le bocal sur la machine pneumatique, et lorsqu'on sort l'air du bocal, la pression atmosphérique enfonce la vessie, et la fait crever.

Mais, l'expérience la plus importante, et qui sert non-seulement à démontrer la pression atmosphérique, mais aussi à la mesurer, est celle du tube de *Toricelli* * (*fig. 19*). C'est un tube de *8* décimètres et demi environ, qu'on remplit entièrement de mercure, après l'avoir fait chauffer, afin de le sécher et d'expulser entièrement l'air ; on le bouche avec le doigt, on le renverse dans une capsule *b*, pleine de mercure, et quand l'orifice y est plongé, on ôte le doigt, alors le mercure descend dans le tube *ab*, jusqu'en *c* à peu près, à 760^{mm}· au-dessus du niveau du mercure qui est dans la cuvette *b*; et comme cette colonne de mercure de 760^{mm}·, ne

---

* Toricelli élève de Galilée, fit cette expérience à peu près en 1643; trois ans avant, Galilée avait découvert la pesanteur de l'air en pesant un vase d'abord plein d'air, et ensuite plein d'air comprimé; quelque temps après, Pascal ayant répété l'expérience de Toricelli et y ayant réfléchi, en conclut que la colonne de mercure ne devait pas être si haute sur les montagnes, et il pria un de ses amis d'en faire l'expérience sur le Puy-de-Dôme, expérience qui réussit parfaitement.

peut être ainsi soutenue, que par la pression atmosphérique qui agit sur le mercure de la capsule, il en résulte que le poids de l'atmosphère, est égal au poids d'une colonne de mercure de 760^{mm}·, ce qu fait * $13,57 \times 7,6 = 103^{kil.},13$ par décimètre carré; de là on peut tirer plusieurs conséquences qui, par leur accord avec l'expérience, démontrent encore la pesanteur de l'atmosphère.

1° Si, au lieu de mercure, on mettait dans le tube un autre liquide, la colonne deviendrait d'autant plus haute, que le liquide serait plus léger; par exemple, si c'était de l'eau, comme le mercure pèse $13 \frac{99}{100}$ autant que l'eau, la colonne d'eau serait 760^{mm}·$\times 13,57 = 10313^{mm}$·, ou à peu près de 10 mètres $\frac{1}{5}$, et c'est en effet à cette hauteur où l'eau monte dans les pompes, à mesure qu'on en tire l'air; mais elle ne monte jamais plus haut, et on ne pourrait obtenir de l'eau, si le piston était à une plus grande hauteur; pour un autre liquide, la colonne serait d'une autre hauteur, par exemple, l'alcool s'élèverait jusqu'à 10^{m}·$,315 : 0,79 = 13,05$.

2° Si la colonne d'air atmosphérique diminuait, la hauteur du mercure devrait diminuer dans le tube, et c'est en effet ce qui arrive, lors-

---

* Pesanteur spécifique du mercure ou poids en kilog. d'un décimètre cube de ce liquide.

qu'on s'élève, soit en montant sur une montagne,
soit en s'élevant en ballon, on a même employé
ce moyen pour connaître la hauteur à laquelle
on parvient, comme nous l'expliquerons tout
à l'heure.

3° L'air atmosphérique étant sujet à des variations continuelles, soit d'humidité ou de sécheresse, soit de repos ou de mouvement, son poids
ou sa pression doit varier dans le même lieu,
et c'est en effet ce qu'on observe. Par exemple, à
Paris elle varie depuis 720^{mm}. jusqu'à 767^{mm}.
au niveau de la Seine, et une longue suite d'observations a fait voir, que lorsqu'elle est très
haute, c'est signe de beau temps et de sécheresse, et lorsqu'elle est base, c'est signe de pluie
ou de vent; ces indications ne sont pas absolument infaillibles, mais seulement très probables,
nous essaierons bientôt d'expliquer ce phénomène.

4° Si, par un moyen quelconque, on diminuait en quelque lieu la pression atmosphérique,
la colonne de mercure devrait également baisser
dans le tube de Toricelli, c'est en effet ce qui
a lieu sous le récipient de la machine pneumatique, lorsqu'on en pompe l'air, et c'est le moyen
dont on se sert pour mesurer jusqu'à quel point
on y a fait le vide.

Pour observer plus commodément la hauteur
du mercure dans le tube, on le fixe sur une plan-

che avec la cuvette, et on marque sur cette planche les millimètres ou les pouces, à partir du niveau de la cuvette qui varie peu, à cause de sa largeur, comparativement à celle du tube; ainsi disposé, cet instrument prend le nom de *baromètre*, nous allons en indiquer la construction et les usages.

DES DIVERSES SORTES DE BAROMÈTRES, ET DE LEUR CONSTRUCTION.

1° *Du baromètre à cuvette.*

Nous avons indiqué ci-dessus, et représenté *fig. 19 et 20*, la construction du *baromètre à cuvette*, c'est la plus simple et la meilleure dans les circonstances ordinaires, c'est-à-dire lorsqu'il est uniquement destiné à observer la pression atmosphérique et à rester dans le même lieu; il ne nous reste qu'à indiquer quelques précautions à prendre. D'abord on fera chauffer du mercure dans un vase, et on fera aussi fortement chauffer le tube et la capsule, afin de bien les dessécher, puis après avoir rempli le tube de mercure, on l'y fera bouillir afin de chasser jusqu'aux plus petites parcelles d'air, qui pourraient adhérer au verre; ensuite, bouchant exactement l'ouverture avec le doigt, on la plongera dans le vase de mercure, on y plongera aussi la petite capsule qu'il convient de chauffer pleine de mercure, quoique cela soit bien moins nécessaire que pour le tube; alors on pourra engager l'ouverture du tube dans la capsule, sans la sortir du mercure; quand elle y sera engagée, on pourra sortir le tout du mercure pour le fixer sur la planche préparée à cet effet.

Pour que le baromètre soit bon, la condition la plus essentielle est qu'il soit parfaitement purgé d'air, car la moindre parcelle d'air restée dans le tube, empêcherait par son élasticité la colonne de mercure de monter à la hauteur qui doit indiquer la pression atmosphérique; voici le signe auquel on pourra reconnaître si cette condition est remplie : comme nous l'avons déja observé, page 84, la force de la pression se mesure non par la longueur de la colonne ab, mais par la différence de niveau du mercure, de sorte que si on incline le baromètre, le mercure pour rester à la même hauteur au-dessus du niveau de la capsule, s'approchera de l'extrémité c, et même y atteindra lorsqu'on l'inclinera d'une quantité suffisante, *fig.* 20 A. Si le mercure ne s'applique pas exactement contre cette extrémité, sans y laisser de bulle, ce sera une preuve qu'il n'est pas bien purgé d'air, et à mesure qu'on l'incline le mercure doit frapper un coup sec contre l'extrémité d, qui même briserait le tube si on l'inclinait trop rapidement.

Quelquefois on fait cette expérience d'une autre manière ; on prend un tube en deux morceaux ac (*fig.* 21), le morceau ab ayant environ 200^{mm}. et bc 720^{mm}., on les joint au moyen d'un papier ficelé b en laissant un petit intervalle entre les deux morceaux du tube ; on le remplit de mercure, on le renverse dans une cuvette et le mercure reste en d à environ 760^{mm}. ; on perce un trou en b avec une épingle, et l'air s'introduisant tout à coup par cette ouverture, chasse la partie bd du mercure avec violence contre la partie supérieure du tube et le brise la plupart du temps.

Le niveau du mercure quoique peu variable dans la cuvette à cause de sa largeur, y varie néanmoins d'une quantité assez notable pour ne pas être négligée lorsqu'on veut faire des observations très exactes ; dans ce cas, comme ce niveau ne correspond pas toujours exactement au o de l'échelle marquée sur l'instrument, on marque d'avance ce point sur le tube même, ou bien on fait plonger dans la cuvette une pointe d'ivoire qui descend jusqu'au niveau de ce o, et on monte le baromètre de manière que la cuvette ait la faculté de s'élever et de s'abaisser au moyen d'une ou de deux vis, jusqu'à ce que la surface du mercure corresponde juste au point dont nous venons de parler.

Si on veut observer avec soin le niveau b où

arrive le mercure, on se sert d'un curseur en métal qu'on fait monter peu à peu le long de l'échelle, jusqu'à ce qu'en visant juste horizontalement sur ce curseur, on le voie précisément au niveau du mercure, et il indique ce niveau sur l'échelle ; il peut même en indiquer les subdivisions en y adaptant un *nonius* ou *vernier**.

Il est aussi essentiel que le baromètre soit dans une position exactement verticale.

Lorsqu'on veut transporter ce baromètre, on l'incline jusqu'à ce que le tube soit plein, et on pousse la cuvette contre son ouverture, au moyen des vis de pression.

2° *Du baromètre à fiole.*

La *fig.* 22 représente un baromètre disposé d'une autre manière qui est assez usitée, mais qui présente peu de précision, à moins que le tube ne soit mobile et qu'on n'ait pris les mêmes précautions que nous avons indiquées au précédent.

Pour que ces baromètres soient portatifs, il faut empêcher le mercure de pouvoir y vaciller, car l'agitation ou seulement l'inclinaison pour-

---

* Sorte d'instrument qu'on trouve décrit dans presque tous les élémens de géométrie pratique, et que nous ne pouvons décrire ici parce que cela sortirait de notre objet.

5

rait y laisser introduire l'air ou briser l'instrument; pour cela on place un robinet en a, qu'on
ferme après avoir incliné le baromètre de manière que la branche ab soit pleine, et on bouche
l'ouverture c.

Ce baromètre n'est pas aussi facile à remplir
que le précédent; on peut y parvenir de deux
manières : la première est de ne recourber la
branche ac qu'après avoir introduit le mercure;
la seconde consiste à échauffer le tube, comme
nous l'avons indiqué page 22, pour le thermomètre; la chaleur dilate l'air qui y est contenu,
et lorsqu'on a plongé l'orifice dans le mercure, à
mesure que le tube se refroidit, l'air qu'il contient se contracte, et la pression atmosphérique,
en agissant sur la surface extérieure du mercure,
le pousse dans le tube.

3° *Du baromètre à siphon.*

La *figure 23* représente ce baromètre; il est
composé tout simplement d'un tube recourbé :
alors on est obligé d'observer le niveau du mercure dans chacune des deux branches et d'en
chercher la différence.

La *figure 24* représente le baromètre à siphon
tel qu'il a été modifié par M. Gay-Lussac pour
le rendre portatif; l'extrémité a est percée seulement d'un très petit trou, et la partie bc est très

fine, ce qu'on nomme capillaire ; la propriété de ces tubes très fins est de ne point laisser passer le mercure lorsque sa surface se termine dans ce tube, mais ils ne s'y opposent plus lorsqu'il se prolonge de part et d'autre au delà du tube capillaire ; d'après cela, lorsque le baromètre est droit, comme le mercure est continu depuis d jusqu'en c, le tube capillaire ne s'oppose pas à son mouvement et on peut observer la pression atmosphérique, comme au baromètre *figure 23* ; mais lorsqu'on veut transporter ce baromètre, on l'incline d'abord peu à peu, et la branche be se remplit de mercure, puis on le renverse tout-à-fait ; la petite portion de mercure qui est dans branche ba retombe en a, d'où elle ne peut sortir à cause de la petitesse du trou qui y est, et d'autre part, la petitesse du tube en b empêche le mercure qu'il contient d'en sortir, à moins de secousses d'une violence extrême.

On introduit le mercure dans ce baromètre comme dans le précédent, mais il convient de l'y introduire avant de le recourber.

4° *Du baromètre à cadran.*

Ce baromètre, uniquement destiné à indiquer la pluie et le beau temps, est composé comme les autres d'un tube plein de mercure, mais qui n'est pas apparent ; il ne présente qu'un cadran avec une aiguille qui indique sur le tour du cadran la hauteur du mercure, voici sa construction :

Derrière l'instrument est un baromètre à syphon *abc*, *fig. 25* ; dans la branche *ba* pend une ampoule de verre en partie pleine de mercure, attachée à un fil qui s'enroule sur une petite poulie *d* de 40^{mm}· de circonférence, ayant un axe qui traverse l'instrument, et sur lequel on fixe l'aiguille qui est de l'autre côté ; sur une poulie tenant à la première s'enroule un fil portant une autre poids *e*, un peu moins lourd que celui qui est dans le tube ; mais bien suffisant pour l'emporter, lorsque ce dernier est poussé par l'ascension du mercure. Par cette disposition, chaque fois que le niveau du mercure varie de 40^{mm}· dans la branche *ba*, ce qui fait 80^{mm}· de différence dans la hauteur *fg*, puisqu'il monte en *g*, à mesure qu'il descend en *f*, le fil *ad* monte ou descend d'autant, et par conséquent fait faire un tour à la poulie *d* et à l'aiguille *h*. On divise la circonférence du cadran en 8 parties, correspondant chacune à 10^{mm}·, et observant la hauteur du mercure sur un autre baromètre, on place l'aiguille sur le numéro correspondant en la faisant tourner sur son axe, auquel elle n'est fixée que par un rude frottement ; cela fait, l'aiguille indiquera toujours sur les divisions du cadran, la hauteur du mercure dans le baromètre.

On a coutume d'ajouter à chaque point de division les indications météorologiques qu'on voit sur la *fig.* 25 *.

5° *Du baromètre tronqué.*

On donne ce nom à un baromètre à syphon, *fig.* 26, qui n'a que deux décimètres de hauteur; *il ne peut donc pas servir à mesurer la pression ordinaire de l'atmosphère, mais seulement une pression au moins quatre fois plus petite.* Ce baromètre s'emploie pour mesurer la tension de l'air sous le récipient de la machine pneumatique, et porte le nom *d'éprouvette.* Il y a, comme on voit, une échelle à côté de chaque branche, le o de l'une et de l'autre est marqué au point où le mercure descendrait s'il était au même niveau dans les deux branches; à partir de ce point, l'une des échelles va en montant, l'autre en descendant, parce que le mercure est toujours au-dessus d'une part, et au-dessous de l'autre. Il est évident que la somme de la hauteur de l'une et de l'abaissement de l'autre,

---

* Ordinairement on divise cette circonférence en 32 parties correspondant à trente-deux lignes ou 2 pouces 8 lignes, nous y avons substitué les nouvelles mesures.

donne précisément la différence de niveau, et par conséquent, la valeur de la pression à laquelle le mercure est soumis.

6° et 7° *Des baromètres double et incliné.*

Il y a encore deux sortes de baromètres; mais qui sont inusités aujourd'hui, parce qu'ils ne sont pas commodes dans la pratique, quoique, en théorie, ils semblent devoir rendre plus sensibles les variations dans la colonne du mercure.

Le premier nommé baromètre double, (*fig. 27*) est composé de deux branches égales, ayant chacune un renflement composé d'un tube plus gros, soudé à l'autre; ces deux renflemens sont placés vers les deux surfaces du mercure, et doivent être suffisans pour que, dans aucune des expériences auxquelles on veut soumettre l'instrument, ces surfaces ne sortent de ces renflemens; l'autre tube ab est rempli d'un liquide plus léger, et qui, par conséquent, influe peu par son poids sur la hauteur du mercure en a. Par cette disposition, si la grosseur du renflement est triple de celle du tube ab, sa capacité, à hauteur égale, sera neuf fois plus grande, d'où il résulte que lorsque le mercure baissera d'un millimètre, le liquide en c, montera de neu millimètres : les variations seront donc neuf fois plus sensibles.

Pour en former l'échelle exactement, on sera obligé de le comparer à un thermomètre ordinaire, dans deux circonstances où les colonnes de mercure diffèrent entre elles autant que possible, et marquant dans ces deux circonstances la hauteur du liquide c, on n'aura plus qu'à partager l'intervalle en parties égales.

Mais, si ce liquide est évaporable, il faudra de temps en temps remplacer ce qui aura été enlevé par l'évaporation ; on employait ordinairement l'eau ou l'alcool colorés.

Le baromètre incliné *fig. 28*, est un baromètre à fiole ou à cuvette, dont la partie supérieure est courbée, afin de ne pas être verticale, et on conçoit facilement que la longueur cd, peut être double ou triple de la différence de niveau ab, donc les variations dans la hauteur du mercure, seront deux ou trois fois plus sensibles sur l'échelle inclinée cd, que sur une échelle verticale.

Des usages du baromètre.

Le baromètre est, comme nous l'avons dit, destiné à mesurer la pression de l'air ; mais en mesurant cette pression, on peut se proposer plusieurs buts.

5° *De la mesure des hauteurs par le baromètre.*

Nous avons déja annoncé, qu'on se servait du baromètre pour mesurer la différence de niveau de divers lieux, car plus on s'élève, plus la colonne de mercure devient petite; mais comme cette colonne peut aussi varier par les intempéries de l'air, il en résulte : 1° qu'on doit observer le baromètre au même instant, ou à deux instans rapprochés l'un de l'autre, dans les deux endroits dont on veut connaître la hauteur relative ; 2° que ces deux lieux ne doivent pas être très distans l'un de l'autre, à moins que, au lieu d'une observation, on n'en emploie un grand nombre, dont on prendra la moyenne.

Plusieurs savans se sont occupés de chercher les formules de calcul les plus propres à mesurer les hauteurs au moyen du baromètre, et ils sont parvenus à des formules d'autant plus compliquées, qu'ils ont recherché une plus grande précision.

La pesanteur spécifique de l'air et du mercure étant 0,001299 et 13,57, il en résulte qu'une colonne de mercure de $0^m,001$ pèse autant qu'une colonne d'air de $0^m,001 \times \frac{13,57}{0,001299}$ [*], ou

---

[*] Ce qui dérive de la proportion 0,001299 : 13,57 :: 0,001 : x.

15^m,45; donc à mesure qu'on s'élève de 10^m,45, le baromètre éprouvant une pression atmosphérique diminuée de 10^m,45$=$0^m,001 de mercure, la colonne doit s'abaisser d'un millimètre; mais plusieurs causes rendent ce résultat inexact.

1° Les pesanteurs spécifiques 13,57 et 0,001299 supposent une température 0°, de sorte qu'il faudra corriger ces deux nombres suivant la température de l'air et du mercure.

Lorsqu'on veut une grande précision, il doit y avoir, dans le baromètre dont on se sert, un petit thermomètre qui y soit enchâssé et ait sa boule plongée dans le mercure même du baromètre pour en indiquer la température, et un autre thermomètre extérieur indiquera la température de l'air ; ce dernier est le plus important ; supposons, par exemple, que le mercure soit à 9° et l'air à 11° $\frac{1}{2}$, ce qui est à peu près la température moyenne, le poids spécifique du mercure sera (page 55) $\frac{13\cdot57}{1+9\times0,00018} = 13,54$, et celui de l'air sera $\frac{0,001299}{1+11,5\times0,00375} = 0,001245$, et si on recommence le calcul ci-dessus en y substituant ces nombres, on trouvera 0^m,001 $\times \frac{15,54}{0,001245}$ $= 10,9$, ce qui fait voir que la température peut influer d'une manière très notable sur la hauteur atmosphérique à laquelle correspond un millimètre de mercure.

2° Une autre cause moins influente que la précédente, c'est que nous avons supposé que

5.

l'air était sous une pression de $760^{mm\cdot}$; dans le cas où cette pression serait plus grande ou plus petite, il faudrait réduire ou augmenter la hauteur d'air correspondant à un millimètre de mercure, d'après la loi de Mariotte.

3° Enfin, la pesanteur spécifique de l'air varie suivant qu'il est plus ou moins humide; il faudra donc encore réduire la hauteur d'air ci-dessus, suivant le degré d'humidité, comme nous l'indiquerons liv. IV, chap. 2, en parlant de l'hygromètre.

Exemple d'un calcul de la hauteur d'un lieu, par le moyen du baromètre :

Supposons qu'au pied d'une montagne le baromètre soit à $768^{mm\cdot}$, le mercure à $15°$, l'air à $20°$, et, au sommet de la montagne, le baromètre à $730^{mm\cdot}$, le mercure à $8°$, l'air à $9°$. La température du mercure étant $15°$, la colonne de mercure est plus haute que s'il était à $0°$; il faut donc la réduire dans le rapport de $1 : 1{,}0027$ (page 55), ce qui donne, pour la première, $\frac{768}{1{,}0027}^{mm\cdot} = 765{,}9^{mm\cdot}$, et, pour la seconde, $\frac{730}{1{,}00144} = 728{,}9^{mm\cdot}$, dont la différence est $37^{mm\cdot}$, qui répond à une colonne d'air de $57^{mm\cdot} \times \frac{15\ 57}{0{,}001299} = 387^{m\cdot}$, si c'était à $0°$ et à $760^{mm\cdot}$; mais comme la température de l'air est supposée ici de $20°$ et $9°$, dont la moyenne est $14°\ \frac{1}{2}$, il faudra augmenter son volume dans le rapport de

$1 : 1,05437$ *, ce qui donnera $387 \times 1,05437$ $= 408^{\mathrm{m}}$ à 760^{mm} de pression ; mais comme elle est réellement de $\frac{728\cdot9+765\cdot9}{2} = 747^{\mathrm{mm}},4$, il faut augmenter le volume de l'air dans le rapport de $747,4$ à 760, d'après la loi de Mariotte, ce qui fait $408^{\mathrm{m}} \times \frac{760}{747,4} = 415^{\mathrm{m}}$, quantité qu'il faudrait encore corriger suivant l'indication de l'hygromètre, car nous avons supposé l'air parfaitement sec.

Lorsqu'on se contente d'une estimation grossière, on multiplie simplement $10^{\mathrm{m}},5$ par le nombre de millimètres de différence des deux colonnes de mercure ; par exemple, ci-dessus, les deux colonnes de mercure étant 768 et 730, la différence est 38^{mm} qui, multipliés par $10^{\mathrm{m}},5$, donnent 399^{m}.

Lorsqu'au contraire on veut une grande précision, il faut calculer séparément la hauteur correspondant à chaque millimètre de mercure avec un grand nombre de décimales, et on ajoute tous les résultats, ou bien on se sert de la formule de Deluc, ou de celle de Laplace, que nous renvoyons dans une note * ; la première

---

* Nombre formé de $0,00375 \times 14 \frac{1}{2}$ (page 67).

** La formule de Deluc fondée sur divers tâtonnemens guidés par l'expérience, ce qu'on nomme *empirique*, a été corrigée par Trembley, elle consiste à prendre les logarithmes des deux hauteurs

donnerait 430, et la seconde 410 ; c'est cette dernière qui mérite le plus de confiance.

2° *Mesure des tensions dès gaz et des vapeurs.*

Ce second usage du baromètre est d'une très grande importance en physique. Nous avons dit que les gaz étaient élastiques : il en est de même des vapeurs, et souvent il est important de mesurer la force avec laquelle ils *tendent* à occuper un plus grand espace ; le baromètre en fournit un moyen aussi précis que commode ; veut-on, par exemple, savoir jusqu'à quel point on a fait le vide sous le récipient d'une machine pneumatique ? on y place un baromètre, ou seulement

barométriques observées, les retrancher l'un de l'autre, et multiplier 10,000 ^{toises} ou bien 19 490 $^{\text{mèt.}}$ par le résultat. On suppose la température de 14°,4; il faut pour chaque degré de plus ajouter $\frac{1}{240}$ de la hauteur trouvée et l'ôter pour chaque degré de moins.

La formule de Laplace est la suivante :

$$18332^{\mathrm{m}}\left\{1+\mathrm{c,002}(\mathrm{T}+t)\log.\left(\frac{5412\,\mathrm{H.}}{(5412+\mathrm{T}-t)h.}\right)\right\}$$

t et T représentent les températures de l'air observées, et H, h les hauteurs du baromètre. T, H pour la station inférieure, et $t\,h$ pour la station supérieure.

un baromètre tronqué, dont nous avons parlé (page 101), et la hauteur du mercure indique la force d'expansion de l'air restant sous le récipient; car l'air, quelque *raréfié* qu'il soit, a toujours une tension, et le mercure du baromètre ne serait au même niveau dans les deux branches que si on faisait un vide parfait, ce qui n'arrive jamais.

Si, par exemple, la colonne de mercure n'est que de 2^{mm}, on en conclura, d'après la loi de Mariotte, que la densité de l'air intérieur au récipient est à celle de l'air extérieur :: 2 : 760, c'est-à-dire qu'il ne reste sous le récipient que $\frac{1}{580}$ de l'air qu'il y avait d'abord; car il faut bien observer que la tension de l'air représente toujours la force qui le comprime; de sorte que la loi de Mariotte peut aussi s'exprimer en disant que la densité des gaz est proportionnelle à leur tension.

Le baromètre peut aussi servir à mesurer des pressions au-dessus de la pression atmosphérique, telles, par exemple, que celle de la vapeur d'eau au-dessus de 100°; mais lorsqu'on veut mesurer ces pressions, au lieu d'un baromètre proprement dit, on se sert d'un tube de la forme *fig. 109,* ouvert aux deux bouts; l'une des branches communique avec l'intérieur de l'appareil, et l'autre avec l'atmosphère; alors la tension est égale à la colonne mercurielle, plus la pression atmosphérique; ou bien à la pression atmosphérique observée au baromètre ordinaire, moins la colonne mercurielle, si c'est la branche qui communique à l'intérieur qui contient plus de mercure que l'autre. Par exemple, si la branche extérieure contient 15^{mm} de mercure de plus que l'intérieure, et que le baromètre soit à 758^{mm}, on en conclura que la tension $= 758 + 15 = 775^{mm}$; et si la branche intérieure, au contraire, contient 15^{mm} de mercure de plus que l'extérieure, la tension sera égale à $758 - 15 = 743^{mm}$.

5° *Pesanteur spécifique des gaz.*

Pour déterminer la pesanteur spécifique des gaz, on pèse un ballon de verre, d'abord plein d'air, et ensuite vide; mais, sans le secours du baromètre, on ne pourrait obtenir qu'une estimation très grossière.

D'abord, on détermine avec soin la capacité du ballon en le pesant vide et plein d'eau, le poids de cette dernière, donne la capacité du ballon, à raison d'un litre par kilog., si c'est à 3°; si c'est à une autre température, on se servira de la table, page 62.

Ensuite, on introduit dans le ballon du gaz qu'on dessèche au moyen de chlorure de calcium; on le pèse exactement, on le visse sur la machine pneumatique, et on y fait le vide, par exemple, jusqu'à ce que la tension soit réduite à 4^{mm}, on en conclura, si le baromètre est à 756^{mm}, qu'il reste dans le ballon $\frac{4}{756}$ ou $\frac{1}{189}$ du gaz qui y était; on le pèsera de nouveau, et la différence entre les deux poids augmentée de $\frac{1}{189}$, donnera le poids de l'air qui y était renfermé. Divisant ce poids (page 5) par la capacité du ballon, on aura la pesanteur spécifique du gaz, telle qu'elle est à la pression et à la température, à laquelle on a opéré; mais on a coutume de la ramener à $0°$, et 760^{mm}; si, par exemple, le baromètre était à 756^{mm}, et le thermomètre à $15°$, on en conclura que le volume qu'occupait le gaz, est au volume qu'il aurait occupé à 760^{mm}, comme $760 : 756$, on prendra donc les $\frac{756}{760}$ de la capacité du ballon; ensuite, à cause de la température de $15°$, il faudra encore réduire ce volume dans le rapport de $282 : 267$ (page 68). C'est ainsi qu'ont été réduites toutes les pesanteurs spécifiques de gaz, que nous avons données page 7.

4° *Indications météorologiques.*

Nous avons déja dit que le baromètre indiquait d'une manière très approchée les alternatives d'orages et de sécheresses; on a beaucoup varié dans l'explication qu'on a donnée de ce phénomène. D'abord, on a pensé qu'à mesure que l'air se charge d'humidité, il en devenait d'autant plus pesant, et que par conséquent le baromètre devait monter lorsque l'air est humide; mais on observa bientôt que les variations du baromètre sont directement contraires. Cela vient de ce que la supposition que l'humidité rend l'air plus pesant, était sans fondement, et nous verrons, lorsque nous étudierons la formation des vapeurs, que la vapeur d'eau en se mêlant à l'air en augmente le volume de manière à diminuer sa pesanteur spécifique ; mais cette explication, quoique moins opposée à l'expérience, est encore insuffisante, car si une colonne d'air est plus humide et, par conséquent, plus légère que les colonnes voisines, en vertu de l'équilibre des fluides, celles-ci l'auront bientôt soulevée, et rendue plus haute, jusqu'à ce que sa hauteur compense son défaut de pesanteur; d'ailleurs le baromètre est souvent peu d'accord avec l'hygromètre qui indique l'humidité de l'air, et il indique souvent, par son abaissement, une pluie ou un orage qui est à une certaine distance, sans que pour cela l'atmosphère du lieu soit humide : nous devons donc chercher la cause de l'abaissement du thermomètre, dans la formation même de la pluie ou de l'orage. La pluie provient de la vapeur d'eau, qui, par refroidissement se condense, et se résout en eau, alors, il en résulte un vide ou diminu-

tion de tension qui cause l'abaissement du baromètre, non-seulement dans le lieu même ; mais
aussi dans les lieux voisins d'où l'air s'élance par
son expansion, jusqu'à ce que remplacé par
d'autre de proche en proche tout se soit remis
en équilibre ; le vent pourrait provenir de deux
causes, ou un vide comme le précédent, vers lequel l'air affluerait de toutes parts, ou une expansion rapide d'une masse d'air qui pousserait
de tous côtés l'air environnant; mais il est évident
que cette dernière cause ferait hausser le baromètre, et comme dans presque tous les cas le vent
le fait baisser, on doit en conclure qu'il a presque toujours pour cause un vide ou condensation opérée sur quelque point vers lequel le
vent se dirige.

Article 3.

Des pompes à air et du vide.

Il y a deux espèces de pompes à air, les
pompes aspirantes, et les pompes de compression.

1° *Pompe de compression.*

La pompe de compression *figure 29* , est composée d'un cylindre à soupape *ab*, et d'un pis-

ton *cd*, qui y entre juste ; la soupape est formée
d'un cône métallique qui entre dans une ouver_
ture de même forme, sur laquelle il a été usé à
à l'émeri ; il est guidé par une queue qui passe
dans une traverse *ef*, et il est repoussé en haut
par un faible ressort spiral ; en *g* est une petite ouverture qui est quelquefois remplacée par une seconde soupape *h*, surtout, lorsque le cylindre
est un peu gros. Le bout inférieur est taraudé
pour pouvoir se visser sur les appareils, où on
veut condenser l'air ; lorsqu'il y est vissé, et qu'on
pousse le piston *d*, l'air, n'ayant aucune issue,
pousse la soupape *i*, et refoule l'air dans l'appareil qui est à l'orifice *b* ; quand on remonte le
piston, la soupape s'oppose au retour de l'air
dans la capacité *id*, et le peu d'air qui y est, se
raréfie, jusqu'à ce que le piston, étant au-dessus
de l'ouverture *g*, il s'élance de nouvel air dans
l'intérieur du cylindre, qu'on refoule de nouveau
en abaissant le piston ; si l'ouverture *g* est remplacée par une soupape en *h* disposée de manière
à laisser entrer l'air sans le laisser sortir, lorsqu'on soulève le piston, la pression atmosphérique pousse cette soupape et fait entrer de l'air
dans la capacité *id* ; par cette disposition, le piston n'a pas, comme dans la précédente, à supporter le poids de l'atmosphère, ce qui exige d'autant plus d'efforts que le diamètre de la pompe
est plus considérable ; le trou latéral *g* ne con-

vient guère que pour des pompes de moins de trois centimètres de diamètre.

Si au lieu d'air, on veut refouler quelqu'autre gaz, on fait aboutir une vessie, ou tout autre appareil qui contienne ce gaz au trou g, ou à la soupape h.

La pompe de compression peut s'employer à plusieurs choses, nous en indiquerons trois : le jet-d'eau de compression, le fusil à vent, et les eaux minérales gazeuses.

La *fig.* 3o représente le premier appareil, il est composé d'une boule métallique, dans laquelle, après y avoir mis la moitié, ou les deux tiers d'eau, on visse un tube qui va jusque près du fond, porte un robinet a, et au-dessus des pas de vis qui entrent dans ceux de la pompe de compression ; lorsqu'on comprime l'air par ce tube, il refoule celui qui est en b, arrive jusqu'en c, et s'échappe en bulles pour monter en b ; lorsqu'il y est fortement comprimé, ce qu'on sent à la résistance de la pompe, on ferme le robinet a, et on remplace la pompe par un ajutage qui a une petite ouverture. Lorsqu'on ouvre le robinet, l'air b, par son élasticité, presse la surface du liquide qui jaillit d'autant plus haut, qu'on a condensé l'air plus fortement, ce qui peut aller jusqu'à 15 ou 20 mètres.

Le fusil à vent se compose d'une crosse creuse qui se visse à la pompe de compression, dont on pose la traverse *c* sous ses pieds, et on met ordinairement une autre traverse vers le bout *b* pour saisir la pompe, et avoir plus de force pour la tirer et la pousser alternativement, ce qui condense l'air dans la crosse du fusil à vent, et comme elle a une soupape qui empêche à l'air de ressortir, on peut employer un cylindre *ab*, privé de soupape ; un bout de canon qu'on visse sur la crosse porte une batterie, dont le mécanisme intérieur est à peu près semblable à celui des fusils ordinaires ; mais le chien au lieu de frapper par sa partie supérieure, a un prolongement au-dessous du canon, qui frappe sur une tige oblique de fer, appuyée d'autre part contre la soupape. On introduit dans ce bout de canon, une balle entre deux bourres, et on y adapte un canon d'une longueur suffisante, soit à vis, soit à simple frottement ; lorsqu'on presse la détente, le choc du chien se communique à la soupape, qui livre passage à une portion de l'air comprimé de la crosse, dont l'expansion chasse la balle avec une force souvent égale à celle de la poudre. On peut tirer 10 coups, et même un plus grand nombre, sans recharger la crosse ; mais leur force va toujours en décroissant. Nous pouvons soumettre au calcul la force avec laquelle la balle est chassée par l'air, lorsqu'on connaît la grosseur de la balle, et le degré de tension de l'air, qu'on peut mesurer par l'effort nécessaire, pour donner les derniers coups de piston, effort qu'on apprécie au moyen d'un poids, d'une romaine, ou du dynamomètre *.

Il faut se rappeler les lois de la pesanteur, page 3, cela posé :

Supposons que la tension de l'air soit équivalente à 30 $^{m.}$ d'eau, ou 300 kil. par décimètre carré, comme la pression atmosphérique s'oppose, d'autre part, à la sortie de la balle, avec une force de 103 kil. (pag. 92), il ne faut compter que 197 kil.; soit le diamètre du canon égal à 1 centimètre, ce qui fait, pour la surface de la bourre, $0^{déc.},05 \times 0,05 \times \frac{22}{7} = 0^{déc.},008$, et la pression sur cette surface sera de $197^{kil.} \times 0,008 = 1^{kil.},576$, ce qui fait 262 fois la force de la pesanteur, en supposant que la balle pèse 6 grammes; la balle, qui reçoit cette impulsion dans la longueur du canon, acquerra donc une vitesse 262 fois plus grande que si elle était mue par sa pesanteur; cherchons donc cette dernière vitesse : supposons le canon d'un mètre; nous savons qu'un corps, en tombant de 4,907, acquiert une vitesse de 9,808, et comme les vitesses sont en raison des racines carrées des

---

* Instrument qu'on emploie pour mesurer une force quelconque et dont nous parlerons dans notre mécanique.

hauteurs, nous aurons $\sqrt{4,907} : \sqrt{1} :: 9,808 :$ la vitesse acquise par 1^{m} de chute qui, par conséquent, égale $4,427$ qui, multipliée par 262, donne 1160^{m} de vitesse au sortir du canon, si toutefois l'air poussait la balle avec la même énergie jusqu'à l'extrémité du canon, ce qui n'arrive pas ordinairement, car la soupape n'étant poussée que par le choc du chien ne reste ouverte qu'un instant, ce qui réduit bien de moitié l'estimation ci-dessus.

Nous ferons un calcul tout-à-fait semblable lorsque nous parlerons de l'artillerie à vapeur.

La confection des eaux minérales gazeuses consiste à dissoudre divers gaz dans l'eau, soit au moyen de contacts multipliés, soit en comprimant ces gaz dans les liquides mêmes qui doivent les dissoudre; c'est de cette dernière méthode seulement que nous allons parler.

Pour former, par exemple, de l'eau contenant de l'acide carbonique qu'on nomme eau acidule-gazeuse, on adapte au côté de la pompe de compression un conduit communiquant à un réservoir de gaz acide carbonique, tel que nous le décrirons à l'article suivant, et on adapte au bout b (*fig. 29*) un tube qui doit plonger au fond d'un vase contenant de l'eau, comme on le voit en bc (*fig. 30*), l'ouverture b doit être munie d'une vis ou d'un simple bouchon, en attachant la pompe au vase pour empêcher la force d'expansion du gaz de la repousser, ou en la fixant d'une manière quelconque ; le vase étant presque plein d'eau, dès le premier coup de piston la pression éprouvée par cet air est déja considérable, et se transmet dans tout le liquide et au gaz qu'on introduit de nouveau qui, sous cette pression, se dissout dans le liquide qui peut en contenir ainsi 7 à 8 fois un volume égal au sien ; quand on sort la pompe de dessus le vase, il faut le boucher promptement ; car, en le laissant ouvert, le gaz s'échapperait peu à peu de l'eau.

2° *Pompes aspirantes, et machine pneumatique.*

Les pompes destinées à aspirer l'air du dedans d'un appareil quelconque pourraient être construites comme la pompe de compression (*fig. 29*), en retournant les soupapes, c'est-à-dire que la soupape i laisserait arriver l'air en id, mais ne le laisserait plus retourner en b ; et la soupape h laisserait sortir l'air de id, mais ne le laisserait pas rentrer ; par cette disposition, lorsqu'on soulèverait le piston, l'air serait raréfié en id, la pression atmosphérique fermerait la soupape h, l'air renfermé dans l'appareil en b soulèverait, par sa force d'expansion, la soupape i, et s'introduirait en id ; ensuite, lorsqu'on abaisserait le piston, cet air qui est entré en id se condenserait en i, et finirait par s'échapper par la soupape h. Mais bientôt l'air de l'appareil, qui est en b, serait tellement raréfié que sa force d'expansion ne serait plus suffisante pour soulever la soupape, et on ne pourrait faire un vide plus parfait ; si, par exemple, la soupape pesait un gramme, et l'ouverture était équivalente au quart d'un centimètre carré, il en résulterait qu'on ne pourrait plus pomper l'air lorsqu'il serait raréfié jusqu'à n'avoir qu'un ressort de quatre grammes par centimètre carré, ou 400 grammes par décimètre carré, ce qui fait $\frac{1}{258}$ de la pression ordinaire qui est (page 92) 103150$^{\text{gram.}}$, il y aurait donc encore dans l'appareil $\frac{1}{258}$ de l'air qui y était, et qu'on ne pourrait ôter ; pour éviter cet inconvénient, la soupape inférieure est surmontée d'une tige ab (*fig. 31*) qui traverse à frottement le piston ; alors, à l'instant où le piston remonte, il soulève la soupape a, quand même le ressort de l'air serait insuffisant pour cela ; mais il la soulève très peu, parce que la tige est retenue par un arrêt à sa partie supérieure ; il en résulte qu'à l'instant où le piston s'abaisse, il ferme à l'instant la soupape a ; l'autre soupape c est dans le piston même, et disposée de manière à venir presque toucher la surface ad, afin qu'il ne reste pas d'air dans la capacité cad, lorsque le piston est au bas de sa course ; il est creusé tout le tour d'une gorge, dans laquelle on serre les rondelles de cuir qui doivent joindre exactement contre le cylindre.

La machine pneumatique consiste en une

ou deux pompes à air aspirantes, communiquant à un trou percé au milieu d'un plan de glace qu'on nomme plateau, et sur lequel on pose un bocal qu'on nomme *récipient*. La disposition des machines pneumatiques a varié, et s'est perfectionnée avec le temps; les *figures* 32 et 33 la représentent dans sa forme la plus usitée ; elle est *composée de deux pompes ab, cd* pareilles à celle *fig. 31*. Les tiges de ces pompes sont munies de dents qui s'engrennent dans celles d'une roue dentée qu'on fait mouvoir au moyen d'une manivelle *ef*. Les ouvertures viennent se réunir en une seule en *g*, d'où part un conduit qui va plus loin se recourber pour sortir au milieu de la platine *h*. Il y a tout près un robinet *i* destiné, suivant la manière dont on le tourne, à établir la communication entre le récipient et les pompes ou l'air extérieur, ou à intercepter toute communication. Ce robinet *est représenté fig. 34*. Le trou, qu'on voit en face *a*, établit la communication entre le récipient et les pompes, lorsqu'il est tourné dans le sens du conduit. L'autre canal *bc* établit la communication avec l'air extérieur par l'ouverture *b*, lorsque *c* est tourné du côté du récipient. Sur le conduit on voit en *k* une éprouvette (page 101) renfermée dans un petit bocal, destinée à mesurer le degré de raréfaction de l'air.

Lorsque la platine est bien dressée, et qu'on a dressé aussi les bords du récipient, il suffit, pour qu'il joigne bien, de graisser un peu ces bords. D'autres fois on y met une peau humide, qui, par sa souplesse, ferme hermétiquement le passage entre le récipient et la platine, pourvu qu'on pèse en commençant sur le récipient, jusqu'à ce que le poids de l'atmosphère remplace cette pression. Il y a ordinairement en h une vis sur laquelle on fixe divers appareils dans lesquels on veut faire le vide.

La machine pneumatique sert dans une infinité de circonstances pour distinguer, dans chaque phénomène, ce qui est dû à la présence de l'air de ce qui en est indépendant. Par exemple, les corps légers tombent ordinairement avec plus de lenteur que ceux qui sont spécifiquement plus pesans; mais cela n'est dû qu'à la présence de l'air ; car, lorsqu'on met dans un long tube un morceau de coton ou de papier et un morceau de plomb, après qu'on y a fait le vide, le coton tombe, lorsqu'on retourne le tube, aussi rapidement que le plomb.

ARTICLE 4.

Des Pompes.

L'ascension de l'eau dans les pompes a pour

cause la pression atmosphérique. On distingue les pompes en aspirantes et foulantes. Les pompes aspirantes (*fig. 35*) se composent d'un corps de pompe *ab*, bien dressé et d'égal diamètre dans l'intérieur, d'un piston *cd* qui glisse dans l'intérieur de ce corps de pompe en le remplissant parfaitement au moyen de cuirs ou de filasse dont il est garni ; ce piston est percé dans son milieu d'un trou bouché par une soupape qui laisse monter l'eau au-dessus du piston, mais qui s'oppose à sa descente une fois qu'elle est au-dessus. En *a* est une autre soupape qui joue dans le même sens, et au-dessous est un conduit *af* dont l'extrémité inférieure est plongée dans l'eau. Lorsqu'on soulève le piston au moyen de sa tige, l'espace *e* augmentant, il s'y forme un vide, et l'atmosphère, en pressant la surface de l'eau dans laquelle plonge le tube *af*, la force à monter dans ce tube; elle soulève la soupape *c*, et ne peut plus redescendre au-dessous. Lorsque le piston s'abaisse, l'eau qui est en *e*, ne pouvant ni descendre ni se resserrer, soulève la soupape du piston, et passe au-dessus; lorsque le piston remonte, il soulève l'eau qui est au-dessus de lui en même temps qu'il en aspire de nouvelle en *e*, et, en continuant, l'eau s'élève dans le tube qui surmonte le corps de pompe *ab*, et arrive jusqu'à la partie supérieure.

On comprendra facilement que, si la distance du piston au niveau de la surface de l'eau surpassait $10^m,5$, l'eau ne pourrait pas s'élever jusqu'au piston, puisque la pression atmosphérique ne peut faire équilibre qu'à une colonne d'eau de cette hauteur, page 92.

Dans le premier moment, c'est-à-dire lorsque le tube ne contient encore que de l'air, cette pompe fait l'effet de la pompe pneumatique dont nous avons parlé à l'article précédent ; mais il peut arriver quelquefois, lorsque le tube f a une grande capacité, que l'air raréfié n'ait plus la force de soulever la soupape avant que l'eau y soit parvenue. On peut remédier à cet inconvénient, en remplissant d'avance ce tube d'eau, qu'on y retient au moyen d'une autre soupape placée près de l'eau. Quelquefois aussi, lorsque, dans sa course, le piston n'approche pas assez de la soupape a, l'air qui est en e n'est pas assez raréfié pour permettre à celui qui est en f de soulever la soupape ; inconvénient qui cesse également lorsque la capacité est pleine de liquide.

Si l'eau n'était pas au - dessous même de la pompe, on pourrait recourber le tube f pour le conduire jusqu'à l'eau ; quand même par là il acquerrait une longueur de plus de $10^m,3$, cela n'empêcherait pas la pompe de produire son effet, car il n'y a pas besoin de pression pour pousser l'eau dans la partie horizontale, et l'effort que le poids de l'atmosphère a à surmonter se mesure seulement par la différence de niveau entre l'eau et le piston.

La plupart du temps les soupapes ne joignent pas assez bien pour s'opposer entièrement au passage de l'air. C'est pourquoi, pour commencer à mettre la pompe en train, on est obligé d'y verser un peu d'eau, surtout lorsque les soupapes sont de cuir.

La *figure 36* représente la pompe foulante ; le piston qui joue dans le corps de pompe ab n'est pas percé ; l'extrémité du corps de pompe est plongé dans l'eau, et garni d'une soupape semblable à celle de la figure précédente, qui permet à l'eau d'entrer, et non de sortir. Lorsque le piston s'abaisse, l'eau qui est en c est refoulée dans un conduit latéral d, soulève une soupape en e, et s'élève dans le conduit ef jusqu'au réservoir destiné à la recevoir.

Si la soupape g, au lieu d'être dans l'eau, est à une certaine distance au-dessus, alors cette pompe réunit l'effet de la précédente au sien propre, et prend le nom de pompe aspirante et foulante.

Ces pompes sont moins employées que les précédentes, excepté dans les pompes à incendie, qui renferment ordinairement deux pompes foulantes dont on fait mouvoir les deux pistons au moyen d'un balancier *ab*, *fig.* 37. Les tubes latéraux se réunissent en un seul, où on adapte un conduit flexible *cd*. Au bout est un ajutage rétréci *e*, par lequel on dirige le jet sur l'incendie.

La *fig.* 29 peut aussi représenter une pompe foulante à liquide; l'eau entre par la soupape latérale *h*; elle est refoulée par l'extrémité *b* dans un tube que l'on conduit où on veut.

Article 5.

Des cuves pneumatiques.

Nous avons parlé déja plusieurs fois de l'introduction des gaz dans divers appareils; nous allons parler, dans cet article, des appareils propres à les contenir et à les faire passer d'un vase dans un autre. On distingue deux espèces de cuves pneumatiques, celles à l'eau, nommées hydropneumatiques, et celles au mercure, nommées hydrargiropneumatiques; elles sont fondées sur les mêmes principes, et ne diffèrent que par le liquide employé.

Les cuves pneumatiques sont ordinairement composées d'un vase *ab* (*fig. 38*), dans lequel est une planchette *cd* à quelques centimètres au-dessous des bords; cette planchette est percée d'un trou et d'une fente; c'est sur cette planchette qu'on pose les bocaux ou autres vases

qui contiennent ou qui doivent contenir les gaz;
lorsqu'on veut les remplir d'un gaz quelconque,
on doit d'abord les remplir d'eau, puis les poser
à la renverse sur la planchette, sans que leurs
bords quittent l'eau, et, pour cela, elle doit
s'élever un peu au-dessus de la planchette; on
met le vase au-dessus de l'ouverture e, et on
fait passer un tube recourbé fg par la fente de la
planchette, de manière que l'extrémité f arrive
sous l'ouverture e qui, pour faciliter l'introduction du gaz, est taillée en dessous en entonnoir
renversé. Les choses étant ainsi disposées, si
un gaz quelconque arrive par le tube gf, il en
sortira en bulles qui tendront à s'élever à la surface du liquide, entreront par l'ouverture e,
entreront dans le vase qui y est placé, et monte-
ront à sa partie supérieure où elles s'accumule-
ront jusqu'à ce que le vase en soit plein.

Lorsqu'on veut faire passer du gaz d'un vase
dans un autre, on doit remplir d'eau celui où on
veut le faire passer, et le tenir renversé, de manière que l'orifice soit plongé dans l'eau; d'autre
part, celui qui renferme le gaz doit aussi être
renversé et l'orifice plongé dans l'eau; les ayant
approchés l'un de l'autre, on incline celui qui
contient le gaz, de manière que son orifice soit
sous l'autre, comme cela est représenté $fig.$ 39;
le gaz est peu à peu remplacé par le liquide, et
s'élève en bulles à la partie supérieure de l'autre.

On pourrait aussi placer le bocal plein d'eau sur l'ouverture *e* pour éviter la peine de le soutenir, et incliner l'autre sous la planchette. Quelquefois, vers la partie supérieure *a* d'un bocal, est scellé un tube à robinet d'où part un conduit quelconque pour se rendre dans un appareil; lorsqu'on soutient le bocal, de manière que l'eau intérieure soit au-dessus de l'extérieure, le gaz en *a* n'est plus pressé par une force égale à la pression atmosphérique toute entière, à cause de la colonne *bc* qui, par son poids, fait en partie équilibre à cette pression; lorsqu'au contraire on enfonce le bocal dans l'eau jusqu'à ce que le niveau intérieur soit au-dessous de l'extérieur, le gaz est pressé par une force plus grande que la pression atmosphérique, car il y a de plus toute la colonne d'eau qui a pour hauteur l'excès du niveau extérieur sur l'intérieur, et, dans ce cas, le gaz est poussé dans l'appareil où aboutit le conduit qui est en *a*, tandis que, dans le premier cas, ce gaz n'est poussé dans ledit appareil que si on y a fait le vide: mais il est facile de concevoir que, dans un cas comme dans l'autre, la pression qui pousse le gaz hors de la cloche ne sera point constante, si on laisse toujours cette cloche à la même hauteur; car la colonne d'eau intérieure, augmentant à mesure que le gaz s'en va, empêche l'extérieure de le pousser avec autant de force; si on voulait que cette pression fût toujours la même, il faudrait enfoncer la cloche dans l'eau à mesure que le gaz s'en échappe, c'est ce qui arrive dans les appareils connus sous le nom de *gazomètres*.

L'appareil le plus remarquable en ce genre, est le grand gazomètre établi au faubourg Poissonnière pour contenir le gaz destiné à l'éclairage; il est composé d'un grand réservoir ou cuve ab (*fig. 40*) rempli d'eau, et ayant à son centre une colonne cd destinée soit à supporter la charpente du toit, soit à soutenir le poids du gazomètre; celui-ci est formé d'une grande cloche cylindrique de tôle ef, ouverte par le bas, destinée à contenir le gaz; elle a dans son milieu un cylindre gh pour empêcher le gaz contenu dans la capacité eg et hf de s'échapper le long de la colonne; elle est suspendue par plusieurs tringles de fer partant de divers points de son fond supérieur, et aboutissant à un anneau métallique ik supporté lui-même par deux chaînes qui, après avoir passé sur deux poulies, se réunissent en une seule chaîne, qui passe sur une autre poulie vers le mur, et supporte le contre-poids lm. Le gazomètre pèse 45000 $^{kil.}$, et le contre-poids 30000 $^{kil.}$, de sorte qu'on peut considérer le gazomètre comme un corps de 15000 $^{kil.}$ Lorsqu'il contient du gaz, la pression de l'eau extérieure se transmettant de bas en haut agit sur le gaz qui est en en, et qui, par son élasticité,

6.

transmet cette pression contre le fond supérieur du gazomètre ; et si cette pression surpasse 15000 $^{kil.}$, le gazomètre est soulevé jusqu'à ce que ce soulèvement ait permis à l'eau extérieure de descendre assez pour produire une pression seulement équivalente aux 15000 $^{kil.}$ du gazomètre. -Le fond est rond, et de 55 $^{m.}$, 33 de diamètre, ce qui fait une surface de $3,141 \times \left(\frac{55,55}{2}\right)^2 = 872,^{m.}5$; la pression supportée par le gaz est donc de 15000 $^{kil.}$ pour 87230 $^{déc.}$ ou $\frac{15000}{87250} = 0^{kil.},17$ par décimètre carré, ce qui fait une colonne d'eau de 17 centimètres. Le gazomètre sera donc en équilibre, lorsque le niveau o sera de 17 $^{cen.}$ au-dessus du niveau p. Le gaz arrive par un conduit rrr, et s'échappe par un autre sss.

ARTICLE 6.

Calorique dégagé par la compression des gaz.

Nous avons déja dit que la compression de tous les corps dégageait du calorique, ce calorique n'a été mesuré que pour l'air, et encore est-ce d'une manière indirecte ; il en résulte que la chaleur spécifique des gaz, dont nous avons parlé (page 40), est l'effet d'un phénomène compliqué.

Il en résulte aussi une observation à faire relativement à la loi de Mariotte, que nous omettrons d'autant moins, qu'on trouve cette loi mal comprise et mal exposée dans quelques ouvrages recommandables d'ailleurs, et qui pourraient conduire à de graves erreurs, notamment dans la Mécanique appliquée aux arts de M. Christian.

La loi de Mariotte, exposée page 85, consiste en ce que le volume d'un gaz diminue dans le même rapport que la pression qu'il supporte augmente ; mais il faut pour cela que le gaz conserve toujours la même température, et comme la compression augmente cette température, il en résulte qu'il faut attendre que cette augmentation soit dissipée pour observer le volume du gaz, qui, par conséquent, contient une quantité absolue de calorique, moindre qu'auparavant; ce serait le contraire, si le volume du gaz augmentait au lieu de diminuer. Ainsi, le volume d'un gaz diminue dans le même rapport que la pression augmente, *à température constante*, et non à calorique constant, comme l'a dit M. Christian.

L'augmentation de température des gaz, à mesure qu'on les comprime, est prouvée par plusieurs expériences; nous citerons la machine pneumatique, et les briquets à compression d'air.

Pour observer ce phénomène, il faut avoir un thermomètre ayant très peu de masse, indiquant des changemens de température très petits, et les indiquant presque instantanément; les thermomètres ordinaires ne sont pas bons à cet usage; il faut employer les thermomètres à gaz, ou encore mieux le thermomètre Bréguet, page 34; lorsqu'on le place sous le récipient, et qu'on y fait le vide le plus rapidement possible, le thermomètre indique d'abord un abaissement de température qui peut aller jusqu'à 40° ou 50°, mais revient en peu d'instans à sa position primitive, à cause du calorique fourni par les corps environnans ; c'est pourquoi cet abaissement n'aurait pas été sensible, si on eût fait le vide avec lenteur. Ensuite, si on laisse rentrer l'air avec une rapidité suffisante, le peu d'air qui était resté sous le récipient, et qui s'était dilaté, se réduit à un plus petit espace, ce qui développe une quantité de calorique suffisante, pour être indiquée par le thermomètre, pourvu qu'il ait peu de masse.

Le briquet à compression d'air (*fig. 40*) est fondé sur le même principe; *ab* est un cylindre creux, de métal, bien dressé dans l'intérieur, *cd* est un piston qui entre juste dans ce cylindre, vers le bout *d* il y a une petite cavité dans laquelle on introduit un morceau d'amadou, lorsqu'on pousse ce cylindre avec force et rapidité de l'entrée *a*, vers le fond *b* du cylindre, l'air condensé s'échauffe au point de mettre le feu à l'amadou qui est en *d*; quelquefois on fait le

cylindre en verre, ou simplement on en bouche
l'extrémité *b* au moyen d'un morceau de verre
épais, afin de voir dans l'intérieur; lorsqu'on
presse rapidement l'air qui y est contenu, il
devient incandescent, et on aperçoit une espèce
d'éclair, si toutefois c'est de l'air atmosphérique, ou du gaz oxigène. Il est nécessaire, comme
nous l'avons dit, que cette pression soit forte et
rapide, car sans cette rapidité, le calorique s'é-
chapperait à mesure qu'il serait *exprimé* par la
compression; c'est ce qui avait empêché d'abord
plusieurs physiciens, auxquels on avait annoncé
ce phénomène, qui a été observé pour la première fois à Lyon*, de réussir; en répétant l'expérience, ils avaient, il est vrai, comprimé du
gaz avec une grande force; mais non avec une
rapidité suffisante.

La chaleur spécifique des gaz, telle que nous
l'avons donnée (page 4o), ou, ce qui est la même
chose, le nombre de calories suffisant pour en
élever un kilogr. d'un degré, se compose donc
de deux parties; car dans les expériences qui les
ont déterminées, les gaz sont restés exposés à
une pression constante, et par conséquent, se

---

* Par MM. Mollet, Eynard et Gensoul, c'est ce
dernier qui répéta l'expérience à Paris devant plusieurs savans, qui l'avaient essayée sans succès.

sont contractés à mesure qu'ils se refroidis-
saient, d'après la loi de Gay-Lussac ; ainsi, par
exemple pour l'air atmosphérique, la chaleur spécifique est o,267, c'est-à-dire, que lorsqu'on introduit o$^{cal.}$,267 dans 1 kilog. d'air, sa température s'élève de 1°; mais en même temps, d'après
la loi de Gay-Lussac, il s'est dilaté de $\frac{1}{267}$, et si
on le ramenait à son premier volume, il restituerait par cette compression une partie des
o$^{cal.}$,267 ; si donc on l'avait échauffé sans qu'il
eût la faculté de changer de volume, il aurait
absorbé moins de o$^{cal.}$,267 pour s'élever de 1° ;
pour apprécier cette différence, il faut connaître
la chaleur dégagée par la compression ; or, elle est
très dificile à mesurer par un expérience directe ; nous allons donner une idée de la manière
indirecte dont on l'a déterminée. Les savans
ayant déterminé la vitesse avec laquelle le son
doit se propager dans l'air, d'après la grandeur
counue de son élasticité, par des calculs trop
abstraits pour pouvoir trouver place dans cet
ouvrage, ils trouvèrent un résultat beaucoup
plus faible que celui que donnait l'expérience ;
en y réfléchissant, ils observèrent que cela venait de ce qu'ils avaient supposé la force élastique
de l'air, augmentant proportionnellement à sa
densité, d'après la loi de Mariotte, ce qui cesse
d'être exact, lorsqu'il est comprimé brusquement à cause de l'élévation de température, pro-

duite par cette compression, ce qui fait que la force d'expansion augmente dans un rapport plus grand que la densité; en introduisant cette modification dans leur calcul ils ont trouvé que pour faire accorder le résultat avec l'expérience, il faut supposer que l'air comprimé de $\frac{1}{116}$ augmente de 1°. C'est de cette donnée que nous partirons pour calculer la chaleur spécifique des gaz à volume constant, d'après leur chaleur spécifique à pression constante.

Supposons qu'on échauffe de 1° un kilog. d'air atmosphérique, qui soit à 0° et 760^{mm}, sans faire varier la pression, il faudra pour cela $0^{cal.},267$, et le volume augmentera de $\frac{1}{207}$, de ce qu'il était d'abord (page 68); si maintenant on le ramenait à son volume primitif en le comprimant de $\frac{1}{267}$, il augmenterait de température; calculons cette augmentation : nous avons dit qu'une compression de $\frac{1}{116}$ l'augmentait d'un degré, nous poserons donc la proportion $\frac{1}{116} : 1^o :: \frac{1}{267} : x$; le quatrième terme de cette proportion sera $1^o \times \frac{116}{267} = 0^o,454$, et comme cet air a déja augmenté de 1°, il en résulte que sa température a augmenté en tout de $1^o,434$, par l'introduction de $0^{cal.},267$, son volume étant le même qu'il était d'abord; si donc, en conservant cette dernière circoustance, on voulait l'augmenter seulement de 1°, il ne faudrait employer que $\frac{0^{cal.},267}{1,434} = 0^{cal.},186$, telle est la chaleur spécifique de l'air à volume constant. Le surplus égal à 0^{cal},267 — 0^{cal},186 ou 0^{cal},081 est le calorique nécessaire pour l'augmentation de volume, sans changement de température, ou réciproquement la quantité de calorique expulsée de l'air par une compression de $\frac{1}{267}$*. Il nous reste à examiner : 1° ce que deviendrait cette quantité 0^{cal},216, si au lieu d'air atmosphérique, on opérait sur un autre gaz; 2° si au lieu d'opérer à 0°, on opérait à une température plus haute ou plus basse, la densité restant la même; 3° si la densité était plus ou moins considérable.

La solution de la première et de la troisième question dépend d'un principe de mécanique dont on n'a pas, il est vrai, une démonstration bien rigoureuse; mais qu'on peut regarder comme très probable, attendu qu'il s'accorde avec tous les phénomènes observés jusqu'à ce jour. Ce principe est l'impossibilité du mouvement perpétuel, c'est-à-dire d'un mouvement qui puiserait en lui-même la source de sa continuation, sans être détruit par les effets qu'on lui ferait produire. De ce principe, il résulte que la quantité ci-dessus 0^{cal},216 serait toujours la même, quel que fût le gaz sur lequel on opérât, pourvu qu'il y en eût le même volume.

---

* Ce qui ferait environ 0,216 pour $\frac{1}{100}$ ou 0,01.

En effet, imaginons un kilogr. d'air à 0°, et sous une pression de $760^{mm\cdot}$ de mercure, ce kil. occupera $\frac{1}{0.001299}$, ou $769^{lit\cdot},823$ (page 7). Supposons qu'il soit renfermé dans un cylindre fermé par un piston d'un décimètre carré de surface; si nous faisons abstraction pour un moment de la pression atmosphérique, il faudra que ce piston pèse $103^{kil\cdot}$ (page 92); si on le diminue un peu, l'air s'étendra, et par conséquent se refroidira; supposons qu'on lui fournisse du calorique pour maintenir sa température stationnaire, et qu'on continue à diminuer progressivement le poids du piston, jusqu'à ce que le volume de l'air ait augmenté de $\frac{1}{100}$; alors il aura absorbé $0^{cal\cdot},216$, et le poids du piston aura diminué dans le même rapport que le volume aura augmenté, conformément à la loi de Mariotte; on peut considérer ce calorique comme employé à soulever ce poids, et, si on veut estimer la puissance mécanique d'après ce que nous avons dit page 14, il faudra multiplier la hauteur à laquelle il a été élevé par ce poids même; mais, comme il a varié, il faudrait prendre une moyenne entre ses grandeurs successives; l'appréciation exacte de cette moyenne dépend du calcul intégral; mais on peut en approcher de très près, en calculant ce qu'il est devenu à de très petits intervalles égaux entre eux, et en divisant leur somme par leur nombre. Ainsi, la base du cylindre étant un décimètre carré, comme il y a 769$^{\text{lit.}}$,823 de gaz, cela fait une hauteur de 769$^{\text{dm.}}$,823, ou 76$^{\text{m.}}$,9823 ; cette hauteur, augmentant de $\frac{1}{100}$, deviendra 77,7521, et si on calcule la pression correspondante d'après la loi de Mariotte, on aura 77,7521 : 76,9823 :: 103$^{\text{kil.}}$: x, d'où $x =$ 102$^{\text{kil.}}$; si on ajoute les deux pressions 103 + 102 = 205, et qu'on en prenne la moitié, on aura pour pression moyenne 102$^{\text{kil.}}$,5 ; observons que nous avons pris la pression moyenne entre les deux pressions du commencement et de la fin, ce qui n'aurait pas été exact, si la différence des volumes eût été plus grande ; dans ce cas il aurait fallu prendre plusieurs hauteurs intermédiaires équidistantes, calculer les pressions correspondantes à chacune, et prendre une moyenne entre toutes ces pressions. Dans l'exemple ci-dessus, la moyenne, ainsi calculée, ne différerait de celle que nous avons prise que dans la quatrième décimale. La pression moyenne, ou le poids soulevé, étant donc 102$^{\text{kil.}}$,5, et la hauteur 77$^{\text{m.}}$,7521 — 76$^{\text{m.}}$,9823 = 0$^{\text{m.}}$,7698 ; en multipliant l'un par l'autre (page 14), j'aurai 78,904, ce qui fait 0$^{\text{din.}}$,078 produites par 0$^{\text{cal.}}$,216 ; et, d'après la manière même dont nous avons imaginé le phénomène, il est évident qu'en employant la même force, ou tout au moins une fort peu excédente, et dont on pourra rendre l'excès aussi petit qu'on voudra, on extrairait du même gaz o$^{cal.}$,216. Or, s'il existait un autre moyen d'obtenir plus de o$^{din.}$,078 avec o$^{cal.}$,216, par exemple o$^{diu.}$,1, alors il est évident qu'au moyen de o$^{cal.}$,216, une fois dépensés, on obtiendrait o$^{din.}$,1, et, au moyen de o$^{din.}$,078, on reproduirait les o$^{cal.}$,216 qu'on a employés; on aurait donc o$^{din.}$,1 — o$^{din.}$,078 = o$^{din.}$,922, sans aucune dépense de calorique, et, comme on pourrait recommencer indéfiniment, on aurait autant de force motrice qu'on voudrait, c'est-à-dire un effet sans cause, ce qui paraît absurde; or, c'est précisément ce qui arriverait si un autre gaz que l'air dégageait plus de calorique en passant par les mêmes volumes et les mêmes pressions (la température étant la même). En effet, imaginons qu'au lieu de 77$^{lit.}$,752 d'air à 102$^{kil.}$ de pression par décimètre carré, que nous avons fait passer à 76$^{lit.}$,982 à 103$^{kil.}$, on prenne le même volume d'hydrogène, par exemple, à la même pression, et on le fasse également passer à 76$^{lit.}$,982 à 103$^{kil.}$, comme ce gaz, ou tout autre, suit la loi de Mariotte, les pressions intermédiaires correspondantes seraient toujours les mêmes, et, comme le changement de volume est le même, il faudrait également o$^{din.}$,078 qui, d'après ce que nous avons dit ci-dessus, ne pourrait produire ni plus ni moins de o$^{cal.}$,216; donc (à volumes et pressions égales) *la quantité absolue de calorique produite par la compression*

est la même pour tous les gaz. Maintenant, exa‑
minons comment elle varie suivant la tempéra‑
ture à laquelle on opère : si on recommence le
calcul pag. 135, en le renversant, et en supposant
qu'au lieu de partir de $0°$ et 760^{mm}, on parte de
$100°$ et 1045^{mm}, ce qui laissera au gaz le même
volume, et, par conséquent, la même densité
(page 87); pour augmenter la température de
$1°$ sans la laisser changer de volume, il faudra,
comme dans le premier cas, $0^{cal.},186$; car nous
verrons bientôt que le calorique spécifique ne
change pas avec la température lorsque la den‑
sité et le volume restent les mêmes; si ensuite on
lui laisse la faculté d'augmenter de volume de $\frac{1}{567}$,
sa température s'abaissera de $\frac{1}{116} : \frac{1}{567} :: 1° : x$
$x = 0°,316$, la température redescendra donc
à $101° - 0°,316$, ou $100°,684$. Si donc on eût
voulu l'augmenter de $1°$, en dilatant de $\frac{1}{367}$, il
aurait fallu plus de $0^{cal.},186$, savoir : $0°,684 :$
$1° :: 0^{cal.},186 : x$, d'où $x = 0^{cal.},272$. Tel est
donc le calorique qu'il faudrait pour élever de
$100°$ à $101°$ ce gaz sous pression constante; car
c'est précisément dans ce cas, d'après la loi de
Gay-Lussac, qu'il augmenterait de $\frac{1}{567}$. Cette
quantité $0^{cal.},272$ est donc composée de deux
parties, $0^{cal.},186$, qui ont servi à porter la tem‑
pérature à $101°$ sans changer de volume; et le
surplus, égal à $0^{cal.},086$, a donc servi à mainte‑
nir la température à $101°$ pendant l'augmentation

de volume de $\frac{1}{367}$, ce qui fait o$^{\text{cal.}}$,316 pour $\frac{1}{100}$, d'où l'on voit que, dans les hautes températures, la compression dégage plus de calorique que dans les basses. Mais si ou calculait, comme à la page 138, la puissance mécanique produite par ces o$^{\text{cal.}}$,316, on trouverait o$^{\text{din.}}$,108, ce qui fait o$^{\text{din.}}$,54 pour 1$^{\text{cal.}}$, tandis qu'à 1° nous avions trouvé o$^{\text{din.}}$,078 pour o$^{\text{cal.}}$,216, ce qui faisait o$^{\text{din.}}$,36 pour 1$^{\text{cal.}}$; d'où nous conclurons, en passant, qu'une quantité déterminée de calorique donne plus de puissance motrice dans les basses températures que dans les hautes, principe dont nous reparlerons à l'occasion des machines à vapeur. Il reste encore à examiner ce que deviendrait cette quantité de chaleur, si la densité n'était plus la même; pour cela, imaginons deux masses d'air égales en poids et en température, mais occupant des volumes différents, et supportant, par conséquent, des pressions en raison inverse de ces volumes; si chacun de ces volumes diminue de $\frac{1}{100}$, sans changer de température, la pression augmentera dans le même rapport d'un côté que de l'autre, et, par conséquent, les deux pressions conserveront encore entre elles le même rapport qu'auparavant; il en sera de même pour une nouvelle diminution de $\frac{1}{100}$, ou d'une fraction quelconque de ces volumes, d'où il résulte qu'après une série de diminutions successives, les pressions ayant toujours conservé le même rapport, les moyennes pressions seront aussi, dans ce rapport inverse des volumes ou des décroissemens de volume, d'où il suit que le produit de la pression, par la diminution de volume, sera le même de part et d'autre; car, si pour l'un la pression est trois fois plus forte, la diminution de volume est trois fois moindre, ce qui fait compensation; or, ces produits sont la mesure de la force motrice employée, donc elle est la même de part et d'autre, donc aussi le calorique dégagé est le même, ce que nous résumerons en disant : *Le calorique qu'on dégage d'une masse d'air, en la comprimant, est toujours le même, quelle que soit la densité, pourvu que la diminution de volume soit toujours une même fraction du volume total.*

Par exemple, si on comprime un gaz de $\frac{1}{10}$, puis de $\frac{1}{10}$ du volume restant, etc., à chaque compression il se dégagera la même quantité de calorique. Nous avons vu ci-dessus, qu'à 100° un kilogr. d'air comprimé de $\frac{1}{100}$, fournissait 0$^{\text{cal.}}$,316, d'où il suit que si on le comprime 30 fois de suite de $\frac{1}{100}$, ce qui réduira son volume aux trois quarts de ce qu'il était, il fournira sans changer de température 30 $\times$ 0$^{\text{cal.}}$,316 = 9$^{\text{cal.}}$,48.

Il en serait de même si au lieu d'un kilogr. d'air c'était 1$^{\text{kil.}}$,15 d'acide carbonique, car il occuperait le même volume. Il nous resterait à examiner de combien de degrés thermométriques cela élèverait la température du gaz, en supposant que le calorique rendu libre par la compression restât dans le gaz ; ce calcul dépend de la connaissance des chaleurs spécifiques des gaz à diverses densités, nous allons d'abord nous en occuper.

ARTICLE 7.

Chaleur spécifique des gaz.

Les chaleurs spécifiques des gaz telles que nous les avons données page 41, ont été déterminées par des expériences dans lesquelles les gaz étaient soumis à une pression constante de 760^{mm} de mercure ; mais cette chaleur spécifique aurait-elle varié si on eût agi sous une autre pression ? quelle est aussi l'influence de la température sur la chaleur spécifique ? Pour bien examiner ces questions, il nous faut d'abord bien préciser les différentes espèces de chaleur spécifique.

Le nombre de calories nécessaires pour élever de 1° $1^{kil.}$ de gaz soumis à une pression uniforme et par conséquent augmentant le volume pendant cette élévation de température, est ce que nous nommons *chaleur spécifique sous pression constante.*

Le nombre de calories nécessaires pour élever de $1°$ $1^{kil.}$ de gaz renfermé dans un volume inextensible, est ce que nous appelons *chaleur spécifique sous volume constant.*

Comme nous avons spécifié qu'on opérait sur un kilog. de gaz, les chaleurs spécifiques ci-dessus sont estimées relativement *aux poids*; si au lieu de cela nous avions dit qu'on opérât sur un litre de gaz, les chaleurs spécifiques eussent été estimées relativement *au volume*, il est clair qu'on peut passer de l'une à l'autre à l'aide de la connaissance des pesanteurs spécifiques.

La différence qu'il y a entre la chaleur spécifique sous pression constante et sous volume constant est égale au calorique que restituerait un gaz échauffé de $1°$, lorsqu'on le ramènerait au volume qu'il avait sans abaisser sa température; nous avons calculé cette différence pour l'air (page 136); elle est de $0^{cal.},081$, et comme nous avons fait voir (page 139) que cette chaleur dégagée par la compression est la même pour tout les gaz (à volume égal), la différence entre la chaleur spécifique sous pression constante et sous volume constant, serait la même pour tous les gaz si on en prenait des volumes égaux, ce qui nous fournit les moyens de calculer le tableau suivant :

CALORIQUE spécifique de 1 kil. à pression constante.	CALORIQUE spécifique de 1 litre à pression constante.	CALORIQUE spécifique de 1 litre à volume constant.	CALORIQUE spécifique de 1 kil. à volume constant.
Air............. 0,2669	0,00034670	0,00024150	0,186
Azote. 0,2754	e,00034673	0,00024155	0,19184
Oxigène...... 0,2361	0,00033857	0,00023337	0,16274
Hydrogène. .. 3,2936	0,00029313	0,00018792	2,11146
Acide carboniq. 0,2210	0,00043625	0,00033105	0,16771

La première colonne est transcrite de la page 41 ; la seconde a été formée en multipliant la première par le poids d'un litre de gaz (page 7); la troisième a été formée en retranchant de la seconde le nombre constant 0,00010521 qui représente la différence des chaleurs spécifiques à volume constant et à pression constante, différence que nous avions évaluée à 0,081 pour 1$^{kil.}$, et que nous avons multipliée par 0,001299, poids d'un litre d'air, pour savoir ce qu'elle doit être pour un litre d'air, et par conséquent pour un litre d'un gaz quelconque; nous sommes repassé de la troisième colonne à la quatrième, en divisant par les pesanteurs spécifiques des gaz ou multipliant par le volume d'un kilog. ce qui revient au même.

Examinons maintenant l'influence que peut avoir le changement de température sur la chaleur spécifique.

D'abord, si nous considérons la chaleur spécifique sous volume constant, nous regardons comme très probable, quoique cela ne soit pas absolument démontré, que la température n'y influe en rien, c'est-à-dire que pour faire passer 1 kilog. d'un corps quelconque de $0°$ à $1°$, il faut la même quantité de calorique que pour le faire passer de $70°$ à $71°$, pourvu que ce corps soit contenu dans un espace inextensible. Cette loi est conforme à celle des gaz qui tendent à s'échapper de l'espace qui les contient avec une force exactement proportionnelle à la quantité matérielle que cet espace en contient; on remarquera en outre que les corps qui se dilatent le moins, les corps solides, sont précisément ceux dont la chaleur spécifique varie le moins avec la température; et les expériences de MM. Dulong et Petit ont constaté que la chaleur spécifique augmente dans les degrés élevés, à mesure que la dilatation elle-même augmente, ce qui doit porter à croire que cette augmentation est due à l'accroissement de volume, plutôt qu'à l'accroissement de température; nous admettrons donc que *la chaleur spécifique sous volume constant ne change pas avec la température;* mais il n'en est pas de même de la chaleur spécifique sous pression constante, dont nous pourrons calculer les variations avec la température d'après les principes déja établis; on voit un exemple de ce calcul page 140, où nous avons trouvé $0^{cal},272$ pour la chaleur spécifique de l'air, sous pression constante à 100°; on ferait un calcul semblable pour tout autre gaz, ou toute autre température.

Voyons à présent l'influence de la densité du gaz sur la chaleur spécifique. Imaginons un litre de gaz à 0° qu'on échauffe de 1° sous pression constante, il se dilatera de $\frac{1}{267}$. Le calorique employé sera le calorique spécifique sous pression constante; et il peut se décomposer en deux parties, de deux manières différentes; d'abord on peut imaginer qu'on l'échauffe sans qu'il change de volume, et qu'ensuite il se dilate sans changer de température; ou bien qu'il se dilate d'abord sans changer de température, et qu'ensuite il augmente de 1°. Dans le premier cas, le calorique employé se compose du calorique spécifique sous volume constant de 1 litre, plus le calorique de dilatation pour passer de 1 litre à $1^{lit.} + \frac{1}{267}$ à 1°; dans le second cas, il se compose du calorique spécifique sous volume constant de $1^{lit.} + \frac{1}{267}$, plus le calorique de dilatation pour passer de 1^{lit} à $1^{lit.} + \frac{1}{267}$ à 0°; ainsi lorsqu'on a le calorique spécifique à pression constante, il faut, pour avoir celui sous volume constant de

$1^{\text{lit.}}$, ôter le calorique de dilatation à 1°, et pour avoir celui sous volume de $1^{\text{lit.}} + \frac{1}{267}$, ôter le calorique de dilatation à 0°. Mais, si nous avions opéré sur d'autres volumes et d'autres dilatations, ces deux quantités que nous ôtons respectivement, auraient dépendu non de la grandeur absolue des deux volumes en question, mais de leur rapport; donc aussi leur différence, ou bien la différence des restes, c'est-à-dire des chaleurs spécifiques sous volume de $1^{\text{lit.}}$ et $1^{\text{lit.}} + \frac{1}{267}$, dépend uniquement du rapport de ces deux volumes, c'est-à-dire que si on avait pris deux autres volumes quelconques, qui fussent dans le même rapport, cette différence eût été la même, ce qui fournit le moyen de calculer toutes ces différences, lorsqu'on en connaît une seule, c'est-à-dire deux chaleurs spécifiques sous densités différentes.

MM. Delaroche et Bérard ont déterminé par expérience que la chaleur spécifique de l'air qui est de $0,2669$ à $760^{\text{mm.}}$ de pression, est de $0,2581$ à $1000^{\text{mm.}}$; pour la transformer en chaleur spécifique à volume constant, il suffit d'en ôter $0,081$ à cause de la dilatation de $\frac{1}{267}$, il restera $0,1771$, au lieu de $0,186$, ce qui fait une diminution de $0,0089$, pour une réduction de volume dans le rapport de 1000 à 760, une nouvelle réduction semblable donnerait encore une diminution de $0,0089$, ce qui fournit le tableau suivant :

AIR COMPRIMÉ.		AIR DILATÉ.	
Volume d'un kilog. d'air relativement à son volume, à 760 millim.	Chaleur spécifique à volume constant.	Volume d'un kilog. d'air relativement à son volume, à 760 millim.	Chaleur spécifique à volume constant.
1° $\quad$ 1	0,1860	1	0,1860
2° $\quad$ $1 \times \frac{760}{1000} = 0,76$	0,1771	$1 : \frac{760}{1000} = 1,3158$	0,1949
3° $\quad$ $0,76 \times \frac{760}{1000} = 0,5776$	0,1682	$1,3158 : \frac{760}{1000} = 1,7313$	0,2038
4° $\quad$ $0,5776 \times \frac{760}{1000} = 0,4390$	0,1593	$1,7313 : \frac{760}{1000} = 2,2780$	0,2127
5° $\quad$ $0,4390 \times \frac{760}{1000} = 0,3336$	0,1504	$2,2780 : \frac{760}{1000} = 2,9974$	0,2216
6° $\quad$ $0,3336 \times \frac{760}{1000} = 0,2535$	0,1415	$2,9974 : \frac{760}{1000} = 3,9441$	0,2305*

* Et en général la chaleur spécifique $= 0,186 + \frac{890 \, l.\, v.}{11919}$; ν représentant le volume de l'air relativement à ce qu'il était sous $760^{\text{mill.}}$ de pression.

Si on poussait ce tableau plus loin, on trouverait que l'air, réduit à 0,0568 ou $\frac{1}{18}$ environ de son volume, n'a plus qu'une chaleur spécifique de 0,0930, moitié de ce qu'elle était d'abord ; réduit à moitié, sa chaleur spécifique devient 0,1636. Si au contraire, on le dilate jusqu'à lui faire occuper 18 fois son volume primitif, elle deviendra 0,279.

Mais comme ces calculs sont très laborieux, à moins d'employer le secours des logarithmes, les voici tout faits, pour toutes les pressions qui peuvent se rencontrer.

Volume d'un kilog. d'air relativement à son vol. à 760mm.	Chaleur spécifique à volume constant.	Volume d'un kilog. d'air relativement à son vol. à 760mm.	Chaleur spécifique à volume constant.
1	0,186	1	0,186
10	0,2607	$\frac{1}{10}$	0,1113
20	0,2831	$\frac{1}{20}$	0,0889
30	0,2963	$\frac{1}{30}$	0,0757
40	0,3056	$\frac{1}{40}$	0,0664
50	0,3128	$\frac{1}{50}$	0,0592
60	0,3187	$\frac{1}{60}$	0,0532
70	0,3237	$\frac{1}{70}$	0,0482
80	0,3281	$\frac{1}{80}$	0,0439
90	0,3319	$\frac{1}{90}$	0,0401
100	0,3353	$\frac{1}{100}$	0,0367

Ces chaleurs spécifiques sont estimées à volume constant, c'est-à-dire qu'on suppose le gaz renfermé dans une capacité inextensible pendant l'échauffement ; si on voulait les avoir à pression constante, il faudrait y ajouter le calorique nécessaire pour le dilater de $\frac{1}{267}$, si c'est à 0° ; de $\frac{1}{268}$ si c'est à 1° ; de $\frac{1}{567}$ si c'est à 100°, et ainsi des autres, calorique qu'on peut calculer comme à la page 136.

Maintenant, nous sommes à même de calculer la température à laquelle un gaz peut s'élever par la compression ; car nous connaissons, d'une part, la quantité absolue de calorique dégagé par cette compression, et, d'autre part, la chaleur spécifique. Par exemple, nous avons vu que l'air comprimé de $\frac{1}{100}$ fournit 0$^{\text{cal.}}$,216 ; imaginons donc 1$^{\text{kil.}}$ d'air ; si on réduit son volume de 0,01, c'est-à-dire aux 0,99 de ce qu'il était d'abord, puis une seconde fois de $\frac{1}{100}$ de ce qu'il est devenu, ce qui fait 0,9801, et ainsi de suite 69 fois, le volume sera réduit à moitié, et on aura dégagé 0,216 $\times$ 69 $=$ 14$^{\text{cal.}}$,904, et comme la chaleur spécifique n'est plus que 0,163, la température s'élèvera de $\frac{14,904}{0,163} = 91°,44$, et si on exécutait une compression équivalente à 230 pressions successives de $\frac{1}{100}$ du volume précédent, ce qui le réduira à $\frac{1}{10}$ de ce qu'il était d'abord, on obtiendra 0,216 $\times$ 230 $=$ 49$^{\text{cal.}}$,68, et comme il n'en faut que 0,1113 (page 150) pour l'élever de 1°, il s'élèvera de $\frac{49,68}{0,1113} = 446°$, d'où l'on voit qu'une simple compression des $\frac{9}{10}$ produit une très haute température bien capable d'enflammer de l'amadou, pourvu que la condensation soit faite brusquement ; car, sans cela, l'enveloppe absorberait à mesure le calorique développé.

Si au lieu d'air on employait quelqu'autre gaz, la température développée ne serait plus la même, quoiqu'à volume et compression égaux, la quantité absolue de calorique dégagé soit la même ; elle serait plus ou moins grande suivant que la chaleur spécifique serait plus petite ou plus grande que celle d'un volume égal d'air ; par exemple, elle serait à la précédente dans le rapport de 188 à 241 pour l'hydrogène ; 233 à 241 pour l'oxigène, et, au contraire, elle serait dans le rapport de 331 à 241 pour l'acide carbonique, ce qui donne les nombres suivants :

TEMPÉRATURE DÉGAGÉE PAR LA RÉDUCTION DU VOLUME.		
de $\frac{1}{116}$.	de $\frac{1}{2}$.	des $\frac{9}{10}$.
Air............ 1°	91°	446°
Azote......... 1°	91°	446°
Oxigène....... 1,034°	94°	461°
Hydrogène...... 1,282°	116°	572°
Acide carbonique. 0,730°	66°	328°

CHAPITRE II.

DE L'AIR CONSIDÉRÉ COMME CONDUCTEUR DE LA CHALEUR.

Nous avons déja dit que l'air, quoique non conducteur par lui même, était néanmoins le principal véhicule de la chaleur par le moyen des courans qui s'y établissent toutes les fois qu'il est échauffé en quelques endroits; ces courans sont de deux espèces, les uns d'air chaud, les autres d'air brûlé, c'est-à-dire d'air qui a passé dans le foyer même, et qui est mêlé de fumée. Il importe de ménager les premiers, de manière à en tirer le plus grand échauffement possible, c'est là l'art du chauffeur; mais il faut au contraire se débarrasser des seconds, ce qui constitue l'art du fumiste.

ARTICLE 1er.

Des moyens de chauffage en général.

Quels que soient les moyens de chauffage qu'on emploie, l'appareil se compose en général d'un

7.

foyer et d'une cheminée; l'air du foyer étant très échauffé devient d'une pesanteur spécifique moindre, et tend par conséquent à monter; il est remplacé par d'autre, qui, dans les appareils ordinaires, vient de la chambre échauffée. Ce courant, comme nous le verrons au chapitre suivant, est absolument nécessaire à la combustion; s'il est trop peu abondant, la combustion se fait mal, s'il l'est trop, ce qui arrive plus souvent, il emporte trop de chaleur par la cheminée.

La chaleur que donne un foyer peut se communiquer de trois manières (Chap. 2 Liv. II), par rayonnement, au travers les parois de l'appareil, par le courant d'air qui traverse le foyer. Le premier qui est le seul, dans la plupart des foyers ordinaires, est le moins important, il équivaut tout au plus au centième de la chaleur développée par la combustion, on peut s'en assurer par une expérience bien simple : si on approche la main à un centimètre de la flamme d'une bougie par côté, on ne sentira que fort peu de chaleur, et on en sentira beaucoup plus en la mettant au dessus, même à un mètre de distance.

La seconde partie dépend de la disposition de l'appareil, et de la matière dont il est formé; on obtiendra beaucoup plus de chaleur s'il est de métal, et mince, que s'il est de matières peu conductrices de la chaleur; cette seconde partie est la

principale dans les poêles; elle est plus grande
dans ceux de tôle ou de fonte, que dans ceux de
faïence, et cette différence est d'autant plus considérable, que les conduits des deux appareils
comparés sont plus courts. Dans les poêles ouverts ou cheminées métalliques qu'on place dans
l'intérieur de la chambre, on réunit les deux
avantages de la chaleur rayonnante, et de la chaleur par contact.

Quant à la chaleur contenue dans le courant
d'air brûlé, comme on ne peut pas laisser celui-
ci directement dans la chambre à échauffer, on
ne peut le dépouiller de sa chaleur qu'au travers
les parois du conduit qui le contient, c'est pourquoi il convient qu'ils soient métalliques, et
le plus mince possible. Cette troisième partie de
la chaleur est si importante, qu'on peut, au
moyen de conduits suffisamment longs dans l'appartement, doubler la chaleur que produirait
un poêle sans conduit, s'il est en métal, et le
ipler ou quadrupler, s'il est en faïence.

Outre le courant d'air qui passe dans le foyer,
il se forme dans la chambre des courans d'air
ascendans partant des corps chauds, et qui vont
redescendre le long des murs, et c'est ce mouvement continuel qui contribue à dépouiller l'appareil de sa chaleur. Si l'appartement à quelques ouvertures qui communiquent au dehors il
s'établit aussi des courans par ces ouvertures;

l'air froid du dehors entre par celles qui sont placées au bas, et l'air chaud sort par celles qui sont au haut, par la même cause qui produit l'ascension dans les cheminées, qui sera expliquée bientôt. On peut rendre ces courans manifestes, par l'expérience suivante : qu'on ouvre la porte communiquant d'une chambre échauffée à un lieu quelconque qui ne le soit pas, si on place une bougie vers le haut de la porte, on verra la flamme poussée au dehors, si au contraire on la place au bas, on la verra poussée au dedans. Ces divers courans qui s'établissent contribuent évidemment à refroidir la chambre, il convient donc de s'en débarrasser en bouchant le mieux possible toutes les issues, cependant il y en a un qui est indispensable, c'est celui qui fournit l'air nécessaire à la combustion, et qui doit s'échapper par la cheminée, car cet air ne pourrait sortir continuellement de la chambre sans être remplacé par un courant d'air froid qui y entre ; mais lorsqu'on laisse au hasard la direction de ce courant, il arrive très souvent qu'il entre par le dessous des portes pour arriver au foyer, et que cette lame d'air froid cause aux pieds un refroidissement désagréable, et dont souvent on ignore la cause. Pour y remédier, il convient de disposer ce courant de manière qu'il aille d'abord frapper près du foyer, pour ne se répandre dans la chambre qu'après s'être échauffé.

Nous avons vu un poêle qui avait été disposé de manière à éviter toute perte de chaleur, la chambre était hermétiquement fermée, et le courant d'air destiné à entretenir la combustion était introduit au travers du mur, et entrait immédiatement dans le foyer, l'air de la chambre n'avait donc aucune communication avec l'air extérieur ; le constructeur avait bien par là rempli le but qu'il s'était proposé, car la chambre une fois échauffée ne se refroidissait presque pas, et une quantité de charbon très petite suffisait pour tenir la chambre chaude tout le jour ; mais il en était résulté un autre inconvenient fort grave, qu'il n'avait pas sans doute prévu, c'est qu'on n'y respirait qu'avec peine, surtout lorsqu'il y avait plusieurs personnes dans la chambre.

L'air qu'on respire est vicié par cette respiration, et ne peut y servir indéfiniment, nous entrerons dans plus de détails à cet égard, dans notre traité de Chimie ; nous nous contenterons pour le moment d'en donner les résultats. 95 mètres cubes d'air pourraient suffire à la respiration d'un homme en vingt-quatre heures ; mais une semblable respiration serait encore incommode, à cause des émanations renfermées dans l'air, c'est pourquoi il faut compter le double, et même, pour une respiration agréable, le quadruple, ce qui fait 380 mètres cubes en vingt-quatre heures, ou 16 mètres cubes par heure.

La disposition la plus convenable d'un foyer, serait celle dans laquelle l'appartement à échauffer serait fermé hermétiquement, excepté un conduit destiné à introduire l'air froid suffisant pour renouveler l'air, et entretenir la combustion; ce courant devrait être disposé de manière à s'échauffer, d'abord sans entrer immédiatement dans le feu, et de là se répandre dans la chambre, pour remplacer l'air qui sort par la cheminée.

Quelle que soit la manière dont l'air de la chambre communique avec l'air extérieur, on peut le considérer comme pressé par le poids de l'atmosphère tout entier, transmettant cette pression dans tous les sens, et sur l'air du foyer qu'il pousse dans la cheminée, d'autre part l'air du foyer est aussi soumis à la pression de l'air du côté de la cheminée; et si ces deux pressions étaient égales, aucun courant ne serait produit; mais l'air de l'intérieur de la cheminée étant échauffé, pèse moins, et par conséquent ne fait pas équilibre à la pression atmosphérique qui la pousse de bas en haut, telle est la cause de l'ascension de l'air dans la cheminée, la force motrice qui la produit est la différence entre le poids de l'air de la cheminée et une égale colonne d'air qui ne serait pas échauffée.

Pour calculer la quantité d'air qui passe par une cheminée dans les circonstances données, il faut connaître sa vitesse, et le calcul de celle-ci est fondé sur le principe d'hydraulique suivant : si un réservoir indéfini et un tube de hauteurs inégales, étant pleins d'un fluide quelconque, communiquent ensemble (*fig. 41*), le fluide s'échappera par l'orifice b, précisément avec la même vitesse qu'acquerrait un corps en tombant de a en b, il en est de même dans une cheminée. Le poids de la partie de l'atmosphère qui est plus haute que la cheminée, presse également l'air de la chambre et celui qui est dans la cheminée ; mais la partie de l'air extérieur, depuis le haut de la cheminée jusqu'au bas, presse à l'orifice inférieur de la cheminée, et n'est contrebalancée que par le poids de la colonne intérieure, et si cet air intérieur ne pèse par exemple que les $\frac{2}{5}$ de l'air extérieur, c'est comme si la colonne d'air extérieure, qui fait effort pour entrer dans la cheminée par le foyer, était contrebalancée par une colonne d'air d'une hauteur moindre de $\frac{1}{5}$, et par conséquent elle sera mue avec la même vitesse qu'un corps qui serait tombé d'une hauteur égale à ce tiers. Si par exemple la cheminée avait 16 mètres, et que l'air intérieur pesât les $\frac{3}{4}$ de l'air extérieur, la colonne intérieure équivaudra à 12 mètres de l'extérieure, il resterait 4 mètres non compensés, et l'air prendrait une rapidité égale à celle qu'acquerrait un corps en tombant de 4 mètres ; cette vitesse est de $4,43 \times \sqrt{4} = 8,86$, (page 4), et il sera facile de calculer la vitesse de l'air dans une cheminée, lorsqu'on connaîtra sa température, sachant qu'il se dilate pour chaque degré de $\frac{1}{267}$ de son volume à $0°$, supposons par exemple :

La température extérieure $0°$;

La température dans la cheminée $100°$;

La hauteur de la cheminée 100^m ;

Section horizontale de la cheminée, 1 mètre carré. $100^{lit.}$ d'air à $0°$, lorsqu'ils passent à $100°$, occupent un espace de $100^{lit} + \frac{100}{267}$ de $100^{lit.}$, ou $137^{lit.}$ environ ; le poids de l'air intérieur de la cheminée est donc les $\frac{100}{137}$ de celui de l'air extérieur ; la colonne intérieure, quoique de 100^m, équivaut donc à $\frac{100}{137} 100^m$, ou 73^m, ce qui fait une différence de 27^m ; la vitesse due à cette pression sera $4,43 \times \sqrt{27} = 23^m$ environ, et comme la section horizontale est d'un mètre carré, il passera par seconde 23 mètres cubes, ce qui pourrait complètement brûler plus de $1^{kil.}$ de charbon par seconde, comme nous le verrons au chapitre suivant.

Mais nous avons supposé que l'air, en passant dans le fourneau, ne faisait que s'échauffer sans tenir compte du changement de pesanteur spécifique qu'il éprouve par sa combinaison avec le charbon ou *carbone* ; or, nous verrons que

20 mètres cubes d'air peuvent augmenter, par cette combinaison de $1^{kil.}$, sans changer de volume si la température était la même; or, 20 mètres cubes d'air pèsent $26^{kil.}$, ils augmentent donc de $\frac{1}{26}$, ainsi, dans l'exemple ci-dessus, au lieu de $73^{m.}$, il faudrait compter, à cause du charbon combiné, $73^{m.} + \frac{1}{26} 73 = 75,8$, ce qui réduirait la différence des deux colonnes d'air à $24^{m.}$, et donnerait une rapidité de $4,43 \times \sqrt{24} = 21^{m.},7$, au lieu de 23. Si au lieu de 20 mètres cubes d'air par kilogr. de charbon brûlé, il en passait le double, il ne faudrait augmenter le poids de la colonne intérieure que de $\frac{1}{52}$.

D'après ce que nous venons de dire, il est facile de voir qu'en général, plus une cheminée est élevée, plus le tirage est énergique; il arrive cependant quelquefois qu'une haute cheminée fait fumer, c'est lorsqu'elle est construite de manière que l'air qui y passe se refroidit rapidement; alors l'air du haut de la cheminée étant aussi pesant, ou même plus pesant que l'air atmosphérique, à cause du carbone qu'il contient, la cause d'ascension ne subsiste plus.

Les cheminées des appartemens ont, en général, des tuyaux beaucoup trop grands, ce qu'on verra facilement en les comparant au calcul précédent, par lequel on a vu qu'une ouverture d'un mètre carré suffirait pour brûler $1^{kil.}$ de charbon par seconde, en supposant la che-

minée de 100^{m.}; il résulte de cette construction que non-seulement il s'établit un courant
ascendant lorsqu'on y fait du feu, mais aussi
des courans descendans dans les coins, ce qui est
une circonstance désavantageuse, d'après ce que
nous avons dit page 158, sans compter que ce
conflit de courans est très susceptible d'introduire de la fumée dans l'appartement.

Puisque le tirage est d'autant plus énergique
que la température de l'air de la cheminée est
plus haute, il convient de conserver cette température autant que possible, et, par conséquent, de construire le conduit destiné à contenir cet air en matière peu conductrice de la
chaleur depuis l'endroit où ils sort du lieu à
échauffer. Par là on obtient en outre l'avantage de
diminuer les risques d'incendie, et quand même il
y aurait à la cheminée quelque ouverture latérale, il ne faut pas croire que la flamme ou la
fumée sortirait par là, au contraire, l'air intérieur étant plus chaud, et, par conséquent, plus
léger que l'air extérieur, celui-ci tendrait à se pré-
cipiter dans la cheminée.

En général, dans un chauffage économique,
on cherche à dépouiller l'air qui passe dans le
feu de sa chaleur au profit de l'espace à échauffer,
avant de le laisser aller dans la cheminée; mais
il ne faut pas le refroidir outre mesure; car il n'y
aurait plus de tirage. C'est ce qui est arrivé à un

baigneur de Paris pour lequel un chaudronnier avait fait une chaudière; le foyer était de toutes parts environné d'eau, et l'air, avant d'aller dans la cheminée, passait dans un conduit qui serpentait dans l'eau, de manière que le tirage n'a jamais pu s'établir; on n'a pas même pu mettre le feu au charbon.

Connaissant la quantité d'air qui passe dans la cheminée, sa température et sa chaleur spécifique, il est facile de calculer la chaleur qu'il emporte; il faut environ 26 kilog. d'air pour brûler 1 kil. de charbon; sa chaleur spécifique étant $0,2669$, il faut, pour élever de $1°$ ces $26^{\text{kil.}}$, $26 \times 0,2669 = 6^{\text{cal.}},94$, et si on les élève à $150°$, $150 \times 6,94 = 1041^{\text{cal.}}$; c'est là, à peu près la perte inévitable par la cheminée, et, comme 1 kil. de charbon peut produire $7050^{\text{cal.}}$ par la combustion, il en résulte qu'il en faut nécessairement perdre par la cheminée, 1041 sur 7050 ou $\frac{1}{7}$.

ARTICLE 2.

Des foyers ordinaires.

Les foyers le plus ordinairement employés qu'on nomme cheminées, sont le moyen le plus imparfait de chauffage, c'est-à-dire celui par lequel on utilise la moindre portion de la chaleur développée par la combustion, car on n'utilise guère que la chaleur rayonnante qui est une faible portion de la chaleur totale, il existe cependant plusieurs perfectionnemens importans, destinés à en utiliser une plus grande partie; mais avant d'en parler, nous parlerons d'une chose encore plus importante, des moyens de se débarrasser de la fumée.

Des moyens employés pour empêcher les cheminées de fumer.

Les causes qui font fumer les cheminées, peuvent toutes se rapporter à six principales.

1° *La forme et la grandeur de l'ouverture.* Très souvent il suffit de changer la forme ou la grandeur de l'ouverture pour empêcher de fumer, supposons qu'on fasse du feu en a (*fig.* 42), et que la tablette de la cheminée ait le dessous horizontal cd, la fumée montant contre cette surface, se partagera en deux : une partie entrera dans la chambre et une partie dans le tuyau. Observons cependant que cette cause de fumée ne peut exister que dans les cheminées dont l'ouverture est plus large que le feu, et laisse la faculté à l'air de passer sur les côtés, car sans cela la force du tirage suffirait toujours pour repousser la fumée dans le tuyau, et si la cheminée fumait, il faudrait en chercher une autre cause. Pour remédier à cet inconvenient, il suffit de tailler le dessous de la cheminée en pente *cd*, (*fig. 43*), et il convient que la partie plate *ce*, soit la moins étendue, et *ed* la plus inclinée possible. Nous avons vu plus d'un exemple de l'efficacité d'un moyen aussi simple, dans les pays méridionaux, où on fait les tuyaux très larges, et l'ouverture des cheminées très grande. Un plan incliné ou vertical *ef*, (*fig. 44*) qu'on fait ordinairement de plâtre ou de briques soutenu par une barre de fer est encore plus efficace, en empêchant une grande partie de l'air étranger à la combustion d'entrer dans la cheminée; par là le courant ascendant est moins refroidi, et le tirage en est plus énergique. Il convient aussi très souvent de rétrécir l'ouverture de la cheminée dans le sens horizontal, par la même raison ; soit (*fig. 45*) *abcd* le plan par terre d'une cheminée plus large que le feu qu'on y fait, en y ajoutant des plans inclinés *ef gh* qui en retrécissent l'ouverture, on empêchera l'air d'entrer dans la cheminée sans passer dans le feu, ce qui rendra le tirage plus fort.

La réduction de l'ouverture de la cheminée à une grandeur suffisante pour donner passage à l'air qui traverse dans le feu, est si efficace pour renforcer le tirage, qu'on a, par ce moyen, construit des foyers dans lesquels le feu n'était pas sous la cheminée, mais seulement devant une ouverture ronde ou carrée, qui conduisait dans le tuyau, et même quelquefois plus haut que cette ouverture; pour que les cheminées ne fument pas, il suffit d'observer, 1° que l'ouverture soit d'une grandeur convenable, et quelquefois, à cet effet il y a une plaque de fonte ou de tôle, glissant dans des coulisses qu'on nomme registre, destinée à augmenter ou diminuer l'ouverture suivant les circonstances; 2° que la partie la plus ardente du feu, et mieux encore le feu tout entier, soit tellement disposé devant cette ouverture, que l'air ne puisse y arriver qu'en passant dans le feu; cette disposition est representée (*figure 46.*)

Il ne faut pas cependant croire qu'un tel foyer pourra vaincre des causes de fumée un peu puissantes, telles que celles dont nous parlerons ci-après; mais seulement qu'elles seront au moins aussi exemptes de fumée que les cheminées ordinaires, et la plupart du temps davantage.

2° *Défaut d'air.* L'air qui alimente la combustion montant sans cesse dans la cheminée, il faut absolument qu'il soit remplacé par d'autre dans l'appartement, et si l'appartement est si bien fermé qu'il ne puisse en entrer nulle part, ou le feu ne s'allumera pas, ou il se formera dans la cheminée des courans descendans, dont le conflit avec les courans ascendans introduira de la fumée dans la chambre.

On a cru et beaucoup de personnes croient

encore que les cheminées qui s'élèvent verticalement fument moins que celles qu'on nomme
dévoyées; mais l'expérience a démontré que l'a-
vantage est plutôt pour les cheminées dévoyées,
que pour celles qui sont droites; cela vient de
ce que les courans descendans, dont nous venons
de parler, s'y établissent moins facilement.

Pour éviter cet inconvenient il faut pratiquer
une ouverture quelconque, qui puisse livrer passage à l'air; mais le choix de cette ouverture
n'est pas indifférent, par les raisons que nous
avons données (page 156), et souvent ce choix
n'est pas libre. Le plus simple est de faire quelque jour, ou par le dessous d'une porte communiquant à une autre chambre, où il n'y ait
pas de feu, et qui elle-même communique
avec l'air extérieur, soit par une cheminée soit
autrement; mais on rencontre dans ce moyen
le désagrément signalé page 156. D'autres fois
on fait un conduit sous le parquet, ou le carrelage, qui communique au travers du mur, soit à
la rue ou à une cour, ou à l'escalier, si ce conduit vient aboutir de manière à fournir immédiatement l'air à la combustion, sur les côtés ou devant la cheminée, par exemple, on aura bien évité
la fumée, mais on n'aura pas encore rempli la
condition page 158; nous verrons les moyens de
le faire à la fin de cet article. Si les moyens que
nous venons d'énoncer ne sont pas praticables

par quelque cause que ce soit, il faudra faire un conduit dans un coin du tuyau, qui en soit séparé par une cloison assez épaisse pour empêcher l'échauffement de l'air qui descend par ce conduit; une cloison de plâtre de trois centimètres est suffisante. Ce conduit aboutira par le bas, sur les côtés de la cheminée vers le devant, ou derrière les plans inclinés dont nous parlerons ci-après. Vers le haut il pourra se terminer d'une manière quelconque, moins haut que la cheminée. Ce dernier moyen est encore préférable aux précédens, parce qu'il remédie en même temps, au moins en partie, à la 5e cause dont nous parlerons ci-après.

Les ouvertures ainsi pratiquées pour donner passage à l'air, portent le nom de *ventouses*.

3° *Tuyau trop court*. Cette cause à proprement parler, ne fait pas fumer par elle-même, mais comme il y a un tirage trop faible, la cause la plus légère qui peut survenir peut faire fumer, tandis qu'un tirage plus puissant les aurait surmontées, et n'aurait cédé qu'à des causes plus énergiques.

Le même inconvénient serait attaché à un tuyau qui laisserait refroidir trop rapidement l'air qu'il contient, comme nous l'avons expliqué page 162.

La manière de remédier à cet inconvénient est évidemment de prolonger le tuyau plus haut, mais si cela n'est pas possible, il faudra tâcher d'augmenter le tirage par tous les moyens dont nous parlons dans cet article : calculer juste l'ouverture suffisante pour donner passage à la quantité d'air nécessaire à la combustion comme nous l'avons fait page 160, et réduire le tuyau dans toute la longueur, et l'embouchure de la cheminée à cette dimension; établir sur le sommet du tuyau une *gueule de loup* ou un ventilateur, comme nous le dirons ci-après; fermer hermétiquement la chambre et faire venir l'air par un conduit pratiqué dans le tuyau ou à côté, mais séparé par une épaisse cloison; on pourrait aussi mettre sur le sommet de ce conduit une gueule de loup, qui, au contraire de celles qu'on emploie ordinairement, se tournerait toujours du côté du vent. Si tous ces moyens ne suffisaient pas, on serait obligé de forcer le tirage par des moyens artificiels, tel par exemple qu'une hélice qu'on ferait ronde, et qu'on ferait tourner du côté convenable par le moyen d'un tourne-broche ou d'une machine quelconque; ce mécanisme est représenté (*fig. 47*), *abcd* est une hélice en tôle, montée sur un arbre de fer *ef*, cet arbre de fer est tenu dans deux supports ou anneaux *eg*, qui lui laissent la faculté de tourner facilement; s'il y avait un tirage suffisant il ferait tourner cette hélice, réciproquement si, par une force suffisante transmise par un engrenage h, on la fait tourner rapidement, elle poussera l'air dans le tuyau et aidera le tirage qui serait insuffisant, pourvu qu'on la fasse tourner dans le sens convenable. Cette hélice pourra facilement s'exécuter au moyen de rondelles de tôle a (*fig. 48*) qu'on percera au milieu et qu'on coupera du centre à la circonférence, ensuite on tirera les bords de la coupure l'un en haut, l'autre en bas, de manière à lui donner la forme b (*fig. 48*), et en clouant plusieurs cercles pareils les uns à la suite des autres, il sera ensuite bien facile de les fixer à l'arbre de fer.

4° *Plusieurs cheminées qui se contrebalancent.* Lorsque, dans deux chambres qui se communiquent, il y a du feu, chaque foyer séparément établit un tirage, ce qui diminue la densité de l'air intérieur à la chambre, et tend à y faire entrer l'air par toutes les ouvertures possibles ; mais s'il n'y en a pas ou qu'il n'y en ait que peu, chaque cheminée tendra à faire descendre l'air par le tuyau de l'autre, et si le tirage de l'une est plus énergique que celui de l'autre, il l'emportera et fera descendre l'air par l'autre cheminée qui entraînera la fumée dans l'appartement.

Pour éviter cet inconvénient on peut fermer avec soin la communication entre les deux chambres, mais si les localités rendent incommode ce défaut de communication, il faudra y remédier d'une autre manière : d'abord, si on observe qu'une cheminée ne fait fumer l'autre que parce qu'il n'y a pas d'ouverture suffisante pour fournir à son tirage, il en résultera que si on fournissait séparément à chaque cheminée de l'air par de larges ventouses, ce contrebalancement n'existerait plus; ordinairement les ventouses ne remédient pas à cet inconvénient, mais cela vient de ce qu'on a coutume de les faire beaucoup plus étroites que le tuyau de la cheminée; elles suffisent bien dans les circonstances ordinaires, mais l'air trouvant un plus large passage par l'autre cheminée que par la ventouse y passe de préférence; si donc on faisait des ventouses presque aussi vastes qu'un tuyau de cheminée, et qu'on ne donnât à celui-ci que la largeur nécessaire, on éviterait le contrebalancement; on arriverait à ce résultat en partageant les tuyaux de cheminée de la largeur accoutumée en deux parties, l'une double de l'autre, celle-ci devant servir de ventouse et communiquant par conséquent sur les côtés de la cheminée ou derrière les plans inclinés dont nous parlerons à la seconde partie de cet article.

On a coutume d'éviter le contrebalancement d'une autre manière : c'est en *mariant* les cheminées, c'est-à-dire qu'au-dessus du toit, on établit un conduit incliné qui, partant du tuyau le plus bas, va aboutir au plus haut; les deux cheminées par cet arrangement n'ayant qu'un seul orifice, l'air ne peut plus descendre par l'une pendant qu'il monte par l'autre. Cet arrangement offre d'autant plus de difficultés, que les tuyaux sont plus éloignés l'un de l'autre, et cependant il est souvent le seul praticable.

5° *Le vent* est l'une des causes les plus énergiques de la fumée, il agit de plusieurs manières :

Imaginons un mur qui se présente perpendiculairement au vent, celui-ci, par son action, accumulera l'air contre ce mur, où par conséquent la pression atmosphérique sera plus considérable qu'ailleurs ; derrière le mur, au contraire, l'air entraîné par le vent qui passe à côté tendra à s'éloigner du mur et se dilatera, de sorte que, de ce côté, la pression atmosphérique sera moins considérable qu'ailleurs ; on concevra facilement qu'entre ces deux suppositions il y en a une infinité d'autres, c'est-à-dire que des surfaces peuvent se présenter au vent sous toutes sortes d'inclinaisons, et il en résultera toujours qu'en certains points, la pression atmosphérique sera diminuée et augmentée en d'autres.

Cela posé, s'il arrive qu'il y ait accroissement de pression atmosphérique à l'extrémité du tuyau, cela combattra la force du tirage. D'autre part, comme nous avons vu que l'air emporté par la cheminée doit nécessairement être remplacé par d'autre air, venant soit par des ventouses à ce destinées, soit par un endroit quelconque, si à l'endroit d'où vient cet air il y a diminution dans la pression atmosphérique, l'air tendra à en sortir, ce qui pourra contrebalancer ou même surpasser la force du tirage qui tend au contraire à le faire entrer, et on conçoit facilement que ces deux causes peuvent avoir lieu en même temps et faire fumer des cheminées très bien construites, et qui habituellement ne fument pas du tout.

Pour remédier à cet inconvénient, le meilleur moyen est de surmonter la tête du tuyau d'une *gueule de loup* à girouette. La *fig.* 49 représente la disposition la plus simple de cet appareil; *ab* est un conduit cylindrique rond, qui est fixé au haut du tuyau et qui par là en est lui-même l'extrémité par où sort la fumée; *c* et *d* sont les extrémités de deux traverses de fer qui tiennent solidement une broche verticale qui s'élève du centre de ce conduit, ces traverses et cette broche sont représentées par *ce*, *df* et *gh* (*fig.* 50). Ce tuyau est surmonté d'un autre un peu plus gros *ik*, également muni de deux traverses *lm*, *no*, ayant à leur milieu des trous dans lesquels passe la broche *gh* sans y être fixée, de sorte que ce bout de conduit *ik* a la liberté de tourner sur cette broche; il est couvert à sa partie supérieure et ouvert d'un côté, comme on le voit en *p*; il est surmonté d'une plaque de tôle verticale qr, partant du centre et se dirigeant du même côté que l'ouverture p. Le vent en frappant sur cette plaque la fait tourner comme une girouette, et fait tourner par conséquent le tuyau ik, de sorte à ne jamais souffler dans son ouverture, mais au contraire, du côté opposé; il en résulte que non-seulement le vent n'empêchera pas la fumée de sortir, mais l'aidera au contraire. Cette ouverture est souvent garnie de tôle sur les côtés, d'autres fois elle a un nouveau tuyau formant coude avec le premier (*fig. 51*), mais cela n'est pas nécessaire. Il faut observer que ce moyen n'est infaillible qu'autant que le tuyau n'est pas dominé par un mur vertical contre lequel le vent établirait un accroissement de pression atmosphérique tout autour du tuyau, qui refoulerait la fumée. Un moyen d'éviter cet inconvénient est de faire une ventouse comme nous l'avons déja dit, qui ait son ouverture sur le même toit, alors étant soumise au même accroissement de pression atmosphérique, cela contrebalancera celui qui agit sur le tuyau, mais il faut que cette ouverture soit plus basse que celle du tuyau et n'en soit pas trop près de peur que la fumée ne redescende par la ventouse elle-même. Cependant il vaut encore mieux élever la tête du tuyau plus haut que tout ce qui l'environne si cela est possible.

On a cherché à rendre le vent favorable au tirage des cheminées et on y a réussi de plusieurs manières.

D'abord, l'appareil représenté *fig.* 49 ou 51, remplit en partie ce but, puisque nous avons déja observé que le vent soufflant du côté *a* (*fig.* 51), produit une petite diminution de pression atmosphérique à l'orifice *b*, mais on a cherché à augmenter cet effet, nous indiquerons trois moyens :

Le *premier* consiste à ajouter en *a* un cône ou entonnoir, tel qu'on le voit *fig.* 52, dans lequel le vent s'introduit, et sortant par le tube *b*, entraîne l'air du gros tube *cd* et y établit un courant s'il n'y en a pas, ou l'augmente s'il y en a un.

Le *second* consiste à placer dans le conduit *ab* (*fig.* 51) une hélice semblable à celle *fig.* 47, dont l'axe qui est horizontal sort par le côté *a*, où il est muni d'un moulinet de tôle dont les ailes sont obliques comme celles d'un moulin à vent (*fig.* 53). Le vent en soufflant contre ces ailes leur imprime un mouvement de rotation qui se communique à l'hélice et établit un courant dans le conduit *ab*, pourvu que l'hélice tourne dans le sens convenable, car en sens contraire, elle contrarierait le tirage.

Troisièmement enfin, on a essayé de suppléer au tuyau tournant, en surmontant le conduit d'un ou de deux cônes (*fig.* 54); le vent en frappant contre la surface inclinée *a* et *b* des cônes est obligé de changer de direction en se rapprochant de la verticale, et alors établit à l'orifice *c* tout comme en *b* (*fig. 51*) une diminution de pression atmosphérique qui favorise le tirage.

On a constaté l'efficacité de cette disposition par l'appareil d'essai (*fig. 55*); lorsqu'on souffle fortement contre le cône *ab*, le courant d'air que cela établit dans le conduit *cd* qui est bouché en *d*, fait coucher la flamme d'une bougie du côté du tube *de* dans lequel même elle s'introduit si elle en est très rapprochée.

6° *Fumée descendant par la cheminée.* Lorsque plusieurs têtes de cheminées sont voisines, il arrive souvent que la fumée qui sort de l'une redescend par l'autre et s'introduit dans l'appartement où on ne fait pas de feu; il est très facile de s'en préserver au moyen de l'appareil vulgairement nommé *bascule*, c'est tout simplement une porte de tôle *ab* (*fig. 56*), fermant par son propre poids sur un cadre de fer de même forme que le tuyau de cheminée et qu'on fixe dans son intérieur en garnissant de plâtre tout le tour. Quand on fait du feu dans la cheminée, on l'ouvre au moyen d'une tige de fer *cd*; ou bien on établit des coulisses le long de la ligue *ef* dans lesquelles on glisse une planche, ce qui bouche également la cheminée.

*Des perfectionnemens qui ont pour but d'aug-
menter le calorique utilisé dans les cheminées ordinaires.*

L'imperfection des cheminées sous le rapport
du chauffage tient à trois causes principales : 1° il
passe trop d'air dans la cheminée, ce qui occa-
sione dans la chambre un renouvellement trop
abondant et la refroidit à mesure qu'elle s'échauffe;
2° le feu n'a pas assez de points de contact avec
la chambre; 3° l'air qui entre dans la chambre
pour remplacer celui qui monte dans la cheminée est froid, et par conséquent refroidit l'espace
où il entre.

1° On remédiera à la première de ces causes de la même manière dont nous avons parlé
ci-dessus page 165.

2° Pour augmenter les points de contact avec
la chambre, ou du moins produire un résultat
équivalent, on garnit les côtés du foyer et le fond
de plans métalliques qu'on pourrait faire en tôle,
mais qu'on préfère faire en fonte, à cause de la
solidité. Ceux des côtés sont obliques et rem-
placent les massifs *eg* (*fig.* 44) dont nous avons
parlé page 165, par un espace creux, comme on
le voit *fig.* 57. Cet espace creux n'a aucune communication avec le tuyau de la cheminée, de sorte
que l'air qu'il contient s'échauffe facilement

8.

au travers des plaques métalliques, et ne peut monter dans la cheminée. Pour utiliser cet échauffement, on établit des communications entre la chambre et cette capacité au moyen de plusieurs ouvertures; les unes, placées au bas des petites faces ab, sont destinées à donner passage à l'air de la chambre qui entre dans la capacité c, et elles sont quelquefois accompagnées de tuyaux qui conduisent cet air jusque derrière la plaque de qui est l'endroit le plus chaud; d'autres ouvertures sont placées vers le haut de ces mêmes capacités, soit dans les mêmes faces ab, soit sur les côtés de la cheminée en f; celles-ci sont destinées à donner issue à l'air chaud de la capacité c qui se répand dans la chambre; elles portent le nom de *bouches de chaleur*; celles du bas s'appellent *ventouses*. L'air qui est en c, étant plus chaud que celui de la chambre, il s'établit un courant dont la cause est absolument la même que celle du tirage des cheminées; l'air entre par le bas et sort par le haut, et au moyen de cet échange continuel, c'est comme si le feu échauffait immédiatement la chambre au travers des plaques $adeb$, et l'effet calorifique de la cheminée se rapproche de celui d'un poêle. On pourrait encore augmenter cet effet en prolongeant les plaques $adeb$, et, par conséquent, la capacité c, jusqu'au plafond, à la hauteur duquel on ferait les bouches de chaleur, ou bien, ce qui revient

au même, on introduirait un conduit de tôle faisant suite à *adbe*, dans le tuyau de cheminée,
laissant un espace tout le tour; vers le haut, on
boucherait la communication entre cet espace et
la partie supérieure de la cheminée; par cette disposition, l'air qui circule en c, restant plus long-
temps en contact avec les surfaces chaudes, s'é-
chaufferait d'avantage.

3° Pour éviter les courans d'air froid dans la
chambre, il faut la bien fermer de toutes parts,
et fournir au renouvellement de l'air par l'un
des moyens indiqués ci-dessus, page 167. On
fera aboutir les conduits servant de ventouses
dans la capacité c vers le bas, en observant que
si ces conduits descendent par la cheminée, ils
doivent être séparés des capacités c par des cloi-
sons de plâtre, et non de tôle; par là se trouvent
remplies les conditions d'un bon chauffage énoncées page 158.

ARTICLE 3.

Des poéles.

Si dans les qualités qui constituent la perfec-
tion d'un moyen quelconque de chauffage, on ne
tient compte que de l'absence de fumée et de la
quantité de calorique mise à profit, les poéles
sont un moyen beaucoup plus parfait que les
cheminées ordinaires, et celles-ci n'ont d'autre

avantage que les agrémens qui tiennent au goût des personnes, ou les aisances résultant des localités. Cependant, si on les compare aux cheminées modifiées, comme nous l'avons dit à la fin de l'article précédent, leur supériorité sera bien peu de chose, et sera même nulle dans quelques circonstances.

Lorsque les poêles sont disposés de manière à ne point laisser passer d'air ailleurs que dans le feu, et que, d'ailleurs, l'appartement n'a d'autres ouvertures que celles qui sont suffisantes pour laisser entrer l'air nécessaire à la combustion, cela épargne la chaleur qu'emporterait une circulation d'air plus abondante; mais il en résulterait, en partie du moins, l'inconvénient que nous avons signalé page 157. Le courant d'air dont nous venons de parler, suffirait bien, à la rigueur, pour respirer, mais non pour respirer agréablement; c'est par cette raison que beaucoup de personnes reprochent aux poêles de procurer une chaleur *étouffante*, ce qui ne veut pas dire une chaleur trop forte, mais bien une gêne produite dans la respiration par le renouvellement trop peu abondant de l'air. Il est facile de remédier à cet inconvénient en laissant à l'air de la chambre quelque issue dans la partie supérieure, qui, cependant, ne doit pas être trop grande, de peur de donner dans un excès contraire, et de perdre trop de chaleur par un renouvellement d'air surabondant.

Les avantages d'un poële ont deux causes : la plus grande étendue de la surface de contact avec l'air de la chambre, et le tirage plus énergique.

De la plus grande étendue de la surface de contact, il résulte qu'il se forme tout le tour du poële des courans d'air affluens par le bas et ascendans au-dessus, ce qui met successivement tout l'air de la chambre en contact avec la surface chaude. Il est clair que cet effet sera d'autant plus considérable que les conduits qui sont dans la chambre seront plus longs ; aussi un poële, dont l'air brûlé se rend immédiatement dans la cheminée par un conduit de quelques décimètres seulement, a-t-il un avantage moins considérable sur une cheminée, et cet avantage se réduit à rien si le poële est de faïence, matière peu conductrice de la chaleur.

Nous venons de dire que le calorique qui se dégage d'un poële est d'autant plus considérable que les conduits dans lesquels circule l'air brûlé offrent une plus grande surface avant de se rendre dans le tuyau qui doit conduire cet air au dehors ; cela a donné l'idée à quelques personnes qu'on devrait les prolonger assez pour réduire la température de l'air brûlé à la température même de la chambre, ce qui mettrait à profit presque toute la chaleur développée par la combustion ; mais, premièrement, cela nécessiterait une étendue immense de conduits ; car , si dans l'endroit où ils sortent du poêle et où ils sont très chauds , l'abaissement de température de l'air qu'ils contiennent est très rapide , cet abaissement devient très lent dans les parties plus éloignées du poêle où la température s'est rapprochée de celle de l'air environnant ; secondement , l'air qui s'en irait dans la cheminée n'étant que peu échauffé , le tirage n'aurait plus lieu.

Un second avantage des poêles , c'est que , d'après leur construction , l'air ne peut monter dans les conduits sans passer au travers du feu , d'où il résulte qu'il n'y a que l'air nécessaire à la combustion qui s'en va dans la cheminée , et , par conséquent , cela évite dans la chambre un renouvellement d'air trop considérable ; cela rend en même temps le tirage plus énergique.

Les causes qui peuvent faire fumer les poêles sont les mêmes que celles qui font fumer les cheminées ; mais le tirage du poêle étant plus fort que celui des cheminées , ils fument beaucoup plus rarement , cependant , s'il existe des causes assez puissantes pour les faire fumer , les remèdes seront les mêmes que pour les cheminées.

Nous avons déja dit , page 167 , que les conduits où passent la fumée peuvent être inclinés sans nuire au tirage ; il arrive même souvent , pour les poêles , qu'on les renverse sans que cela les fasse fumer , une fois que le tirage est établi ;

car, quelles que soient les sinuosités du conduit et ses inflexions, si on examine avec attention ce que nous avons dit page 158, on verra que le tirage dépend en définitive de la différence de niveau entre le point où l'air entre dans le feu et celui où il sort de la cheminée, et de la température de cet air.

Ce renversement des tuyaux d'un poêle a lieu lorsqu'on le place au milieu d'une chambre, et qu'on ne veut pas voir de conduit s'élever au dessus, alors on le recourbe pour le faire passer sous le carrelage et aller se rendre dans la cheminée. Dans l'intérieur du poêle est un conduit formé par une cloison ab (*fig. 58,*) qui part du fond et ne s'élève pas tout-à-fait jusqu'à la partie supérieure du poêle, en c est la porte par laquelle on introduit le combustible, et qui a une ouverture d à sa partie inférieure pour livrer passage à l'air; c'est au-dessus de cette ouverture qu'il convient d'établir le feu, au moyen de chenets, si on se sert de bois, ou d'une grille, si c'est de la houille qu'on emploie; du conduit ab, la fumée se rend dans le canal ae pratiqué sous le carrelage, et de là, dans un tuyau de cheminée. On pourrait, par le même moyen, faire rendre dans une même cheminée ou plutôt dans un même faisceau de cheminées, la fumée de tous les foyers d'une maison, quelle que soit d'ailleurs la distribution des foyers dans la maison.

Le poêle qu'il convient de faire de tôle ou de fonte peut, si on le trouve plus agréable, être revêtu de faïence avec un dessus de marbre; mais il convient qu'il y ait un espace entre la tôle et son revêtement extérieur, et que cet espace ait communication avec l'air de la chambre par des ouvertures vers le bas, et par d'autres vers le haut; par ces ouvertures, il s'établit une circulation qui échauffe la chambre, et met beaucoup plus de chaleur à profit, que si ces communications n'existaient pas.

ARTICLE 4.

Des calorifères à air.

On donne le nom de *calorifères* à des appareils dans lesquels le foyer est hors du lieu qu'on désire chauffer, ils sont, par conséquent, convenables toutes les fois qu'on veut échauffer un grand atelier, une grande salle, ou une suite de salles dans lesquelles on veut s'éviter la peine d'entretenir des foyers particuliers.

Les calorifères ont ordinairement beaucoup d'avantages sur les moyens ordinaires de chauffage, ces avantages sont de trois sortes : la meilleure disposition des courans d'air; la réunion de plusieurs foyers en un seul, ce qui permet à une seule personne de le soigner, et de mieux le faire, attendu qu'elle peut en être spécialement chargée, ce qui ne pourrait avoir lieu pour un foyer destiné à échauffer une simple chambre ; enfin on peut dans cet appareil brûler un combustible plus économique, qui quelquefois serait désagréable dans un appartement.

Les calorifères s'exécutent de plusieurs manières ; mais ils consistent toujours en un appareil, dans lequel le feu et l'air brûlé qui s'en échappe, sont en contact avec des conduits renfermant de l'air qui s'échauffe, et de là, va se rendre dans les lieux qu'on veut chauffer.

Les qualités d'un bon calorifère sont que les surfaces de contact entre le feu et les conduits d'air à échauffer soient le plus étendues possible, que la quantité d'air qui passe dans ces conduits et va se rendre dans les appartemens, soit proportionnée de manière à entretenir, dans ceux-ci, un renouvellement convenable, et que cette rapidité soit toujours la même.

Les *fig.* 59 et 60 représentent deux calorifères, dans le premier, il y a un assez grand nombre de petits tuyaux que nous supposons de fer fondu, contenant l'air à échauffer, dans l'autre, ce sont quatre ou cinq conduits plats que nous supposons de tôle ; dans l'un et l'autre, ces conduits que nous appellerons tubes *caléfacteurs*, se réunissent d'un côté en un seul qui va aboutir par une bouche de chaleur dans l'appartement à échauffer, de l'autre côté ils sont tout simple-

ment ouverts, quelquefois cependant ils se réunissent aussi en un tuyau qui va aboutir extérieurement.

Les calorifères doivent, au contraire des poêles,
être construits en matière peu conductrice de la
chaleur, tel que les briques ou les pierres; lorsqu'on les fait métalliques ils doivent être revêtus
extérieurement. La raison en est que le calorifère n'étant pas dans le lieu à échauffer, ne doit
pas disperser de chaleur autour de lui, mais la
concentrer dans son intérieur pour échauffer les
tubes caléfacteurs.

Comme c'est la chaleur qui doit déterminer
le mouvement de l'air qu'on échauffe dans le calorifère, il faut en général qu'il soit plus bas que
le lieu à échauffer, on le place ordinairement
dans les caves; l'air renfermé dans le conduit qui
y aboutit formant une colonne plus légère que
l'air extérieur, la pression de celui-ci le déterminera à monter et à s'introduire dans les appartemens; mais cette cause d'ascension étant
moins puissante que celle de l'air du foyer, attendu que ce dernier est plus chaud, il en résulte
que toutes les causes, qui peuvent gêner le tirage
des cheminées, empêcheront encore plus facilement la circulation de l'air dans les tubes *caléfacteurs* du calorifère, et même pourront l'établir en sens contraire; aussi voit-on des calorifères
cesser totalement d'échauffer les appartemens

auxquels ils étaient destinés, lorsque le vent souffle dans une certaine direction, cela vient de l'exposition des ouvertures par où s'introduit l'air qui doit passer dans les tubes caléfacteurs, le vent peut y établir une diminution de pression atmosphérique, comme nous l'avons expliqué page 172. Le remède à ce mal serait de mettre un conduit à ces ouvertures, et de le faire monter verticalement jusqu'à un lieu exposé à peu près à tout vent, et ensuite on y placerait un tube tournant *fig 49*; mais dont la girouette *gr* serait placée du côté opposé, de manière à présenter toujours l'orifice au vent.

Nous avons simplement dit ue le calorifère introduit de l'air chaud dans l'appartement; mais il faut nécessairement que l'air de la chambre chauffée ait un issue pour s'échapper, afin que celui qui arrive du calorifère puisse y entrer et y apporter sa chaleur; souvent les jours que laissent les jointures des portes et des fenêtres suffisent à cet effet; mais il vaut mieux, pour diminuer l'inconstance du chauffage, que cet air n'ait aucune issue que des conduits qu'on destine à cet effet, qui ont leur origine à la partie inférieure de l'appartement et se terminent sur les toits. Il s'établit, par ces conduits, un tirage qui facilite l'arrivée de l'air chaud du calorifère. On ne remplirait pas si bien le but si ces conduits partaient de la partie supérieure de l'appartement, parce qu'alors l'air chaud qui arrive étant plus léger, monte à la partie supérieure et s'échappe de suite, avant d'avoir séjourné dans l'appartement, tandis que l'air des couches inférieures mettrait beaucoup plus long-temps à se renouveler; au lieu de cela, par la disposition que nous avons indiquée, l'air chaud qui gagne les parties supérieures ne peut s'échapper de suite, et c'est au contraire l'air un peu moins chaud qui a gagné les couches inférieures, qui s'échappe à mesure que l'air arrive du calorifère. Cette disposition a encore cet avantage que si on craint que la circulation de l'air s'établisse en sens contraire, on peut mettre sur le toit, au sommet du conduit, tous les appareils que nous avons indiqués pour favoriser le tirage des cheminées.

Il est bon de mesurer la rapidité avec laquelle l'air chaud se rend du calorifère dans le lieu à échauffer. On peut le faire en lâchant un duvet à l'entrée des conduits par lesquels il passe, et on compte le nombre de secondes qu'il met à arriver à l'autre extrémité; par là on peut calculer combien le calorifère envoie de mètres cubes d'air dans la chambre. Cette quantité d'air doit être de 16 mètres cubes par heure pour chaque personne (page 157). S'il y en avait d'avantage, cela ferait un renouvellement d'air surabondant qui occasionerait trop de perte de calorique;

s'il y en avait moins, cela ne fournirait pas assez pour une respiration agréable. Si le nombre de personnes qui se trouvent dans le lieu à échauffer est variable, on doit plutôt se guider sur le plus grand nombre que sur le plus petit.

Jusqu'à présent, nous avons supposé qu'il y avait dans les calorifères deux courans d'air indépendans l'un de l'autre; celui qui passe dans le feu pour alimenter la combustion, et celui d'air chaud qui passe dans les tubes caléfacteurs; mais on pourrait les rendre dépendans l'un de l'autre, et faire servir le même air successivement à tous deux; pour cela, il faut que tout l'appareil et l'appartement à chauffer soient bien clos. Un conduit se rend des tubes caléfacteurs à l'appartement pour y apporter l'air chaud; de l'appartement part un autre conduit qui va aboutir au cendrier du calorifère; il est destiné à laisser échapper l'air de la chambre pour faire place à celui qui vient du calorifère; il en résulte que ce même air venant de l'appartement et étant déja, par conséquent, en partie échauffé, passe dans le feu, en alimente la combustion et s'en va dans la cheminée; ce mouvement étant déterminé par l'ascension de l'air brûlé dans la cheminée, on sera sûr de l'effet calorifique tant que le foyer tirera bien, et cet effet ne sera pas sujet à tant d'inconstance que lorsque les deux courans sont indépendans.

Si cependant la circulation d'air qui en résultait n'égalait pas 16 mètres cubes par heure pour chaque personne, il faudrait qu'outre cette circulation, l'air de la chambre eût encore une autre issue qu'on pourrait plus ou moins intercepter, suivant les circonstances.

Du reste, la perte de chaleur que cela éviterait ne serait pas très considérable. L'air qui s'échappe de la chambre a rarement 20° au-dessus de l'air extérieur; il en résulte que ce serait seulement 20° de température de moins à donner à *l'air nécessaire* à la combustion, c'est-à-dire 20 mètres cubes par kilog. de combustible. Ces 20 mètres cubes pèsent 26 kilog.; il faudra, pour les échauffer de 1°, $26 \times 0,2669 = 6^{cal},94$, et pour 20°, 138^{cal} sur les 7050 que produit ce kilogramme de combustible, ce qui fait $\frac{1}{51}$.

ARTICLE 5.

Des déperditions de la chaleur dans les appartemens, et des moyens de les diminuer.

Les pertes du calorique qu'on fournit à l'air des appartemens sont de deux sortes : celles qui résultent du renouvellement de l'air, et celles qui se font au travers des parois; car ici nous ne parlons pas de celles qui tiennent à la nature du foyer : nous en avons déja parlé.

La déperdition occasionée par le renouvellement de l'air est facile à calculer lorsqu'on sait la température à laquelle il est, et la quantité de ce renouvellement ; si, par exemple, la température d'une chambre est de 20°, et que le renouvellement de l'air soit de 80 mètres cubes par heure, ce qui suffit à la respiration continuelle de cinq personnes (page 157), ces 80 mètres cubes valent 80000 litres, et, pour les échauffer de 1°, il faut (page 145) 0,0003467 $\times$ 80000 $=$ 27^{cal},74 , et, pour 20°, 555 calories. Telle serait la chaleur nécessairement perdue par la circulation que nous avons supposée, quand même aucune partie de la chaleur de la chambre ne s'échapperait au travers des murs, des vitres, etc.

La circulation que nous avons supposée est suffisante à la respiration de cinq personnes ; mais si réellement cinq personnes demeuraient continuellement dans l'appartement, la perte ci-dessus, de 555^{cal}, se réduirait à rien ; car l'homme, par la respiration, comme nous le verrons dans notre chimie, produit une certaine quantité de chaleur qui même passe 100^{cal}, d'où il résulte que si le nombre de personnes augmentant dans un appartement, on augmente la circulation de l'air juste de 16 mètres cubes par personne, la perte de chaleur n'en sera pas augmentée.

Quant à la perte de chaleur par les parois, elle dépend d'une infinité de circonstances, telles que la température des lieux voisins, l'épaisseur des murs, la grandeur des fenêtres, etc., faisant abstraction ici des pertes qui peuvent se faire par les fentes; nous en avons parlé ailleurs.

Montgolfier a observé, dans une expérience, que la température d'un appartement s'abaisse en une heure de $\frac{1}{5}$ de son excès sur la température extérieure, de sorte qu'un appartement étant à 20°, si l'air extérieur est à 5°, ce qui fait une différence de 25°, la température s'abaissera en une heure de $\frac{25}{5} = 5°$, et sera réduite, par conséquent, à 15°; mais ce résultat doit beaucoup varier, suivant que la surface de l'appartement est plus ou moins grande par rapport à sa capacité. Nous ne regarderons pas le résultat ci-dessus comme général; mais seulement comme particulier à l'expérience qui l'a donné. La chambre qui a servi d'expérience avait 5^{m},5 de long, 4^{m},5 de large, 4^{m} de hauteur, ce qui fait une capacité de 100$^{m.c.}$ et une surface de 130$^{m.q.}$, ou 1$^{m.q.}$,3 de surface par mètre cube de capacité; la déperdition aurait été évidemment double, s'il y avait eu 2$^{m.q.}$,6 de surface par mètre cube de capacité. Nous établirons plutôt la loi générale de la manière suivante : La chambre contenait 100000$^{lit.}$ d'air qui exigent $100000 \times 0,0003467 = 34^{cal},67$ pour s'échauffer de 1°; l'abaissement de 5° est donc une perte de $34,67 \times 5 = 173^{cal},35$ pour 130$^{m.q.}$, ou 1$^{cal.}\frac{1}{3}$ par mètre carré, la différence de température de l'intérieur à l'extérieur étant 25°; si elle n'était que de 1°, la perte serait seulement 0$^{cal.}$,05333 : c'est sur ce résultat qu'on doit se guider. La perte de chaleur, par les parois d'un appartement, sera donc, en général, 0$^{cal.}$,05333 $\times$ *le nombre de m.q. des parois* $\times$ *la différence de température de l'intérieur à l'extérieur.*

Mais le résultat ci-dessus est la moyenne entre les déperditions des diverses parois, et on peut admettre qu'au travers des croisées il se perd vingt fois autant de chaleur qu'au travers d'un mur. Dans la chambre ci-dessus, il y avait deux croisées de 2^m sur 1^m,5, ce qui fait ensemble 6$^{m.q.}$; mais, pour la perte de chaleur, cela équivalait à 20 $\times$ 6, ou 120. La perte de chaleur par les fenêtres devait donc être égale à celle par les murs, ou $\frac{1}{2}$ du total, savoir : $\frac{1}{2}$ 173,35 = 86,67 pour 25°, et $\frac{86,67}{25}$ = 3,466 pour 1°, et autant pour les murs; les fenêtres ayant 6$^{m.q.}$, cela fait $\frac{3,466}{6}$ = 0,578 par mètre carré, et, les murs ayant 124$^{m.q.}$, cela fait $\frac{3,466}{124}$ = 0,028 par mètre carré de murs de 65 centimètres d'épaisseur, quantité qu'il faudrait augmenter dans le même rapport que cette épaisseur diminuerait.

On a cherché à diminuer la chaleur perdue par les parois, et surtout celle perdue au travers des fenêtres, comme étant la plus importante;

on emploie pour cela deux moyens : les doubles fenêtres et les doubles vitres.

Les doubles fenêtres consistent en deux fenêtres qui sont à environ 40 centimètres l'une de l'autre ; souvent celle qui est en dedans va jusqu'à terre, et forme ainsi une espèce de porte.

Les doubles vitres se placent dans une même fenêtre, des deux côtés de l'épaisseur du bois qui la forme, à environ 3 centimètres l'une de l'autre : on ne produirait pas autant d'effet si on les plaçait l'une contre l'autre.

Ces deux moyens sont à peu près aussi efficaces l'un que l'autre, et le second est plus économique et moins embarrassant que le premier. On peut compter que, par là, la déperdition au travers des fenêtres n'est pas $\frac{1}{5}$ de ce qu'elle est ordinairement, ce qui fait $\frac{0,578}{5} = 0,115$ par mètre carré.

Pour établir, ou seulement pour bien gouverner un calorifère, on doit se guider sur la quantité d'air qu'il envoie dans la chambre et la perte de chaleur qu'il y éprouve. Si nous prenons le même exemple que ci-dessus, où nous avons vu que la perte était de 173$^{cal.}$ par heure, si nous supposons en outre que la circulation de l'air est de 160$^{m.c.}$ par heure, ce qui suffirait à la respiration facile de 10 personnes, il faut que ces 160$^{m.c.}$ d'air contiennent non-seulement 20° de chaleur, mais de plus 173$^{cal.}$ qui, répartis sur

$160^{m.c.}$, ou $207^{kil.}$ donneront $\frac{175}{207} = 0^{cal.},836$
par kilog., et comme il en faut $0,2669$ pour $1°$,
cela fera $\frac{0.836}{0.266} =$ environ $4°$; il faudra donc envoyer dans la chambre $160^{m.c.}$ à $24°$, pour y
avoir une température moyenne de $20°$.

ARTICLE 6.

Des fourneaux.

Nous entendons par fourneaux, en général
tous les appareils dans lesquels on fait du feu
dans un autre but que le chauffage des appartemens; néanmoins quelques-uns des principes
que nous énoncerons et des calculs que nous ferons sont applicables aux calorifères. Nous aurons principalement en vue les fourneaux destinés à chauffer l'eau.

Dans toute espèce de fourneaux, pour utiliser
le plus de chaleur possible, on doit multiplier
autant qu'on le peut la surface de contact entre
l'air chaud qui sort du foyer et le corps à échauffer; ainsi si c'est une chaudière d'eau à chauffer,
il faudra qu'au sortir du feu et avant de se rendre
dans la cheminée, l'air brûlé circule autour de
la chaudière dans des canaux destinés à cet effet,
et même passe dans l'intérieur de l'eau. Ces canaux doivent, autant qu'on peut, être applatis
pour réduire l'air à une couche mince, ce qui

facilite le dépouillement de sa chaleur en faveur du corps à échauffer; c'est en cela que consiste tout le secret des caléfacteurs de Lamarre. Dans ces appareils, l'espace qui reste à l'air qui sort du feu a très peu d'épaisseur et est en contact avec le corps à échauffer sur une surface très grande relativement à son volume.

On regarde ordinairement comme une condition très favorable que le charbon en combustion soit en contact immédiat avec le corps à échauffer; mais cet avantage n'est pas aussi important que quelques personnes l'imaginent, car si les murs du fourneau sont peu conducteurs du calorique, l'air qui sort du feu perdra peu de sa température dans son trajet jusqu'au corps à échauffer; et ce rapprochement dans quelques cas n'est pas sans inconvéniens : lorsqu'il s'agit de chauffer de l'eau, il est impossible de faire brûler du charbon en contact avec la chaudière, car l'eau quoique bouillante est encore un corps trop froid, et le charbon ne peut brûler qu'autant que la température s'élève beaucoup plus haut.

Quelques personnes ont même essayé ou plutôt proposé de faire creux les barreaux de la grille et d'y faire circuler de l'eau, mais la combustion ne pourrait s'effectuer en présence d'un corps aussi froid; on a été jusqu'à pénser que l'eau échauffée dans ces barreaux ne diminuerait en rien la chaleur produite par la combustion;

mais une semblable assertion est dénuée de la plus légère probabilité. La combustion développe une quantité fixe de chaleur, et celle qui est absorbée quelque part ne se retrouve plus ailleurs.

Néanmoins, comme il se perd une quantité assez notable de calorique par les parois des fourneaux, on a fait des chaudières disposées de manière que le foyer est entièrement environné d'eau, mais sans un contact immédiat qui empêcherait la combustion; par là le calorique qui parvient à pénétrer au travers des parois, et qui serait perdu, se trouve utilisé; et ce n'est pas dans le voisinage du feu que se fait la principale communication de chaleur, mais un peu plus loin, lorsque l'air sorti du feu en est assez distant pour qu'il puisse se refroidir sans arrêter la combustion.

La chaleur se perd dans les fourneaux de deux manières : par la cheminée, par les parois. La déperdition par la cheminée peut se calculer comme nous l'avons fait page 165, lorsqu'on connaît la quantité d'air qui sort de la cheminée et la température de cet air. On peut mesurer la vitesse de l'air dans une cheminée par l'expérience suivante ; quoique très grossière, elle approche assez de la vérité pour les usages de la pratique : on se place à une distance du fourneau suffisante pour apercevoir le haut de la cheminée; vers le fourneau est un homme avec un *ringard* * qui perce tout d'un coup la croûte qui *se* forme sur le feu, au signal qu'on lui donne; et au moyen d'une montre à secondes on mesure le temps qui s'écoule entre cet instant et celui où on voit sortir la fumée par le haut de la cheminée. Pour observer la température de l'air, il faut descendre un thermomètre jusqu'à la moitié de la hauteur de la cheminée et le remonter rapidement pour en observer la température. Pour bien mettre à profit la chaleur fournie par la combustion, il faut, comme nous l'avons supposé page 163, que cette température ne passe pas 150°, et que la quantité d'air qui passe ne soit pas de plus de 26$^{kil.}$ ou 20$^{m.c.}$ par kilog. de charbon brûlé.

La déperdition de la chaleur par les parois est proportionnelle à leur surface et en raison inverse de leur épaisseur. Supposons un grand fourneau de 3$^{m.}$ de haut, 3$^{m.}$ de large et 6$^{m.}$ de long, ce qui fait 90$^{m.q.}$ de surface; on peut, comme nous le verrons, brûler dans ce fourneau 250$^{kil.}$ de charbon par heure, ce qui fait $\frac{90}{250}$ ou 0$^{m.q.}$,56 de surface par kilog. de charbon. Dans un petit fourneau de 1$^{m.}$ en tout sens, ce qui fait 6$^{m.q.}$ de

---

* Longue barre de fer dont on se sert pour remuer le feu, etc.

surface, on ne peut brûler que $5^{kil.}$ de charbon par heure, ce qui fait $\frac{6}{5} = 1^{m.q.},2$ de surface par kilog. de charbon; on voit par-là combien les grands fourneaux ont sous ce rapport d'avantage sur les petits, car la déperdition dans ces deux fourneaux seront entre elles :: 36 : 120.

Les matériaux les plus généralement employés pour construire les fourneaux sont les briques, et en effet aucun ne paraît plus convenable, car la brique est peu conductrice du calorique et résiste à l'ardeur du feu; mais les dehors du fourneau peuvent également se construire en pierres calcaires, car il n'y parvient pas assez de chaleur pour les décomposer.

Nous allons examiner successivement les diverses parties qui constituent un fourneau.

De la grille et du foyer.

La grille est une des parties principales du fourneau, on peut calculer sa surface d'après la quantité de charbon qu'on veut y brûler et la hauteur de la cheminée; on commence par calculer, comme nous le verrons ci-après, la largeur de la cheminée, et comme tout l'air qui passe dans la cheminée doit d'abord passer au travers de la grille, il en résulte que la surface libre de celle-ci doit être à peu près égale à la section de la cheminée, reste à voir quel est le rapport de la surface libre à la surface totale de la grille. La surface occupée par les barreaux est ordinairement les trois quarts de la surface totale, les barreaux ont trois centimètres de large et laissent un centimètre d'espace entre eux; dans les petits fourneaux on peut diminuer ces dimensions, mais toujours dans le même rapport; il y a donc déja les trois quarts de la surface de la grille occupée par les barreaux, mais l'autre quart n'est pas entièrement libre pour le passage de l'air à cause du charbon dont la grille est couverte.

Il est assez difficile d'évaluer l'espace qui reste entre les charbons pour le passage de l'air, on peut le faire à peu près en cherchant la différence entre la pesanteur spécifique réelle du charbon et sa pesanteur spécifique apparente. Pour cela on pèse d'abord un certain volume, un hectolitre, par exemple de charbon de la grosseur qu'on doit employer, et ensuite on estime la pesanteur spécifique d'un morceau de charbon massif d'un décimètre cube, par exemple, et on en conclut ce que pèserait l'hectolitre de charbon massif; on trouvera à peu près $70^{kil.}$ pour l'hectolitre en morceaux, et $105^{kil.}$ pour l'hectolitre massif d'où il résulte qu'il y a environ $\frac{70}{105} = \frac{2}{3}$ de plein et $\frac{1}{3}$ de vide, mais il faut observer que les vides qu'il y a entre les charbons varient à différentes hauteurs dans une couche de charbon en morceaux, et que l'évaluation précédente donne la moyenne, tandis que c'est d'après la plus petite qu'on doit se régler pour évaluer quelle surface on doit donner à la grille, en outre, cet espace est encore diminué dans la combustion par les morceaux de charbon qui se collent les uns contre les autres; ainsi, au lieu de $\frac{1}{5}$ il ne faut guère compter que $\frac{1}{5}$ ou $\frac{1}{6}$ de l'espace qu'il y a entre les barreaux, ce qui fait $\frac{1}{20}$ ou $\frac{1}{24}$ de la surface totale ; on fera donc en général la grille 20 à 24 fois aussi large que la cheminée.

Par les mêmes raisons que nous avons indiquées pour les cheminées et les poêles, il importe qu'il ne passe pas d'air dans le foyer ailleurs qu'à travers les charbons; c'est pourquoi il est très utile que les portes d'un fourneau soient bien faites ; il convient qu'elles soient de fonte , avec un cadre de même matière qui s'applique exactement devant le fourneau. Si l'ouverture est un peu grande, on peut les faire à deux battans; si c'est un fourneau dans lequel on est obligé d'avoir une température très élevée, la fonte ne pouvant pas y résister, on pourra les revêtir intérieurement de briques réfractaires. De semblables portes coûtent 200 fr. pour un grand fourneau, mais on en retire un avantage de 600 fr. par an sur des portes qui ferment mal, parce que l'air froid entre dans le fourneau pendant la nuit et le refroidit complétement, de sorte qu'il faut près d'une heure de chauffage pour le remettre prêt à fonctionner; cette heure coûte 5 fr., au lieu qu'avec des portes bien fermées, il ne faudra que 25 minutes, ce qui fait une économie de $\frac{3}{5}$ ou 3 fr. par jour, plus de 900 fr. par an, ou au moins 600 fr., sans compter la chaleur perdue dans tout le cours de la journée par le courant d'air froid qui s'introduit à travers les ouvertures des portes mal jointes.

Lorsqu'un chauffeur négligent laisse les portes d'un fourneau ouvertes plus long-temps qu'il ne faut, cela produit le même effet que des portes mal jointes, et la quantité de chaleur perdue par la cheminée que nous avons évaluée à $\frac{1}{7}$ ou 0,143 (page 163) peut être doublée, ce qui fait de plus une perte égale à $\frac{1}{7}$ du charbon brûlé ; ainsi, pour un fourneau où on brûlerait 30 hectolitres de charbon par jour, cela pourrait faire une perte de 4 hectolitres par jour ou environ 15 fr., il y aurait donc du profit à avoir un ouvrier plus soigneux, quand même on lui donnerait 5 ou 6 fr. par jour.

Il doit y avoir sur la grille une couche de charbon de 5 ou 6 centimètres d'épaisseur, et on doit, autant que possible, la maintenir toujours la même, par les raisons que nous verrons à l'article 3 du chapitre suivant.

De la cheminée.

Souvent la hauteur d'une cheminée est limi-
tée par plusieurs circonstances locales, et c'est
de cette limite qu'on part pour en déterminer la
largeur; car plus une cheminée est élevée moins
elle aura besoin de largeur pour brûler une
quantité déterminée de charbon, parce que l'air
montera beaucoup plus rapidement. Supposons,
par exemple, qu'on doive brûler un hectolitre
de charbon par heure, que la cheminée ait 20^m
de hauteur, et que l'usage auquel on emploie le
fourneau permette de ne laisser à l'air de la
cheminée que $150°$ de température.

L'hectolitre de charbon qu'on veut brûler par
heure pèse...................... $80^{kil.}$;

Il faut $20^{m.c}$ d'air par k., ce qui fait. $1600^{m.c.}$;

L'air à $150°$ sera dilaté de $\frac{150}{267}$, ou
0.562; 1^m sera devenu........... $1^m,562$;

Ainsi, la colonne d'air de la cheminée qui a 20^m équivaudrait seule-
ment à.................. $\frac{20}{1,562} =$ $12^m,8$;

Mais, à cause du carbone combiné,
son poids aura augmenté de $\frac{1}{26}$;
elle équivaudra donc réellement
à............... $12^m,8 + \frac{12,8}{26} = 13^m,5$;

L'excès de la colonne extérieure
sera donc...................... $6,7.$

Vitesse due à cette pression : $4,43 \times \sqrt{6,7}$ = par seconde.................... $11^{m.},45,$

Et, par heure, 3600 fois plus... $41220^{m.}.$

Il faudra donc que la section horizontale de la cheminée soit $\frac{1600}{41220} = 0,03882\,{}^{*}$; ce qui fait un carré dont le côté sera de près de deux décimètres ; la grille qui doit être 20 fois aussi grande aura $8^{déc.}$ sur $10^{déc.}$.

Quant aux fourneaux employés pour produire des températures très élevées, la cheminée a besoin de moins de hauteur et de moins de largeur proportionnellement au charbon brûlé.

Dans beaucoup de fabriques de France, on a un grand nombre de fourneaux et chacun a sa cheminée en particulier, cependant cela n'est pas nécessaire, il est même très souvent avantageux de n'avoir qu'une cheminée pour plusieurs fourneaux ; et il n'y a aucun obstacle à faire subir aux conduits toutes les inflexions nécessaires, et même à les faire passer sous terre comme nous l'avons indiqué pour les poêles page 183.

---

* Et en général cette section $= \dfrac{5\,n}{3987\sqrt{\dfrac{261\,t - 267\,h}{6942 + 261}}}$

en représentant par n le nombre de kil. brûlés par heure, par h et t la hauteur de la température de la cheminée.

M. Clément dit avoir vu une cheminée à
Glasgow, où venaient aboutir les conduits de
cent fourneaux servant à évaporer le carbonate
de soude; elle avait 34 mètres de haut, 6 de diamètre au bas, 5 au haut, elle était ronde et
couronnée d'une corniche, cela ressemblait à un
monument.

Dans la plupart des grandes manufactures
d'Écosse on n'a ainsi qu'une cheminée, et le
terrain sur lequel elles sont situées est sillonné
par des tuyaux dont les uns conduisent, comme
nous venons de le dire, l'air brûlé, les autres le
gaz pour l'éclairage, d'autres le vent pour les
soufflets, etc. La bonne distribution de ces ca-
neaux est une chose très importante et ne peut
guère être obtenue que dans un établissement
nouveau.

On gagne à n'employer qu'une cheminée, soit
sur les frais de construction, soit sur la solidité;
une grosse cheminée résiste bien mieux aux
vents que plusieurs petites.

La forme la plus convenable pour les cheminées est la forme ronde ou carrée plutôt que
plate; car elles sont plus stables, on emploie
moins de matériaux pour une cheminée d'une
capacité donnée, et on peut y entrer plus facilement. Il résulte de cette dernière considération,
qu'on peut construire les cheminées rondes ou
carrées sans échaffaudage, et on en construit ainsi

en Angleterre ; l'ouvrier laisse en la construisant des trous dans lesquels il passe des traverses de fer, pose des planches dessus et travaille ainsi de l'intérieur de la cheminée.

Pour augmenter la stabilité des cheminées, il convient qu'elles aillent en diminuant, d'ailleurs elles n'ont pas besoin d'être si larges vers le haut que vers le bas, car c'est le même air qui y passe et il y est moins volumineux puisqu'il a une température moins haute.

Du cendrier.

Le cendrier est destiné non-seulement à recevoir les cendres que forme la combustion, mais aussi à livrer passage à l'air qui doit alimenter la combustion ; c'est en réfléchissant d'une manière vague à ce dernier emploi, que plusieurs personnes ont attaché une importance puérile à lui donner de grandes dimensions pour ne pas gêner l'arrivée de l'air ; mais si on examine avec précision ce que nous avons dit des dimensions de la grille et de la cheminée, on verra clairement qu'il suffit que le cendrier présente à l'air une ouverture égale à celle de la cheminée, il conviendra dans beaucoup de circonstances de le munir d'une porte à coulisse, afin de le fermer plus ou moins pour modérer l'ardeur de la combustion. Une seule chose pourrait rendre utile l'établissement d'un vaste cendrier, c'est dans le cas où on voudrait le faire servir de magasin aux cendres qu'on y laisserait accumuler pendant des mois entiers.

ARTICLE 7.

Quantité de chaleur utilisée dans ses divers emplois.

Il y a de très grands progrès à faire dans la construction des fourneaux ; les meilleurs n'utilisent guère que la moitié de la chaleur que développe la combustion ; dans beaucoup on n'en utilise pas le dixième, et dans les cheminées ordinaires on n'en utilise pas un centième.

Effet comparatif des cheminées et des poêles dans une chambre de $100^{m.c.}$.

En brûlant $1^{kil.}$ de bois par heure, on a obtenu une température au‑dessus de la température extérieure, savoir :

Au moyen d'une cheminée ordinaire... $0°,148$;
Cheminée à plans inclinés, *fig. 44*... $0°,379$;
Cheminée avec des plaques de fonte et
   des tubes de chaleur, *fig 57*, page 177. $0°,450$;
Poêle de Curodeau................ $0°,714$;
Poêle de Désarnod................ $0°,936$.

Si maintenant on voulait connaître le rapport

du calorique perdu au calorique utilisé, il faudrait connaître quel était le renouvellement d'air et les pertes par les parois dans la chambre qui a servi d'expérience. Nous supposerons qu'elle avait 10 fois la surface de celle dont nous avons parlé, page 192. Il en résulte que la quantité de chaleur à produire, pour remplacer la déperdition par les parois était pour 1°,

de.................$0,5353 \times 130 = 69^{cal.},353$;

Et pour le renouvellement d'air,

pour 1°, page 191 .... $27^{cal.},74$;

Ce qui fait en tout............ $97^{cal.},073$.

La quantité totale de chaleur à produire était donc,

Dans la 1re expérience, $97,073 \times 0,148 = 14,37^{cal.}$;
Dans la 2e, ... $97,073 \times 0,379 = 36,79$;
Dans la 3e, ... $97,073 \times 0,450 = 45,68$;
Dans la 4e, ... $97,073 \times 0,714 = 69,31$;
Dans la 5e, ... $97,073 \times 0,936 = 90,86$;

et comme, dans chaque expérience, on a brûlé 1 kil. de bois dont la combustion produit (article 2, C. 3), $5500^{cal.}$, il s'ensuit que la chaleur utilisée a été :

Dans la chem. ordin. $\frac{14,37}{5500} = 0,0041$, environ $\frac{1}{244}$;
Dans la 2e cheminée, $\frac{56,79}{5500} = 0,0105$, environ $\frac{1}{95}$;
Dans la 3e, ... $\frac{45,68}{5500} = 0,0125$, environ $\frac{1}{80}$;
Dans le poêle Curod. $\frac{69,31}{5500} = 0,0198$, environ $\frac{1}{50}$;
Dans le poêle Désarn. $\frac{90,86}{5500} = 0,0259$, environ $\frac{1}{38}$.

Ces expériences font voir que les ventouses avec les tuyaux de chaleur suffisent pour tripler la chaleur utilisée par une cheminée ; et l'avantage serait encore plus grand , si les bouches de chaleur partaient de plus haut que le foyer, comme nous l'avons dit page 179.

On voit aussi qu'un poêle peut être six fois plus économique qu'une cheminée ordinaire. Ces expériences ont été faites sur des appareils d'une grandeur ordinaire ; de grands appareils sont encore plus avantageux. Voici, pour exemple, le résultat obtenu dans un grand atelier de Londres.

Le bâtiment avait de long 65^{m}. ; de large , 12^{m}. ; de haut, 4^{m}. ; ce qui fait pour la surface des parois $2176^{m.q.}$, et pour la capacité $3120^{m.c.}$.

On brûlait par jour, en quinze heures, 340 kil. de bois, et on obtenait une température de 20° au-dessus de la température extérieure.

La déperdition par les parois était $0,5333 \times 2176 = 116^{cal.}$ par heure et pour 1°; mais pour 20°, $2320^{cal.}$.

Nous ne parlons pas de la déperdition pour le renouvellement de l'air par la raison donnée page 191 , attendu qu'il y avait toujours beaucoup de personnes dans l'atelier.

Or on brûlait par heure $\frac{340}{15} = 22,67$; ce qui devait produire $3500^{cal.} \times 22,67 = 79345^{c}$. Il y avait donc d'utilisé $\frac{2320}{79545}$, ou 0,029 plus de $\frac{1}{40}$; et même ce résultat, comparé aux résultats précédens, ne fait pas ressortir l'avantage qui résulte de ce que, dans un grand atelier, les parois ne présentent pas à proportion autant de surface ; nous avons trouvé 0,029, au lieu de 0,0259, résultat du poêle Désarnod, c'est-à-dire 0,0039 de plus ; mais, si nous comparons la capacité du local, nous trouverons que 1 kil. de bois a produit dans le poêle Désarnod 0°,936 ; pour produire 20°, il faudrait $1^{\text{kil.}} \times \frac{20}{0,936} = 21^{\text{kil.}},36$ pour un appartement de 1000 mètres cubes ; ce qui fait $0^{\text{kil.}},02136$ par mètre cube, tandis que nous avons eu ci-dessus $22^{\text{kil.}},67$ pour $3120^{\text{m.c.}}$; ce qui fait $0^{\text{kil.}},0076$ par mètre cube, à peu près un tiers de 0,2136.

Cependant un résultat si avantageux ne provient pas seulement des dimensions de ce poêle, mais bien aussi de sa construction.

Il était composé de deux murs longs de $2^{\text{m.}},65$ et distans de 0,65 ; à l'une des extrémités était une grille pour le feu, et tout le reste de l'espace était occupé par des tuyaux qui traversaient d'un côté à l'autre *fig. 61* et étaient inclinés alternativement l'un d'un côté l'autre de l'autre ; et comme ils se touchaient, l'air brûlé et la fumée étaient obligés de passer tout le long au-dessous et de revenir par dessus pour s'échapper par la cheminée qui était du même côté que la grille.

L'inclinaison de ces conduits faisait qu'il y avait sans cesse dans chacun d'eux un courant d'air qui emportait la chaleur du fourneau dans l'atelier.

Voici le résultat obtenu par un calorifère :

La surface chauffée était de cuivre de 2^{mm} d'épaisseur et de..................... $6^{m.q.}70$;

La durée de l'expérience.......... $5^{h.}\frac{1}{2}$;

Le charbon brûlé............... $21^{kil.}$;

Air chauffé de $50°$.............. $4200^{m.c.}$

$1^{kil.}$ de charbon produit $7050^{cal.}$; la chaleur produite était donc $21 \times 7050 = 148050$, et la chaleur utilisée $4200 \times 0,3467^{*} = 1456^{cal.},14$ pour $1°$, et comme il y a $50°$, cela fait $1456,14 \times 50 = 72807$; et le rapport de la chaleur utilisée à la chaleur produite sera $\frac{72807}{148050} = 0,49$ environ $\frac{1}{2}$; résultat plus avantageux que tous les précédens.

Les données précédentes peuvent guider dans la construction d'un calorifère, on voit qu'il y avait $6^{m.q.},70$ de surface de chauffe pour une combustion de $6^{kil.}$ de charbon par heure, et il faudrait augmenter cette surface pour un appareil où on voudrait en brûler davantage. Si dans le même appareil on avait augmenté cette surface pour la même quantité de charbon, on au-

---

* Calorique spécifique de $1^{m.c.}$ d'air, page 145.

rait obtenu un résultat plus avantageux, mais non pas dans le même rapport, ainsi si on l'avait doublé en la portant à $13^{m.q.}$, cela n'aurait pas doublé la chaleur mise à profit, mais augmenté seulement peut-être d'un sixième ou d'un dixième, car c'est à l'endroit voisin de la combustion que l'échauffement est rapide, mais cette rapidité va en décroissant rapidement à mesure qu'on s'éloigne de ce point.

Frais pour le chauffage d'une vaste manu- facture, contenant 10000$^{m.c.}$ d'air.

2 calorifères de fonte......	6000 fr.
Cheminée et conduits d'air.	3000
Pose et maçonneries......	1000
Frais d'établissement.....	10000 fr., dont
intérêt à 12 pour 100.............	1200 fr.
150 jours de feu à 2 hectolitres de charbon par jour...................	1500
Chauffeur.....................	400
Dépense annuelle..	3100 fr.

Et si on calcule ce qu'il faudrait de charbon ou de bois pour chauffer le même atelier par les moyens ordinaires; d'après les expériences rapportées plus haut, on verra combien il y aurait de désavantage quand même les frais d'établissement pour ceux-ci seraient nuls.

Dans les autres emplois de la chaleur on pourrait faire des calculs analogues à ceux que nous avons faits ci-dessus, et la comparaison de leurs résultats avec ceux obtenus dans la pratique peut faire apprécier l'importance des progrès qu'on a à espérer. En voici quelques exemples qui feront voir qu'en général on perd plus de chaleur dans les hautes températures que dans les basses.

1° *Fonte de fer*. Nous avons vu, page 72, que, pour amener la fonte à l'état de fusion, il faut $229^{cal.}$ par kil., et, en supposant que le charbon ou le coak qu'on emploie soit $\frac{1}{3}$ de la fonte (ce qui est un des résultats favorables qu'on obtient dans la pratique), il y a de produit $\frac{7050}{3} = 2350^{cal}$, et le rapport de l'utilisé au produit est $\frac{229}{2350} = 0,097$ ou $\frac{1}{10}$.

2° *Verreries*. Il faut $245^{cal.}$ pour fondre 1 kil. de cristal (page 72). Ainsi, pour 1800 kil., il en faudrait $1800 \times 245 = 441000$. Or, à un four à six places, pour fondre 1,800 kil. de cristal, on brûle 4400 kil. de bois sec, ce qui développe $3500^{cal.} \times 4400 = 15400000$, et la chaleur utilisée est $\frac{441000}{15400000} = 0,028$, ou $\frac{1}{35}$ de la chaleur produite.

Dans les fours à la houille on brûle 100 hect. $= 8000$ kil. pour fondre 2500 kil.

Chaleur dépensée, $8000 \times 7050 = 56400000^{cal.}$;
Chaleur utilisée, $2500 \times 245 = 612500$.

Rapport $\ldots \frac{612500}{56400000} = 0,011$ ou $\frac{1}{92}$.

Ces fourneaux paraissent donc susceptibles de perfectionnemens immenses.

3° *Chauffage d'eau pour les bains.* Supposons douze bains de 300 kil. à 40°; comme l'eau en a déja 10, en général il suffit de l'élever de 30°, ce qui exigerait rigoureusement $500 \times 12 \times 30 = 108000^{cal.}$, et pour cela, $\frac{108000}{7050} = 15^{kil.},3$ de charbon, et dans la pratique, on en brûle 23: il n'y en a donc que $\frac{1}{5}$ de perdu, résultat plus avantageux que tous les précédens, et qui fait voir qu'on utilise moins de chaleur dans les hautes températures que dans les basses, et surtout que dans le chauffage de l'eau.

Un mètre carré de cuivre mince, placé entre le feu et l'eau, laisse passer $26000^{cal.}$ par heure : ainsi, pour produire le résultat ci-dessus, il faudrait une surface de chauffe $= \frac{108000}{26000} = 4$ mètres carrés environ. Cependant on concevra facilement qu'on pourrait bien diminuer cette surface si on économisait moins le charbon, et aussi qu'en l'augmentant, on pourrait économiser le charbon, mais fort peu, en sorte que les données ci-dessus sont à peu près les meilleures.

CHAPITRE III.

DE L'AIR CONSIDÉRÉ COMME ALIMENT DE LA COMBUSTION.

ARTICLE 1er.

De la Combustion.

La combustion est une véritable combinaison chimique ; cependant nous sommes forcés d'en parler si souvent dans cet ouvrage, que nous n'avons pu nous dispenser d'y consacrer un chapitre particulier.

L'air atmosphérique est presque entièrement composé de deux espèces d'air ou gaz : l'oxigène et l'azote. La présence de l'air ou plutôt de l'oxigène qu'il contient, est absolument nécessaire à la combustion ; et, dans l'absence de l'air, par exemple sous le récipient de la machine pneumatique, le feu s'éteint, et lorsqu'il n'a pas assez d'air, il languit : au contraire, en présence de l'oxigène pur, il se développe avec une grande activité, et d'autant plus grande, que l'air est renouvelé plus rapidement. Ce renouvellement d'air est nécessaire à la combustion, car l'oxigène qu'il contient étant la seule partie de l'air qui entretienne la combustion, est absorbé par le combustible ; et si l'air n'était pas renouvelé, il ne resterait bientôt plus que de l'azote, et le feu languirait d'abord, et s'éteindrait bientôt.

On a déterminé par des expériences chimiques que 1 kil. de charbon supposé pur , qu'on nomme *carbone* (le charbon ordinaire renferme toujours une certaine quantité de matière non combustible qui forme *la cendre*), nécessite $2^{kil.},659$ d'oxigène : mais, comme celui-ci ne fait que les $\frac{21}{100}$ de l'air atmosphérique , il en résulte que ces $2^{kil.},659$ sont contenus dans $\frac{100}{21} 2,659$, ou $12^{kil.},66$ d'air atmosphérique qui, à $0°$, occupent un volume de $\frac{12,66}{1,299} = 9^{m.c.},746$, et à $10°$, $9,746 + \frac{10}{267} 9,746 = 10^{m.c.},11$. C'est là la quantité d'air qui serait absolument nécessaire pour brûler un kil. de charbon. Mais, dans la pratique, cela ne serait pas suffisant, parce que les molécules d'air qui passent dans un fourneau ne sont pas toutes en contact avec le charbon, de sorte qu'au lieu de $10^{m.c.}$ d'air, il en faut 20, et quelquefois 30. Nous avons supposé 20 dans tout ce qui précède.

Il y a des cas où le tirage même le plus fort n'est pas suffisant pour produire une combustion assez vive ; on est alors obligé d'employer des soufflets. Dans les hauts fourneaux, par exemple, l'air est soufflé avec une force égale à 2 mètres d'eau; et, comme l'air ne pèse que 0,001299 de l'eau, cela fait une pression de $\frac{2}{0{,}001299} = 1539^{m.}$ d'air. Il faudrait donc une cheminée de beaucoup plus de $1539^{m.}$ de hauteur pour produire un semblable tirage, ce qui est impossible.

Dans les soufflets de forge ordinaires, la pression est de 3 à 5 centimètres d'eau; cette pression se mesure au moyen d'un tube recourbé *fig. 62*, dont une extrémité *a* est en communication avec l'intérieur du soufflet, et l'autre *b* est ouverte. La hauteur de la colonne d'eau *cd* indique la pression; si elle était forte, au lieu d'eau, il faudrait employer du mercure. Il est facile de calculer la quantité d'air qui passe par l'orifice d'un soufflet.

Soit : diamètre de l'orifice $0^{m.},02$, et par conséquent sa surface $= 0^{m.q.},000314$.
Pression $0^{m.},04$ d'eau $= \frac{0{,}04}{0{,}001299} = 30{,}79$ d'air.
Vitesse due à cette pression (page 160) :
$\sqrt{30{,}79} \times 4{,}43 = 24^{m.},58$ par seconde;
Quantité d'air passée..... $24{,}58 \times 0{,}000314$ $= 0^{m.c.},00772 = 7^{lit.},72$.

Dans les hauts fourneaux :
Surface de l'orifice, 25 $^{centim.q.}$ ou... $0^{m.q.},0025$;
Pression $2^{m.},50$ d'eau $= \frac{2{,}50}{0{,}001299} = 1925^{m.}$ d'air;
Vitesse, $\sqrt{1925} \times 4{,}43 = 194^{m.},4$ par seconde;
Quantité d'air passée, $194{,}4 \times 0{,}0025 =$

0^{mc},486 sous pression atmosphérique, ou 10^{m},313 d'eau; mais dans la machine soufflante, comme l'air supporte une pression de 2^{m},50 d'eau de plus, son volume ne sera que $\frac{10\cdot83}{12\cdot83}$ de ce que nous venons de trouver; ce qui fait 0,391.

La pression de 2^{m},50 dont nous venons de parler ne peut s'obtenir au moyen des soufflets en bois, il se perdrait trop d'air à travers les jointures; on y substitue avec avantage des cylindres de fonte dans lesquels vont et viennent des pistons, ce sont de vraies pompes de compression semblables à celle *fig 29*, mais dans de plus grandes dimensions; quelquefois elles sont à double effet, c'est-à-dire l'extrémité *a* est bouchée en laissant seulement le passage de la tige avec frottement, et à cette extrémité est un appareil composé de deux soupapes comme en *h* et *i*, par le moyen desquelles l'air est sans cesse refoulé par l'un des orifices auxquels on adapte des conduits qui vont porter le vent aux endroits où on en a besoin; quelquefois une grande machine soufflante établie dans un atelier, fournit par divers conduits du vent à vingt ou trente forges ou fourneaux. Si le vent allait directement de la machine soufflante à la tuyère, la force du vent serait variable, pour la régulariser on le fait arriver dans un réservoir où il supporte une pression constante, ce réservoir pourrait être un gazomètre, tel que nous l'avons décrit page 129;

c'est quelquefois un gros cylindre bouché à la partie supérieure par un piston mobile chargé d'un poids qui est toujours le même ; d'autres fois c'est tout simplement un réservoir d'une capacité très grande relativement à la quantité d'air qui arrive à chaque coup de piston, afin que cet air qui arrive fasse peu varier la densité dans ce réservoir, et par conséquent la force avec laquelle l'air est chassé dans la tuyère.

On se sert quelquefois pour machines soufflantes de *trombes* : ce sont des conduits verticaux dans lesquels on fait tomber de l'eau, cette colonne d'eau tendant à tomber plus rapidement dans la partie inférieure, tend aussi à diminuer de diamètre et forme par conséquent un vide dans le conduit qui la contient, ou plus exactement y diminue la pression, ce qui permet à la pression atmosphérique de pousser, par des trous latéraux qu'on a faits pour cela, de l'air qui est entraîné avec l'eau dans sa chute jusque dans un réservoir où il se condense pour passer dans la tuyère ; mais ces machines ne sont bonnes que lorsqu'on a des chutes d'eau très abondantes et produisant une force mécanique bien supérieure à celle dont on a besoin ; car les trombes ne réalisent guère que $\frac{1}{10}$ de la force qu'on pourrait réaliser en employant la chute d'eau d'une autre manière.

On se sert encore d'un courant d'air rapide

pour activer la flamme d'une lampe ou d'une bougie et la diriger sur un point déterminé, afin de pouvoir chauffer fortement un objet quelconque sans le couvrir de noir de fumée; ce courant d'air est quelquefois excité avec la bouche au moyen d'un *chalumeau*, c'est-à-dire d'un tube recourbé de verre ou de métal, dont l'ouverture est très petite à son extrémité : c'est au chalumeau que le chimiste ou le minéralogiste essaie en un instant un minéral pour en reconnaître la nature.

D'autres fois on excite ce courant au moyen d'un soufflet, alors on peut le rendre plus considérable. Un soufflet monté à cet effet dans les pieds d'une table (*fig. 63*) , forme ce qu'on appelle une lampe d'émailleur, parce qu'on s'en sert pour faire divers objets d'émail ou de verre.

On fait agir le soufflet au moyen de la pédale *ab*, le mouvement se communique par une ficelle de la poulie *c*, au soufflet *d* qui est à double vent ; la partie supérieure est chargée d'un poids destiné à continuer le souffle pendant qu'on laisse remonter la pédale; de là l'air est poussé par le tube *f* et le bec *g* sur la flamme *h* d'une lampe dont on arrange la mêche d'une manière convenable.

C'est en général au moyen de la lampe d'émailleur qu'on prépare les tubes de verre pour divers instrumens de physique, tels que thermomètres, baromètres, aréomètres, etc.; nous n'entrerons pas dans des détails sur la manière de s'en servir, quelques leçons pratiques en apprendront beaucoup plus que ne pourrait en apprendre l'explication la plus détaillée; nous nous contenterons d'observer aux personnes qui voudront faire quelques-uns des instrumens les plus faciles à exécuter, 1° qu'il ne faut approcher le verre que peu à peu de la flamme, car en le chauffant brusquement il se briserait; 2° lorsqu'on veut courber un tube, il faut le chauffer tout le tour, le faire rougir dans une certaine étendue et ne le plier que lentement en continuant toujours de chauffer tout le tour, sans cela le tube se casserait ou s'applatirait au coude; 3° si on veut souffler une boule, il convient de faire rougir le bout jusqu'à ce qu'il soit presque fondu et de le refouler avec un morceau de métal chauffé en même temps, afin d'augmenter l'épaisseur du verre à l'endroit où on doit souffler la boule, et il faut bien observer de chauffer également tout le tour, sans cela la boule se souffle tout d'un côté et le verre s'y amincit d'une manière extraordinaire ou même se perce.

ARTICLE 2.

De la chaleur virtuelle.

On donne le nom de chaleur virtuelle ou va-

leur calorifique de diverses substances combustibles à la quantité de chaleur qu'elles développent en brûlant.

On peut se servir, pour déterminer les chaleurs virtuelles, du calorimètre à glace ou du
calorimètre à eau dont nous avons parlé (pages 40
et 42); pour cela on fait brûler dans l'intérieur
une quantité déterminée du combustible qu'on
veut éprouver, et on observe avec soin, ou la
quantité de glace fondue, ou la température à
laquelle l'eau s'est élevée; par exemple, qu'on
fasse brûler dans un calorimètre à glace, un kil.
d'hydrogène, c'est-à-dire 11256 litres (page 7)
mêlés à 5618 litres d'oxigène, destinés à alimenter
la combustion, le mélange étant refroidi à zéro
avant l'inflammation, après la combustion on
trouvera $312^{kil.}$ de glace fondue; et comme il
faut $75^{cal.}$ pour en fondre 1 , on en conclura qu'il
y a eu 312×75 ou $23400^{cal.}$ développées; telle
est donc la chaleur virtuelle de l'hydrogène, et
on devrait trouver le même résultat en se servant
du calorimètre à eau.

La combustion que nous venons de citer est
la plus facile, celle du charbon et des autres
combustibles est plus difficile parce qu'il faut
introduire un courant d'air et laisser sortir cet
air lorsqu'il a servi à la combustion. Pour cela ,
par un conduit qui est dans le couvercle du calorimètre, on y introduit un courant d'air au

moyen d'un soufflet, et par un autre conduit l'air brûlé s'échappe; un thermomètre placé à chaque conduit indique à quelle température cet air entre et à laquelle il sort, il faut faire en sorte que ces deux courans soient à zéro, ou bien si cela n'est pas, on calculera combien l'air introduit contenait de calories de plus que s'il eût été à 0°, et on les déduira du nombre de calories qu'indique la quantité de glace fondue; on calculera d'autre part combien l'air sortant contient de calories de plus que s'il était à 0° et on les ajoutera au nombre de calories indiquées par la glace fondue.

Il y a des combustibles, tels que la houille, la tourbe, qu'il serait très difficile de brûler seuls dans le calorimètre, dans ce cas on les mêle avec une quantité connue de charbon de bois, dont on connaît la chaleur virtuelle. Supposons par exemple, qu'on mêle $\frac{1}{2}^{\text{kil.}}$ de houille avec $\frac{1}{2}^{\text{kil.}}$ de charbon de bois et qu'on trouve que leur combustion a fondu $85^{\text{kil.}},4$ de glace, ce qui fait $85,4 \times 75 = 6105^{\text{cal.}}$, comme on sait d'ailleurs que $\frac{1}{2}^{\text{kil.}}$ de charbon développe $3525^{\text{cal.}}$, il reste $2880^{\text{cal.}}$ développées par $\frac{1}{2}^{\text{kil.}}$ de houille et par conséquent $5760^{\text{cal.}}$ pour $1^{\text{kil.}}$.

C'est ainsi qu'ont été déterminées les chaleurs virtuelles suivantes :

Nombre de calories développées par la combustion d'un kilog.

Hydrogène.	23400 L.
Huile d'olive.	11166 L.
Huile de colza.	9507 R.
Cire.	10500 L.
Suif.	7186 L.
Éther pesant 0,728.	8030 R.
Alcool pesant 0,818.	6195 R.
Charbon pur.	7226 L.
Charbon de bois.	7050 C.
Coak bien pur.	id. C.
Coak à $\frac{1}{10}$ de terre.	6545 C.
Houille pure.	7050 C.
Houille à $\frac{1}{5}$ de terre.	5760 C.
Bois bien sec.	3600 C.
Bois séché à l'air.	3000 C.
Bonne tourbe.	2250 C.
Mauvaise tourbe.	1125 C.*

La connaissance des chaleurs virtuelles peut servir à établir la valeur vénale des divers combustibles qu'on a à sa portée, et à trouver quel

---

* L indique les chaleurs déterminées par MM. Lavoisier et Laplace dans le calorimètre à glace ; R celles déterminées par Réaumur dans le calorimètre à eau ; C celles données par M. Clément.

est le plus avantageux en raison du prix auquel on peut l'obtenir.

Par exemple, à Paris la bonne houille coûte 5 fr. l'hectolitre qui pèse $80^{kil.}$; et comme chaque kilog. fournit $7050^{cal.}$, cela fait $564000^{cal.}$ pour 5 fr. ou $1000000^{cal.}$ pour 8 fr. 86 cent.

Le bois coûte 15 fr. le stère qui pèse $450^{kil.}$ et se réduit à $400^{kil.}$ en séchant, ce qui fournit $400 \times 3000 = 1200000^{cal.}$ pour 15 fr. ou 1000000 pour 12 fr. 50 cent, il y a donc 29 pour 100 à gagner en employant la houille même à Paris et à 5 fr., tandis qu'elle ne coûte souvent que 4 fr., et ailleurs elle n'en coûte la plupart du temps pas la moitié.

La houille a encore l'avantage de brûler dans un plus petit espace et par conséquent d'exiger un fourneau de moindre dimension; on préfèrera donc la houille toutes les fois que la nature du travail ne s'y opposera pas.

ARTICLE 3.

Des fourneaux fumivores.

Dans une bonne combustion il ne doit pas y avoir de fumée, la fumée n'est que de la poussière de charbon non brûlé ou un assemblage de diverses vapeurs combustibles et dont par conséquent la chaleur virtuelle est perdue, cette poussière est entraînée par le courant d'air qui passe au travers du foyer.

Il faut, pour que la combustion se fasse bien, que l'ouvrier chauffeur mette souvent du charbon, peu à la fois, et l'égalise bien sur la grille; à chaque fois cependant il faut avoir soin de laisser la porte ouverte le moins possible, avec du soin on peut économiser $\frac{1}{5}$ du combustible.

Il y a des manufactures où on n'a qu'un fourneau qui fournit de la chaleur dans plusieurs endroits, ce transport de chaleur se fait surtout par le moyen de la vapeur; outre l'économie de combustible cela a l'avantage d'être plus régulier, car le chauffeur n'ayant qu'un feu à soigner, le soigne beaucoup mieux. Nous en reparlerons lorsque nous parlerons du chauffage à la vapeur.

Depuis long-temps on a fait beaucoup de recherches pour rendre la combustion parfaite: MM. Clément et Désormes ont imaginé il y a 20 ans de faire arriver de l'air neuf près de l'*autel* contre lequel va frapper la flamme et l'air brûlé qui est toujours très chaud, par le moyen d'un conduit latéral; cet air se trouvant en contact avec la fumée à une haute température, la brûle et le courant d'air qui sort de la cheminée est exempt de fumée; il est vrai que cet air froid refroidit le fourneau en s'y introduisant, mais cela est plus que compensé par la chaleur qu'il développe en brûlant la fumée.

2° Quelquefois on incline la grille et on laisse peu d'espace au-dessus des charbons; la partie la plus haute de la grille est vers l'entrée par où on met le charbon, et la partie la plus basse vers la cheminée, on pousse le charbon à mesure qu'il brûle vers la partie basse et on en met du neuf à l'entrée. Cette disposition a plusieurs avantages, d'abord la fumée est complètement dévorée, car le charbon qu'on met à l'entrée et qui est celui qui produit la fumée s'échauffe peu à peu, les parties vaporisables qu'il renferme se vaporisent, mais ces vapeurs étant obligées de passer un peu plus loin sur du charbon bien embrasé, et ne produisant plus lui-même de fumée, se brûlent et par conséquent leur chaleur virtuelle n'est pas perdue; en outre, la partie la plus froide du fourneau étant près de la porte, il se perd moins de chaleur lorsqu'on ouvre celle-ci. Mais ces grilles ont néanmoins dans la pratique un grand inconvénient, c'est la difficulté de retirer les mâches-fer qui se forment vers le fond; pour cela, on pratique une trappe à cet endroit, par laquelle on pousse les mâches-fer qui tombent dans le cendrier, mais cette trappe va rarement bien parce qu'elle est exposée à de trop grands changemens de température.

3° M. Parkes, anglais, a imaginé de faire une grille assez grande pour y mettre à la fois tout le charbon de la journée; cette grille est inclinée et on l'allume à la partie la plus basse au moyen de copeaux et de bois, la combustion gagne de proche en proche et le charbon tombe à mesure, mais il faut de temps en temps le pousser pour l'aider à bien garnir la partie basse de la grille où se fait la combustion.

M. Parkes a fait des expériences comparatives par lesquelles il a prouvé que ce système économise $\frac{12}{100}$ du combustible, mais M. Clément dit avoir vu une de ces grilles dans une manufacture à Primerose, où on lui a dit que le résultat matériel des expériences de M. Parkes était exact, pourvu qu'on eût bien soin de pousser le charbon, mais qu'ordinairement faute de ce soin l'avantage se réduisait à fort peu de chose.

On a imaginé un grand nombre d'autres espèces de fourneaux pour avoir une combustion parfaite et sans fumée; ils sont tous fondés sur ce principe, que la vapeur, qui émane du charbon neuf qu'on introduit dans le foyer, doit passer au-dessus ou même au travers d'autres charbons déja bien embrasés.

Mais tous ces fourneaux exigent le soin des ouvriers, et leur réussite dépend du plus ou moins d'attention ou de négligence que ceux-ci y apportent; c'est pourquoi on a eu recours à des machines qui distribuent elles - mêmes d'une manière constante et uniforme, le charbon sur la grille sans le soin de personne.

4° La première qu'on a employée était fermée de deux cylindres cannelés a (*fig. 64*) placés au fond d'une trémie b, et qui mis en mouvement par une force quelconque en c, laissaient tomber peu à peu le charbon sur la grille d ; mais comme cela ne le distribuait pas également, on a imaginé plus tard de faire une grille ronde et tournante telle que nous l'avons représentée, de sorte que chacune de ses parties venant se présenter sous la trémie, reçoit successivement le charbon que celle-ci laisse tomber, mais ce mouvement de la grille est toujours gêné par le charbon qui s'introduit entre elle et le mur qui l'entoure.

5° Les Anglais ont imaginé une autre machine qui est préférable ; elle est indépendante du fourneau, de manière qu'on peut l'appliquer devant la porte d'un fourneau quelconque pourvu que celui-ci soit d'une grandeur convenable ; elle consiste en une trémie a (*fig. 65*), au bas de laquelle il y a deux cylindres cannelés b, qui par leur mouvement de rotation lente laissent tomber le charbon peu à peu sur un moulinet c qui se trouve juste devant la porte du fourneau et lance par son mouvement rapide le charbon qu'il reçoit sur les diverses parties de la grille ; on avait d'abord fait ce moulinet comme nous l'avons représenté à axe horizontal avec des ailes rectangulaires, mais on a reconnu depuis que le charbon est mieux distribué par un moulinet dont l'axe est vertical et les ailes triangulaires (*fig. 66*). En donnant aux cylindres et au moulinet des vitesses indiquées par l'expérience, on arrive à un résultat très satisfaisant.

On a essayé cette machine au faubourg Saint-Marceau, au fourneau d'une machine à vapeur; on n'a brûlé que six hectolitres de charbon au lieu de $7\frac{1}{2}$ qu'on brûlait ordinairement, et on a en outre obtenu de la vapeur qui avait une tension plus forte qu'habituellement, ce qui donnait à la machine une force de $\frac{1}{15}$ au-dessus de de celle des autres jours. Il aurait donc fallu, pour obtenir ce résultat sans la mécanique, brûler $7\frac{1}{2} + \dfrac{7\frac{1}{2}}{15}$, ou 8 hect. de charbon au lieu de 6, cela faisait donc en tout une économie de 25 pour 100. Mais il ne faut pas regarder ce résultat comme parfaitement exact en général, parce que 1° dans l'expérience précitée, la mécanique était neuve et a été probablement mieux soignée qu'on ne le ferait habituellement; 2° on a dépensé une certaine quantité de force pour faire marcher la mécanique; il est vrai que la force nécessaire pour cela est très peu de chose.

CHAPITRE IV.

DE L'AIR CONSIDÉRÉ COMME VÉHICULE DU SON.

Le son n'est autre chose qu'un mouvement de vibration suffisamment rapide imprimé à une matière quelconque qui transmet ce mouvement à tout ce qui l'environne; ainsi toutes les matières sont susceptibles de transmettre le son plus ou moins; mais c'est l'air qui remplit le plus souvent cette fonction, puisque c'est lui qui nous environne de toutes parts; c'est par cette raison que nous avons rangé le son parmi les propriétés de l'air, quoiqu'à proprement parler il n'appartienne pas plus à l'air qu'à tout autre corps.

ARTICLE 1er.

De la production du Son et de ses diverses qualités.

Nous venons de dire que l'air est transmis à nos oreilles par l'air; il est facile de s'en assurer en mettant un timbre sonnant au moyen d'un ressort, ou bien une machine quelconque produisant un son, telle, par exemple, qu'une tabatière ou une montre à musique, sous le récipient d'une machine pneumatique; lorsqu'on y fait le vide, le son diminue peu à peu et cesse presque d'être perceptible, pourvu qu'on ait la précaution de suspendre le timbre dans le récipient, au moyen de quelques brins de chanvre non tordus, substance plus propre que toute autre à ne pas transmettre les vibrations du corps sonore : sans cette précaution le son diminuerait bien à mesure qu'on ferait le vide, mais demeurerait toujours très sensible. Les autres gaz et les vapeurs transmettent aussi le son, comme on peut s'en assurer en les introduisant dans le récipient, à la place de l'air qu'on en a tiré. Les corps solides et liquides transmettent aussi le son, comme on peut s'en assurer en frappant deux corps durs dans l'intérieur même d'un liquide ; le liquide transmet ce son à l'air qui le transmet à l'oreille ; on peut même l'éprouver sans l'intermède de l'air, en plongeant la tête, par exemple, dans l'eau ; si une autre personne choque aussi dans l'eau deux cailloux l'un contre l'autre, on l'entendra fort bien, et même la commotion qu'on ressentira dans l'oreille et dans la tête sera plus énergique que si le même son était transmis par l'air. On peut s'assurer de plusieurs manières que les solides transmettent aussi le son. Qu'on place son oreille contre l'extrémité d'un long morceau de bois pendant qu'une autre personne frappe un coup très léger à l'autre extrémité, on l'entendra très distinctement, quoique placé à une distance plus que double de celle à laquelle on cesserait de l'entendre s'il était transmis seulement par l'air. Nous rapporterons plus loin encore d'autres expériences qui confirment ce que nous disons.

Nous avons dit que le son n'était autre chose qu'un mouvement *vibratoire* ou *oscillatoire* imprimé à l'air, analogue aux ondes circulaires qu'on aperçoit à la surface de l'eau lorsqu'elle est agitée en quelqu'un de ses points. Pour prouver qu'en effet le son est produit par des vibrations portées à un certain degré de rapidité, on n'a qu'à tendre une longue corde par un poids très faible, l'écater de sa position et compter combien elle fait de vibrations par minute; en augmentant le poids ou en raccourcissant la corde, on verra que le nombre de ces vibrations augmente, et, si on les compte à plusieurs reprises en variant la longueur de la corde, on trouvera que leur nombre est en raison inverse de la longueur de la corde, c'est-à-dire que pour une corde moitié moindre elles sont deux fois plus nombreuses, trois fois pour une corde égale à $\frac{1}{3}$, sept fois pour une corde égale à $\frac{1}{7}$, etc... Si on fait varier le poids qui tend la corde, on verra que le nombre des vibrations augmente en même temps que ce poids, non dans le même rapport, mais dans celui de leur racine carrée : pour un poids quadruple, le nombre des vibrations est double; pour un poids 25 fois aussi grand, ce nombre est 5 fois aussi grand, etc...

En augmentant le poids et en raccourcissant la longueur de la corde, le nombre des vibrations cesse bientôt de pouvoir se compter, mais les deux lois que nous venons d'établir serviront à le calculer, et l'on trouvera que lorsque ce nombre devient égal à 32 par seconde, la corde produit un son à peine appréciable; si on augmente ce nombre, soit en tendant la corde, soit en la raccourcissant, le son deviendra plus appréciable; mais il cessera de l'être lorsque le nombre des vibrations sera au-dessus de 8192 par seconde; telles sont à peu près les deux limites des sons appréciables à l'oreille. Nous verrons encore plusieurs expériences qui confirmeront de plus en plus cette assertion que le son n'est que le résultat d'une succession de chocs que l'oreille éprouve à des intervalles assez rapprochés.

Ayant ainsi établi quelle est en général la cause du son, nous allons parler de ses diverses qualités qu'il faut bien distinguer les unes des autres, afin de les examiner séparément et de rechercher quelles sont les causes d'où dépend chacune d'elles; or on peut dans un son considérer : 1° la rapidité avec laquelle il se transmet; 2° sa force; 3° sa gravité dans l'échelle musicale, propriété bien distincte de sa force; ainsi un *ut* est plus grave que le *ré* qui le suit immédiatement, et cela indépendamment de leur force , car l'un ou l'autre peut devenir beaucoup plus fort ou plus faible sans cesser d'être un *ut* ou un *ré* comme il l'était d'abord ; 4° la qualité dépendante de l'*articulation* ou du *timbre* ; c'est ainsi qu'un *a* diffère d'un *o*, quand même on les prononcerait avec la même force et la même gravité; c'est ainsi que l'*ut* d'un violon diffère de l'ut d'une clarinette, quand même ils auraient une force égale et qu'ils seraient parfaitement à l'unisson *. Nous rangeons l'articulation et le timbre dans la même cathégorie , quoique ces deux choses soient peut-être bien différentes l'une de l'autre; mais les causes de ces deux modifications du son étant connues beaucoup plus vaguement que celles des précédentes, on ne peut pas bien préciser la distinction entre elles deux.

ARTICLE 2.

De la rapidité du Son.

En 1738, les membres de l'Académie des Sciences déterminèrent la vitesse du son entre Montléry et Montmartre , dont la distance est

----

* On nomme ainsi deux sons également graves.

de 29000^{m}; le son produit était un coup de canon dont on voyait le feu avant de l'entendre, et en mesurant cet espace de temps au moyen d'un chronomètre, ils trouvèrent que le son parcourt un espace de 337^{m}· par seconde. Il est vrai qu'il aurait fallu ajouter le temps que la lumière mettait à parcourir le même intervalle ; mais ce temps est tellement insensible, comme nous le verrons au chapitre de la lumière, qu'il est inutile d'en tenir compte.

En répétant l'expérience un grand nombre de fois, ils constatèrent que le son, fort ou faible, grave ou aigu, se propage avec la même vitesse. M. Biot, par diverses expériences faites sur une colonne d'air de 951^{m}·, renfermée dans les tuyaux des aqueducs de Paris, a confirmé ces résultats : la force, la gravité, l'articulation d'un son n'influent point sur sa rapidité. Un temps couvert ou serein n'a qu'une influence insensible sur la vitesse du son, tant que l'air est en repos ; mais le vent en a une très marquée : lorsqu'il souffle en sens contraire, il diminue la vitesse du son de toute sa rapidité propre, et l'augmente d'autant s'il souffle dans le même sens ; dans le cas où sa direction est oblique à celle du son, son influence est intermédiaire aux deux précédentes.

Mais si les qualités du son n'influent pas sur sa rapidité, il n'en est pas de même de la nature et de l'état du *milieu* *, dans lequel il se propage : elle est proportionnelle à sa force d'expansion ou son ressort, et dans un rapport inverse de sa densité ; de sorte que, la force de ressort doublant ou triplant, cette rapidité double ou triple de même, pourvu que tout le reste demeure le même : au contraire, si c'est la densité qui augmente, sans que le reste change, la vitesse diminuera, et deviendra, par exemple, dix fois moindre, si la densité devient dix fois plus grande. De ces deux lois et de celle de Mariotte, il résulte que la vitesse du son ne change pas dans un gaz, quand même on le comprime, s'il conserve la même température ; car nous avons vu, page 85, que la densité augmente dans le même rapport que la tension ; l'un tend à faire augmenter la vitesse du son, autant que l'autre tend à la faire diminuer, et ces deux causes se compensent. Il n'en est pas de même lorsque la température change ; car, en augmentant, elle augmente le ressort de l'air, si la densité ne change pas, et par là augmente la rapidité du son, qui est par conséquent d'autant plus rapide, que l'air est plus chaud.

Il en résulte que, dans les couches élevées

---

* On donne ce nom à un corps quelconque dans lequel passe le son ou la lumière.

de l'atmosphère, le son se propage moins rapidement que dans les basses ; non parce que
l'air est plus rare, mais parce qu'il est plus
froid. Il en résulte également que cette vitesse serait différente dans les différens gaz, et
aussi dans les liquides et les solides ; parce que
sous une même densité, la force d'expansion
n'est pas la même. Cette vitesse est, dans le
laiton et dans la fonte 10 fois $\frac{1}{2}$ aussi rapide que
dans l'air, et 4 fois $\frac{1}{2}$ dans l'eau. Cette rapidité
dans la fonte a été déterminée par M. Biot dans
un assemblage de tuyaux formant 951^{m} ; lorsqu'on frappait un coup sur le tuyau, on entendait à l'autre extrémité deux sons successifs : le premier transmis par la fonte, le second par l'air. En mesurant avec un chronomètre le temps écoulé entre deux, on en a
facilement conclu le temps de la propagation
du son par la fonte, celui de l'air étant déja
connu. Les autres ont été déterminés par le
calcul ; mais ils méritent la plus grande confiance, attendu qu'on les a déterminés de plusieurs manières, et que les résultats se sont exactement trouvés semblables.

Article 3.

De la force et de l'intensité des Sons.

Nous avons déja dit qu'il faut bien distinguer

la force du son de sa gravité et des modifications que lui donne l'articulation. L'intensité du son dépend de la force de l'ébranlement primitif qui l'a produit ; mais cette intensité va , en général, en décroissant à mesure que le son s'éloigne de son origine : nous disons en général, car nous verrons bientôt que cela n'est pas sans exception.

Pour nous former une idée bien nette de la propagation du son, imaginons qu'une masse quelconque d'air, située dans un espace indéfini, également rempli d'air homogène, se dilate subitement par une cause quelconque; cette dilatation poussera rapidement les molécules d'air environnantes les unes sur les autres ; ce qui condensera cet air qui bientôt, réagissant par son ressort, transmettra l'impulsion qu'il a reçue aux couches voisines qui elles-mêmes se le transmettront ainsi de proche en proche ; cela formera une onde analogue à celles qu'on voit se former circulairement à la surface de l'eau, lorsqu'elle est ébranlée en quelque point, excepté que les ondes formées dans l'eau consistent en une plus grande hauteur de liquide en un point qu'en un autre, tandis que, dans l'air, elles consitent dans la plus grande densité de certaines parties de cet air. Au lieu de supposer la masse primitive d'air dilatée, on aurait pu la supposer, au contraire, resserrée dans un plus petit espace ; alors elle aurait formé un vide ou plus exactement une raréfaction autour d'elle, qui se serait également propagée de proche en proche. On peut imaginer aussi une certaine masse d'air dilatée par une cause quelconque, puis abandonnée à elle-même. Pour se remettre en équilibre avec l'air environnant, elle diminuera de volume, et celui-ci, se précipitant par son ressort dans le vide qui se forme, viendra, par la vitesse acquise dans ce mouvement, par l'espèce d'élan qu'il aura contracté, frapper contre la première masse d'air et la condenser. Celle-ci, par son ressort, réagira et produira ainsi une suite d'oscillations, les unes condensantes, les autres raréfiantes, qui se propageront comme la première ; de sorte qu'à partir de ce centre d'ébranlement, il y aura une succession de couches d'air sphériques, alternativement condensées et raréfiées, comme on le voit à partir du point *a*, *fig. 67*, où le rapprochement des lignes figure les condensations de l'air ; mais ces oscillations seront bientôt terminées, si quelque cause ne les entretient par son action. D'autre part, l'ébranlement, se transmettant sphériquement, agite un nombre de molécules d'air de plus en plus grand, d'où il résulte qu'il s'affaiblit en même temps ; car c'est un principe général de mécanique, qu'une cause quelconque produit d'autant moins d'effet sur chaque corps, qu'elle agit sur un plus grand nombre ; aussi le son s'affaiblit-il, à mesure qu'il se propage dans une étendue libre ; mais comme cet affaiblissement résulte de ce qu'il y a un plus grand nombre de molécules d'air ébranlées, il n'aurait plus lieu si le son se propageait dans une colonne d'air cylindrique. Et c'est en effet ce qu'on observe ; car, lorsqu'on se parle à travers un conduit, on s'entend de beaucoup plus loin que lorsqu'on se parle autrement ; c'est ainsi que dans des expériences déja citées, M. Biot a éprouvé que des mots prononcés aussi bas que possible étaient fort bien entendus d'une extrémité à l'autre d'un conduit de fonte de 951^{m} de longueur : d'après le même principe, si le conduit est conique et que l'ondulation entre par le gros bout, elle ira en se renforçant jusqu'à l'autre extrémité ; aussi, si l'on se met la pointe d'un cône ou entonnoir de verre ou d'autre matière dans l'oreille, on entendra un son quelconque d'autant plus loin que l'autre extrémité sera plus ouverte. C'est ainsi que sont formés les *cornets acoustiques* dont se servent les personnes qui ont l'ouïe très dure, et au moyen desquels elles entendent ce qu'elles ne pourraient pas entendre sans ce secours. Ces cornets ne diffèrent des entonnoirs dont nous avons parlé qu'en ce qu'ils sont recourbés pour être d'un usage plus commode.

Ordinairement le petit bout est recourbé pour entrer dans l'oreille , une partie du tuyau est verticale , et le bout évasé tourne son ouverture du même côté que le visage de celui qui s'en sert, disposition qui lui permet d'écouter principalement les paroles qui viennent du même côté où il porte ses regards.

D'après ce que nous venons de dire , on voit que la force ou intensité du son ne dépend pas de la succession rapide des ondes condensantes et raréfiantes qui se propagent autour du premier point d'ébranlement ; car la rapidité de cette succession ou les distances respectives de ces ondes, dépend de la rapidité de propagation , et nous avons vu qu'elle reste la même, quelle que soit la force du son ; cette intensité dépend uniquement de la force plus ou moins grande avec laquelle chaque couche d'air est condensée : c'est donc la différence des densités des couches d'air formant les ondes successives qui constitue la force du son , et plus cette différence est grande, plus le son est fort. Lorsque les ondes sonores rencontrent une surface quelconque, l'air qui se trouve condensé contre cette surface réagit bientôt, et transmet en sens contraire les ondes qui sont venues frapper cette surface. Ces ondes se croisent avec les ondes directes , mais n'en continuent pas moins leur route, car les diverses ondulations sonores peuvent fort bien se croiser dans l'air sans s'anéantir ni s'altérer, et on peut même entendre plusieurs sons à la fois, sans les confondre.

On peut se faire une idée nette de cette réflexion et de ce croisement en examinant attentivement les ondes qui se forment à la surface d'une eau qui ne soit pas trop agitée : s'il y a quelque part une cause d'ébranlement régulièrement permanente, on verra les ondes se propager circulairement autour de ce point, et, si un mur droit *ab* (*fig. 68*) s'oppose à ce qu'elles aillent plus loin, on verra d'autres ondes croiser les premières et se propager circulairement, comme si elles étaient parties du point *c*, situé de l'autre côté de *ab*, à une distance égale à *da*; s'il y a un autre mur *ge*, une troisième série d'ondes se propagera, comme si elles partaient du point *f*, et croisera les deux premières; de plus, les ondes qui ont leur centre en *c*, venant frapper le mur *ge*, le réfléchiront de nouveau et formeront une quatrième série d'ondes, et il en sera de même de celles qui ont leur centre en *f*. En observant ce phénomène dans un canal où le centre d'ébranlement était un petit courant arrivant par le point *d*, nous avons distingué clairement cinq séries d'ondes qui s'entrecroisaient, nous n'en avons pu distinguer davantage, parce que leur faiblesse les rendait insensibles. Si maintenant on examine ce que deviennent ces ondes à une certaine distance , par exemple à une distance égale à trente fois *cf*, on verra que ces séries d'ondes se confondront presque les unes avec les autres , et on voit déja en *b* , que les ondes *bh*, *ik*, approchent bien plus de se confondre que celles qui sont près de *ag*; aussi avons-nous observé dans le canal dont nous avons parlé , que toutes ces ondes à une certaine distance, n'étaient plus que des lignes droites parallèles à *ag* , et que là, leur intensité, nous voulons dire leur hauteur, diminuait peu rapidement. C'est précisément ce qui arrive dans les conduits dont nous avons parlé ci-dessus : il y a diverses ondes qui se croisent dans le commencement du conduit , mais qui bientôt se confondent en une seule série qui se propage très loin sans s'affaiblir. Lorsque le conduit au lieu d'être droit est courbe , les mêmes phénomènes ont lieu , et le son se transmet sans s'affaiblir. Si , au lieu d'être renfermé dans un conduit complet , l'air n'est retenu que d'un côté , l'intensité du son ne se conservera pas aussi bien , mais mieux néanmoins que lorsque les ondulations se propagent en tous sens , surtout si la surface est courbée dans sa longueur, aussi bien que dans sa largeur , et que ces deux courbures tournent leur concavité du même côté, car alors les ondulations, qui tendent toujours à se propager dans le même sens , s'appuient continuellement contre cette surface , et cette pression fait qu'elles perdent peu de leur intensité; c'est ce qui arrive dans les voûtes que les architectes appellent *en arc de cloître*, comme on en voit une au pied de l'escalier du conservatoire des arts et métiers, à Paris : chaque coin forme un angle rentrant qui se prolonge jusqu'au milieu de la voûte, et là, aboutit à celui qui est en face; il en résulte qu'une personne qui est dans un coin entend facilement les paroles prononcées dans un coin opposé, assez bas pour ne pas être entendues des personnes qui sont entre deux.

C'est ainsi que les ondes sonores peuvent se réfléchir, non-seulement contre une surface plane, mais contre les surfaces de toutes sortes de formes; alors les lois de cette réflexion ne sont plus aussi simples, et l'intensité du son va tantôt en décroissant et tantôt en croissant, suivant que les ondes sont réfléchies de manière à s'étendre ou de manière à se concentrer; les ondes sonores peuvent aussi acquérir beaucoup plus d'énergie dans un sens que dans un autre.

Si les parois de l'espace, dans lequel on produit un son quelconque sont par exemple de forme ellipsoïde et que le son soit produit à l'un des foyers, les ondes se réfléchiront de manière à se concentrer à l'autre foyer (*fig. 69*), où les lignes pleines indiquent les ondes directes et les ponctuées les ondes réfléchies; les premières

marchent en s'éloignant du point a, et les autres
en s'approchant du point b; il en résulte qu'en b
on entendra beaucoup mieux le son a qu'en tout
autre point, excepté vers a lui-même. On peut
substituer à cette ellipse, deux miroirs pareils
à ceux *fig 9*, et le son se concentrera en d, tout
comme s'y concentrait la chaleur; c'est sur ce
principe qu'est fondée la construction de *têtes
parlantes*, dont l'effet étonne les personnes qui
ont peu de connaissance de l'acoustique : elles
sont placées au *foyer* où se concentrent les ondes
sonores, et quelqu'un va prononcer des paroles
quelconques à l'autre *foyer*, qui semblent émaner
de la tête placée en b. On a aussi construit des
têtes parlantes, au moyen d'un tuyau qui, de
leur bouche, passait dans le piédestal et allait
aboutir dans une autre chambre; un autre tuyau
partant de l'oreille allait aboutir aussi dans cette
chambre, et une personne recueillant à l'orifice
de ce dernier, les paroles prononcées à l'oreille
de la statue, transmettait la réponse au moyen
de l'autre tuyau. Ce dernier moyen a l'avantage
de pouvoir agir à une plus grande distance;
mais par le premier, on peut entièrement isoler
la statue.

C'est sur le renforcement des sons dans une
direction déterminée par la réflexion, qu'est
fondée la construction des porte-voix, au moyen
desquels on se fait entendre de beaucoup plus

loin qu'on ne le pourrait sans leur secours. On leur donne diverses formes, tantôt c'est un simple cône, tantôt ils sont évasés à l'extrémité suivant une courbe qui est la plupart du temps construite au hasard ; la forme parabolique serait peut-être la meilleure, de sorte que le point *b* (*fig. 70*) où arrivent les ondes excitées par la voix, soit le foyer de cette parabole. A mesure qu'elles se répandent sphériquement autour de ce point, elles se réfléchissent toutes de manière à se mouvoir parallèlement à l'axe du porte-voix; de sphériques qu'elles étaient avant la réflexion, elles deviennent planes après, comme nous l'avons indiqué par des lignes ponctuées dans la *fig. 70.*

C'est encore la réflexion des ondes sonores, par diverses surfaces, qui produit le phénomène connu sous le nom *d'écho.* Il peut se produire de plusieurs manières : la plupart du temps, c'est le son réfléchi par quelque cavité ou surface concave, qui le renvoie sans trop l'affaiblir, tandis qu'une surface plane le réfléchirait bien, mais très affaibli : d'autres fois l'écho est produit par de longs corridors voûtés qui conduisent les ondes sonores sans les affaiblir et les ramènent, après leur avoir fait faire un circuit, au point d'où elles étaient parties. Il y en a un de ce genre dans les caveaux de l'église de Sainte-Geneviève, ci-devant Panthéon, à Paris ; le corridor qui le produit est circulaire, et lorsqu'on prononce fortement quelques paroles, ou qu'on excite un bruit quelconque dans un coin qui est formé par un mur, dans le corridor circulaire dont nous venons de parler, ces mêmes bruits reviennent plusieurs fois frapper l'oreille en s'affaiblissant successivement; mais il est probable que cet affaiblissement serait bien moindre, et que par conséquent le bruit se répéterait plus de fois, si ce corridor était exactement fermé de toutes parts.

ARTICLE 4.

De la gravité des sons, ou des sons musicalement appréciés.

Nous avons déja dit que les vibrations d'un corps quelconque, pour produire un son perceptible, ne devaient être ni trop lentes ni trop rapides, et nous avons fixé ces limites à 32 par seconde pour les plus lentes, et 8192 pour les plus rapides; non pas que ces limites aient quelque chose de bien fixe, car elles varient quelque peu pour les oreilles de diverses personnes, et avant de devenir insensibles à l'oreille, les vibrations deviennent de plus en plus difficilement appréciables. Nous avons vu dans le chapitre précédent, que le son parcourt $337^m,18$ par seconde, en $\frac{1}{32}$ de seconde il parcourra donc

10^{m},536, de sorte que le commencement de l'onde sonore excitée par la première vibration, sera à une distance de 10^{m},536, lorsque la seconde sera formée; d'où il résulte que les ondes successives seront à 10^{m},536 de distance les unes des autres, c'est ce qu'on appelle la longueur de l'onde sonore; car tout cet espace est formé de couches d'air dont la densité est progressivement différente, la même progression recommençant à cette distance. On calculerait tout aussi facilement la longueur des ondes de chaque son, suivant le nombre de vibrations exécutées en une seconde, et on formerait le tableau suivant :

NOMBRE DE VIBRATIONS PAR SECONDE.	LONGUEURS DES ONDES SONORES.
Limite supérieure des sons appréciables..... 8192	0,041
4096	0,082
2048	0,164
1024	0,329
512	0,658
256	1,317
128	2,634
64	5,268
Limite inférieure des sons appréciables. 32	10,536

Vibrations des cordes.

Les vibrations plus rapides s'obtiennent, avons-nous dit, en raccourcissant la corde qui les produit, ou en la tendant plus fortement ; lorsqu'on forme un instrument d'une seule corde tendue sur une petite caisse de bois mince et très sec, destinée à renforcer le son de cette corde, cela s'appelle un *monocorde;* il sert à constater en quoi consistent les espaces musicaux en usage dans la musique, et dont les musiciens mesurent la justesse à l'oreille sans qu'ils aient besoin pour cela de connaître théoriquement en quoi consistent ces intervalles. Si on raccourcit successivement une corde, le son variera à mesure, il deviendra ce qu'on appelle plus *aigu*, et au contraire il deviendra plus *grave* si la corde est alongée ; et comme les vibrations de cette dernière sont plus lentes, nous en conclurons que la gravité plus ou moins grande des sons, consiste dans la lenteur ou la rapidité des vibrations, ou ce qui est la même chose dans la longueur des ondes sonores excitées dans l'air.

L'oreille pouvant percevoir plusieurs sons à la fois, il y a des ensembles de sons qui lui sont désagréables, et d'autres au contraire qui lui plaisent ; les premiers se nomment discordances, et les derniers *accords ;* l'accord le plus parfait est *l'octave*, et si on essaie au moyen d'un monocorde, quels sont les sons qui le produisent, on verra que les longueurs de corde sont doubles l'une de l'autre, et par conséquent les vibrations sont moitié moins nombreuses; ce sont là les deux sons auxquels l'oreille trouve le plus d'analogie entre eux, exceptés deux sons également graves, dont l'ensemble forme ce qu'on appelle *unisson*. Si on cherche ensuite entre les deux sons précédens, celui qui a le plus d'analogie avec le plus grave des deux, on trouve que la corde qui le donne est les $\frac{2}{3}$ de la première, et cet accord porte en musique le nom de *quinte*. En continuant la même recherche, on trouvera successivement des longueurs de corde égales à $\frac{3}{4}$ pour la *quarte*, $\frac{3}{5}$ pour la *sixte*, $\frac{4}{5}$ pour la *tierce*, $\frac{8}{9}$ pour la *seconde*, $\frac{8}{15}$ pour la *septième*. Ces huit sons, dont le plus aigu est l'octave du plus grave, forment ce qu'on nomme *gamme diatonique*, et chacun de ces sons appelés notes, a reçu un nom particulier, ainsi qu'il suit :

Noms des notes :   ut, re, mi, fa, sol, la, si, ut.

Nombre de vibrations dans un même temps : 1, $\frac{9}{8}$, $\frac{5}{4}$, $\frac{4}{3}$, $\frac{3}{2}$, $\frac{5}{3}$, $\frac{15}{8}$, 2.

Longueur des cordes qui les donnent : 1, $\frac{8}{9}$, $\frac{4}{5}$, $\frac{3}{4}$, $\frac{2}{3}$, $\frac{3}{5}$, $\frac{8}{15}$, $\frac{1}{2}$.

Si on prolonge la même série plus loin, les sons qui en résulteront portent les mêmes noms et dans le même ordre, et seront exprimés par des nombres qui auront entre eux le même rapport que ceux ci-dessus ; d'ailleurs les noms ci-dessus n'expriment pas des sons pris à tel point déterminé dans la suite des sons, mais sont seulement relatifs ; de sorte que deux sons seront toujours la quinte l'un de l'autre, lorsqu'ils seront produit par des vibrations dont le nombre sera, dans le même temps, $\frac{3}{2}$ pour l'un et 1 pour l'autre, quelle que soit d'ailleurs leur gravité ; ce qui prouve que ce qu'on nomme *intervalle musical* n'est pas la différence qu'on trouve en retranchant l'expression numérique d'un son de celle d'un autre, mais bien leur rapport qu'on peut trouver en divisant l'une par l'autre. En continuant donc la série ci-dessus, on obtiendrait plusieurs octaves successives dont les notes seraient exprimées par des nombres dans le même rapport entre eux que ceux de la première octave, et, par conséquent, doubles de ceux-ci, puisqu'on part du second *ut* représenté par 2, et que son octave, ou le troisième *ut*, est le double, c'est-à-dire 4. Nous distinguerons ces notes de diverses octaves par des chiffres ; ainsi sol³ indiquera le sol de la troisième octave, et si l'on suppose qu'on parte du plus grave des sons perceptibles (celui produit par une vibration en $\frac{1}{32}$ de seconde), l'intervalle des sons appréciables embrassera huit octaves dont les premières notes seront : $ut^1 = 1$, $ut^2 = 2$, $ut^3 = 4$, $ut^4 = 8$, $ut^5 = 16$, $ut^6 = 32$, $ut 7 = 64$, $ut^8 = 128$; ce dernier est l'autre limite des sons perceptibles, car 128 vibrations en $\frac{1}{32}$ de seconde, cela fait bien 4096 par seconde. Parmi cette suite de sons, il y en a qui sont plus remarquables que les autres : ce sont ceux exprimés par 1, 2, 3, 4, 5, 6...., c'est-à-dire la suite naturelle des nombres : on les appelle sons *harmoniques*. Si nous cherchons comment ils sont représentés dans la série ci-dessus, nous trouvons que les sons 1 et 2 le sont par ut et ut^2; le son 3 n'est pas dans la première octave, mais il est le double de $\frac{3}{2}$ qui est sol, il est donc sol^2; le son 4 est ut^3; le son 5 divisé par 2 donne $\frac{5}{2}$, et encore par 2 donne $\frac{5}{4}$ qui est mi, et 5 qui a été divisé deux fois par 2 est donc deux octaves au-dessus, ou mi^3; on trouverait de même que 6 est sol^3; mais sept ne se trouverait pas exactement dans cette série, il tombe entre la^3, et si^3, $8 = ut^4$, $9 = ré^4$; et, en général, il faut dédoubler ou diviser par 2 le son donné, jusqu'à ce qu'il tombe entre 1 et 2, c'est-à-dire dans la première octave; on verra par là à quelle note il correspond, et le nombre de fois qu'on aura divisé par 2 indiquera à quelle octave il appartient.

Les sons des huit octaves ci-dessus ne sont pas toujours tous employés en musique; les extrêmes le sont très rarement; l'étendue des diverses voix humaines, depuis les plus graves jusqu'aux plus aiguës, n'embrasse guère que trois octaves, et une même voix en embrasse rarement plus de deux en sons bien justes et bien nourris. Les voix d'hommes sont presque toujours plus graves que celles de femmes : les premières vont à peu près de sol^3 à fa^5, et celles de femmes de $ré^5$ à la^6.

D'après ce que nous avons dit, on peut conclure que ce qu'on appelle *intervalle* en musique est un rapport et non une différence. En effet, on dit qu'il y a le même intervalle entre un *ut* et celui qui est au-dessus qu'entre celui-ci et l'*ut* qui vient après, et nous avons vu que ces trois ut sont produits par des nombres de vibrations qui sont : le premier moitié du second, et le second moitié du troisième. Il en résulte que pour répéter un même intervalle plusieurs fois, trois fois, par exemple, il ne faut pas tripler le nombre qui le représente, mais multiplier trois fois par le rapport des deux sons. Par exemple, $ut^1 = 1$, $sol^1 = \frac{3}{2}$, le rapport de ces deux sons, dont l'un est la quinte de l'autre, est $\frac{3}{2}$, et pour répéter plusieurs fois cet intervalle, il faut multiplier plusieurs fois par ce rapport, et nous obtiendrons 1, $\frac{3}{2}$, $\frac{9}{4}$, $\frac{27}{8}$, $\frac{81}{16}$, etc. ; chacun de ces sons est la quinte du précédent ; les trois premiers sont ut^1, sol^1, $ré^2$; le quatrième est presque égal à la^2, mais un peu plus grand ; le cinquième est très près de mi^3, mais un peu plus grand, etc... Ainsi, pour estimer l'intervalle de deux sons, il faut les diviser l'un par l'autre, et si le rapport obtenu est 1, les sons seront égaux, et nous dirons que l'intervalle est nul.

Si on estime les rapports entre les sons successifs de la gamme, en les divisant les uns par les autres, on trouvera les intervalles suivans dont nous donnons les noms usités.

(1), de l'ut au ré, $\frac{9}{8}$, ton majeur.

(2), du ré au mi, $\frac{10}{9}$, ton mineur.

(3), du mi au fa, $\frac{16}{15}$, semi-ton majeur.

(4), du fa au sol, $\frac{9}{8}$, ton majeur.

(5), du sol au la, $\frac{10}{9}$, ton mineur.

(6), du la au si, $\frac{9}{8}$, ton majeur.

(7), du si à l'ut, $\frac{16}{15}$, semi-ton majeur.

On voit que les intervalles (1), (4), (6) sont égaux, (2) et (5) sont plus petits, mais de peu de chose. Pour estimer leur intervalle, divisons l'un par l'autre, nous obtiendrons $\frac{81}{80}$, intervalle très petit, puisque son expression diffère fort peu de l'unité : il s'appelle un *comma*. Les deux autres intervalles sont bien plus petits. Pour estimer leur intervalle, divisons $\frac{10}{9}$ par $\frac{16}{15}$, nous trouvons $\frac{25}{24}$; cet intervalle plus petit que $\frac{16}{15}$ s'appelle un semi-ton mineur. Mais quoique ces deux intervalles portent le nom de semi-tons, il ne faut pas croire qu'ils soient précisément égaux à la moitié d'un ton ; pour cela il faudrait qu'une note multipliée deux fois par $\frac{16}{15}$ donnât le même résultat que multipliée par $\frac{9}{8}$, ce qui n'est pas exact; car multiplier deux fois par $\frac{16}{15}$, cela revient à multiplier par $\frac{16}{15} \times \frac{16}{15}$, ou $\frac{256}{225}$, fraction un peu plus grande que $\frac{9}{8}$; de même deux semitons mineurs n'équivalent pas au ton mineur $\frac{10}{9}$, car une note multipliée par $\frac{25}{24} \times \frac{25}{24}$, ou $\frac{625}{576}$, donne un peu moins que multipliée par $\frac{10}{9}$, seulement un ton mineur est égal à un demi-ton mineur et un majeur, car $\frac{10}{9} = \frac{16}{15} \times \frac{25}{24}$.

Dans presque tous les morceaux de musique, les notes qui forment la gamme diatonique sont insuffisantes, c'est pourquoi on est obligé d'insérer d'autres sons entre ceux-là; on emploie ce qu'on appelle les notes *diésées* et les notes *bémolisées*; on dit qu'une note est diésée lorsqu'elle est haussée d'un semi-ton mineur, c'est-à-dire multipliée par $\frac{25}{24}$, et, au contraire, bémolisée, lorsqu'elle est baissée de la même quantité, ou divisée par $\frac{25}{24}$. On marque par le signe #, appelé *dièse*, les notes ainsi haussées d'un semi-ton, et par le signe ♭, appelé *bémol*, celles qui sont baissées d'autant. Si on imagine toutes les notes de la gamme avec des dièses et des bémols, on aura, d'un *ut* à l'autre, 22 notes différentes, mais très inégalement espacées entre elles; ainsi de l'*ut* au *ré* il y a plus de deux semi-tons, d'où il résulte que ut # ne vaudra pas tout-à-fait ré ♭; mais il s'en faudra de peu; ré # ne vaudra pas mi ♭, mais il s'en faudra encore de moins; quant à mi♯, il sera plus haut que fa♭, car du mi au fa il n'y a qu'un semi-ton majeur qui surpasse de peu le semi-ton mineur, et ainsi des autres.

Malgré le grand nombre de sons que nous venons d'insérer entre un *ut* et le suivant, ces sons ne seraient pas encore suffisans, et dans le moindre morceau de musique, on serait conduit à produire quelque son qui n'y serait pas contenu; il est bien vrai que lorsqu'en musique, on monte ou descend, c'est toujours par l'un des intervalles que nous avons mentionnés, c'est-à-dire, par quinte, quarte, etc., ou par demi-ton; mais nous venons de voir que deux demi-tons mineurs ne font pas précisément un ton, il en résulte que si après avoir monté plusieurs fois par quintes, on redescend par demi-tons, on ne retombera pas sur les mêmes sons dont on s'était servi d'abord; pour les instrumens tels que la voix, le violon, etc., qui peuvent produire divers sons, quels que soient leurs intervalles respectifs, il n'y a pas d'inconvénient; mais dans les instrumens à sons fixes, tels que pianos, harpes, etc,, où il n'y a qu'un nombre de sons limités, cela n'est pas possible, et il faut absolument que, lorsqu'on redescend après avoir monté, on se serve des mêmes notes dont on s'était servi; on ne peut y parvenir qu'en altérant un peu la justesse des sons; on suppose que deux semi-tons valent juste un ton, et que tous les tons sont égaux entre eux, d'où il résulte que, d'un *ut* à l'autre, on compte 12 semi-tons, savoir : deux lorsqu'il y a un ton soit majeur, soit mineur, et un lorsqu'il y a un demi-ton majeur; ces demi-tons ne seront ni majeurs ni mineurs, mais *moyens*; ils doivent être tels qu'une note multipliée douze fois de suite par le nombre qui les représente, donne juste l'octave, c'est-à-dire un nombre double. Sans le secours des logarithmes, il serait très laborieux de chercher cette quantité; avec ce secours cela devient très facile*, ce nombre est 1,059463, et si nous partons de *ut* nous aurons la gamme suivante qu'on nomme *chromatique*.

---

* Ce nombre est $\sqrt[12]{2}$, car multiplier un nombre quelconque douze fois de suite par cette racine, c'est le multiplier par 2. Pour la trouver on divise, log. 2 par 12, et on cherche à quel nombre correspond le résultat.

	NOMBRE DES VIBRATIONS.	Longueur des cordes qui les donnent.
Ut............ = 1		1
Ut # ou ré♭. = 1,059463		0,943874
Ré............ = 1,122462		0,890899
Ré # ou mi♭. = 1,189207		0,840896
Mi ou (fa♭).. = 1,259921		0,793700
Fa ou (mi #). = 1,334840		0,749154
Fa # ou sol♭. = 1,414213		0,707107
Sol......... = 1,498307		0,667420
Sol # ou la♭.. = 1,587401		0,629960
La......... = 1,681793		0,594604
La # ou si♭.. = 1,781797		0,561231
Si ou (ut²♭). = 1,887749		0,529731
Ut² ou (si #). = 2		0,500000

Les quatre dénominations fa♭, mi #, ut♭, si #,
ne sont pas usitées, parce qu'elles sont la même
chose que mi, fa, si, ut.

Parmi ces divers sons, les uns sont plus haut,
les autres sont plus bas que les sons correspon-
dans dans la gamme vraie, comme on peut s'en
assurer. En se servant de cet gamme moyenne, on
appelle quinte d'un son, celui qui est de sept
demi-tons plus élevé, tierce si l'intervalle est
de quatre demi-tons, etc.

Cette altération des sons , nécessaire dans les instrumens à sons fixes, se nomme *tempéra-ment*.

Si on marque sur un monocorde les longueurs indiquées dans la dernière colonne de ce tableau, et qu'il soit muni d'un chevalet mobile, on pourra obtenir tous les sons de cette gamme moyenne, et par son moyen *accorder* un instrument quelconque, sans avoir besoin d'estimer à l'oreille d'autre accord que l'unisson, tandis que si on fait tout par le secours de l'oreille, on n'y parviendra la plupart du temps que par tâtonnemens, et l'opération sera bien plus difficile. Une preuve que le moyen ci-dessus donne des sons parfaitement accordés, c'est que, si on les compare aux sons d'un instrument accordé par un accordeur des plus renommés, on trouvera qu'ils sont à l'unisson d'une manière si parfaite, qu'on a peine à croire que l'oreille soit capable d'une telle précision.

Les treize sons ci-dessus ne forment qu'une octave, les autres se trouveront en prenant tous les sons qui sont l'octave de ceux qui y sont renfermés, et l'accord d'octave est le plus facile, après l'unisson, à estimer juste.

Comme un monocorde est trop sujet à se déranger, il peut bien servir à donner une octave dont tous les sons soient d'accord entre eux, mais il ne pourra pas donner d'une manière certaine

les mêmes sons d'un jour à l'autre. Pour conserver ainsi un même son indéfiniment sans altération, afin de pouvoir mettre les notes d'un instrument toujours exactement au même ton, en
quelque temps et en quelque lieu que ce soit,
on se sert d'un instrument nommé *diapason;*
c'est une verge d'acier courbée comme une pince,
et dont les extrémités *ab* (*fig. 71*), se rapprochent
l'une de l'autre. Si entre les branches on introduit un corps rond *c*, plus gros que l'intervalle *ab*,
en le faisant passer de force dans cet intervalle,
il écarte les branches qui, lorsqu'il a passé, se
resserrent par leur élasticité, et se mettant à vibrer, produisent un son qui est toujours le même;
en conséquence, si plusieurs musiciens ont chacun par devers soi un diapason au même ton que
les autres, s'ils s'en servent chacun à part, pour
accorder leurs instrumens, lorsqu'ils seront ensemble, tous leurs instrumens seront d'accord
entre eux.

Le diapason dont nous venons de parler, nommé diapason *simple*, ne donne qu'une note; on
construit quelquefois des diapasons *composés*,
qui donnent les douze sons, depuis *ut* jusqu'à *si*,
et ensuite on peut trouver tous les autres, au
moyen de l'accord d'octave. Avec un diapason
simple on est obligé d'estimer à l'oreille tous les
sons de la gamme, ou bien au moyen d'un monocorde dont on a d'abord mis la note convena-

ble d'accord avec le diapason, en tendant ou détendant la corde.

Maintenant que nous avons examiné en quoi consistent les sons et les intervalles musicaux, passons à la manière dont les corps produisent ces sons.

On peut distinguer trois sortes d'instrumens, les instrumens à cordes, ceux à vent, et ceux dans lesquels les corps sonores sont des corps solides et élastiques.

Des instrumens à cordes.

Nous avons déja dit la manière dont le son varie, à mesure que la corde devient plus longue, et à mesure que sa tension est équivalente à un poids plus considérable; quant à la grosseur, elle n'influe qu'en rendant la corde plus pesante, de sorte que, le poids augmentant comme le carré des diamètres pour les cordes homogènes, le temps que durent les vibrations augmente dans le même rapport, et par conséquent le nombre de vibrations par seconde diminue; mais dans le cas où la corde prendrait une pesanteur spécifique plus grande, le son augmenterait de gravité, dans un rapport plus grand que l'augmentation du diamètre; c'est ainsi que pour avoir des cordes à boyaux, qui produisent un son très grave, on les entoure d'un fil métallique qui, pesant davantage, augmente la gravité du son, plus qu'une pareille augmentation de diamètre de la corde à boyaux elle-même.

L'élévation du son est donc dans un rapport inverse de la longueur de la corde, dans le rapport direct de la racine carrée des poids qui la tendent, et en raison inverse du poids de la corde; rien autre n'influe sur la gravité du son qu'elle produit.

Une expérience constante et sans cesse répétée prouve que les corps sonores se communiquent les uns aux autres les vibrations qu'ils exécutent, soit qu'ils se touchent, soit par l'intermède de l'air; cet ensemble de vibrations renforce le son qu'aurait produit le corps ébranlé, s'il eût vibré seul; c'est ainsi qu'en posant un diapason sur la caisse d'un instrument quelconque, on en renforce le son jusqu'à le rendre très sensible, lorsque, isolé, il a cessé d'être perceptible. C'est par cette raison que tous les instrumens à cordes sont munis d'une caisse qui, soit par ses vibrations propres, soit par celles de l'air qu'elle contient, fortifie beaucoup les sons de la corde; mais il y a une très grande différence entre l'effet produit par tel ou tel bois; il faut qu'il soit bien sec et homogène, il devient aussi meilleur par l'usage; le bon effet dépend plutôt de la qualité du bois que de la forme de la caisse, à tel point que, si on démonte un excellent violon, qu'on fasse

des parties absolument semblables et qu'on remonte ensuite l'un et l'autre, le premier sera
toujours excellent et l'autre pourra être très
mauvais; à la vue on pourra les confondre, mais
un connaisseur, les yeux fermés, y trouvera une
différence énorme, lorsqu'il les entendra résonner.

Les vibrations communiquées ainsi d'un corps
sonore à l'autre, soit par l'intermédiaire des supports solides, soit par celui de l'air, est d'autant
plus sensible que les deux corps sont plus susceptibles de produire des vibrations pareilles;
ainsi, si on fait résonner une corde, elle mettra
en vibration toute corde à l'unisson, d'une manière très sensible, et au contraire, si les deux
cordes diffèrent un peu l'une de l'autre, les vibrations communiquées à la seconde seront imper-
ceptibles; cela vient de ce que, dans le premier
cas, lorsque la seconde corde est poussée ou tirée
par les ondulations de l'air, son élasticité répète
cette même pulsation, précisément lorsque l'air
en apporte une seconde, et ces deux pulsations
s'accumulent entre elles, puis avec une troisième,
et ainsi de suite; tandis que dans le second cas,
la première oscillation, répétée par l'élasticité
de la corde, ne concordant pas avec la seconde
impulsion apportée par l'air, elles ne s'accumulent pas, et même se détruisent souvent; d'où il
résulte que les oscillations sont ici insensibles;

mais si la corde vibrante est une partie *aliquote* de l'autre, par exemple $\frac{1}{3}$, cette autre ne répondra pas par des vibrations totales, mais chaque tiers étant à l'unisson de la corde vibrante, entrera lui-même en vibration, et les points de séparation demeureront tout-à-fait immobiles quoique libres, et formeront ce qu'on appelle des nœuds de vibration ; ce phénomène peut être rendu palpable, en fixant, par un arrêt quelconque, le point d'une corde situé au quart de sa longueur; si on fait vibrer ce quart, chacun des trois autres quarts entrera séparément en vibration, sans que les points de division bougent, quoiqu'ils soient libres, de telle sorte que, si on y place de petits morceaux de papier, ils y resteront, tandis que d'autres, qu'on placerait entre deux, seront renversés.

Toutes les fois qu'une corde vibre, non-seulement elle vibre tout entière, mais chacune de ses moitiés vibre aussi, de même chacun de ses tiers, chacun de ses quarts, etc..., de sorte que le mouvement de la corde se trouve très compliqué; ces diverses vibrations produisent ce que nous avons appelé la suite des sons harmoniques du premier son (page 253), et une oreille exercée en distingue facilement plusieurs, surtout les deux premiers qui sont l'octave, et la quinte de l'octave du son primitif. De là résulte qu'une corde vibrante mettra, par communication, en vibration une corde capable de produire l'un de ces sons, c'est-à-dire une corde dont la longueur soit une partie aliquote de la sienne. Enfin, si les deux cordes, sans être une partie aliquote l'une de l'autre, ont une commune mesure, si par exemple, le tiers de l'une se trouve le quart de l'autre, à mesure qu'elle vibrera son tiers vibrera aussi, et mettra en vibration chaque quart de l'autre qui est à l'unisson; et ainsi des autres cas, de sorte que la seconde sera d'autant plus insensible aux vibrations de la première, que leur commune mesure sera plus petite; si par exemple, l'une était les $\frac{59}{100}$ de l'autre, le 59e de la première mettrait en vibration le 100e de l'autre, vibrations qui seraient inaperçues.

Les corps solides exécutent des vibrations comme les cordes, seulement les lois ne sont plus les mêmes, mais il n'en est pas moins vrai que, si on met une corde en vibration, ses vibrations se communiqueront plus ou moins à tout corps solide qui sera à portée d'être excité par elles, ce qui renforcera le son de celle-ci; c'est à cela qu'il faut attribuer ce que nous avons dit de la caisse qui accompagne toujours les instrumens à cordes (page 263).

Vibrations des corps solides.

Les vibrations des corps solides, comme nous

l'avons dit, ne suivent pas les mêmes lois que celles des cordes, le son au lieu de baisser, dans le même rapport que la longueur de la corde augmente, baisse dans le même rapport que le carré de la verge solide augmente, et hausse dans le rapport des épaisseurs, la largeur n'influe pas sur la gravité du son.

Supposons donc qu'on veuille, d'après les données précédentes, calculer les longueurs de verges convenables pour donner la gamme (page 259), en supposant que l'épaisseur reste la même. Soit la première lame prise pour 1, par exemple un décimètre, et soit *ut* le son qu'elle rend, voyons quelle longueur il faut pour le son ut♯ : ces deux sons sont entre eux comme 1:1,059463 (page 259), c'est donc là le rapport entre les carrés des deux verges, elles sont donc l'une à l'autre :: 1 : $\sqrt{1,059463}$, et on peut poser la proportion $\sqrt{1,059463} : 1 :: 1^{\text{d.m}}$

$$: x, \text{ d'ou } x = \frac{1^{\text{d.m}}}{\sqrt{1,059463}} = \frac{1}{1,02930} = 0,97153^{\text{d.m.}}$$

On trouverait de même pour ré , $\dfrac{1}{\sqrt{1,122462}}$, ou 0,94387, et on formerait la table suivante analogue à celle de la page 259.

	Nombre des vibrations dans un même temps.	Longueur des lames qui produisent ces sons à épaisseur égale.
Ut.	1	1
Ut#.	1,059463	0,97153
Ré.	1,122462	0,94587
Ré#.	1,189207	0,91700
Mi.	1,259921	0,89090
Fa.	1,334840	0,86554
Fa#.	1,414213	0,84090
Sol.	1,498307	0,81696
Sol#.	1,587401	0,79370
La.	1,681793	0,77111
La#.	1,781797	0,74915
Si.	1,887749	0,72783
Ut.	2	0,70711

Nous ne nous arrêterons pas davantage aux vibrations des corps solides, parce qu'on les emploie rarement dans la pratique, excepté pour les diapasons et les caisses d'instrumens dont nous avons déja parlé.

Des instrumens à vent.

Les instrumens à vent sont composés de tuyaux dans lesquels on met l'air en vibration.

Ce n'est pas le tuyau même qui est le corps sonore, mais la colonne d'air qu'il renferme : ce qui le prouve, c'est que, si l'on change la matière du tuyau ou son épaisseur, pouvu que la colonne d'air conserve la même longueur, le son ne sera ni plus aigu ni plus grave; le tuyau cependant participe aux vibrations de la colonne d'air, ainsi on s'apercevra fort bien que le son donné par un tuyau de verre n'est pas le même que celui donné par un tuyau de plomb; mais le *timbre* seul est différent, le ton est toujours le même à longueur égale. Nous essaierons dans l'article suivant d'en rendre raison autant que nous le pourrons, car c'est le phénomène d'*acoustique* qu'on connaît le plus vaguement.

Pour ébranler la colonne d'air renfermée dans un tuyau, et la mettre en vibration sonore, le moyen le plus employé consiste à pousser un courant d'air contre un tranchant nommé biseau ; c'est ainsi que dans le *flageolet* une lame mince d'air passe dans l'embouchure, et se dirige sur le bord d'un trou latéral, qui est taillé en tranchant, de manière à partager la lame d'air en deux parties, l'une qui entre dedans, et l'autre qui s'échappe dehors. C'est une disposition analogue qu'on emploie pour les tuyaux d'orgue (*fig. 72*); à l'un des bouts est une ouverture latérale *l*, qu'on nomme la *bouche*, les deux bords *ab*, nommés *lèvres*, sont applatis et rentrés en dedans, sous un angle d'environ 25°; vers ces deux lèvres vient aboutir une cloison mince *c*, qui est taillée en biseau tranchant, et vient presque toucher la lèvre inférieure *a*; c'est par le petit intervalle qui reste entre deux, que passe la lame d'air destinée à exciter le son venant des soufflets qui aboutissent en *d*, elle va se briser contre la lèvre supérieure *b*, qu'on incline plus ou moins, jusqu'à ce qu'on obtienne un son convenable. Il y a deux sortes de tuyaux d'orgue, ceux qui sont fermés à l'extrémité opposée à la bouche, et ceux qui sont ouverts; les premiers se nomment *bourdons*, c'est par eux que nous commencerons.

Soit (*fig. 73*) un bourdon bouché à l'extrémité *a*, et imaginons que, par un moyen quelconque, on excite une suite de vibration à l'orifice *b*; les ondes qui en résulteront, se propageront dans la longueur *ba*, et ne pouvant pas sortir par l'extrémité *a*, l'air se condensera contre le fond; mais bientôt l'élasticité de cet air condensé combattra et détruira la force de l'onde arrivée en *a*, alors cet air, réagissant en sens opposé, renverra une onde semblable vers l'orifice *b*; ce même air se dilatant, les molécules qui s'éloignent de *a*, en vertu de la vitesse acquise, c'est-à-dire de l'élan que leur donne ce mouvement, s'écarteront plus de *a* qu'il ne faut pour être en équilibre avec l'air extérieur, et

l'air se raréfiera en a; cet air raréfié ne faisant
plus équilibre à l'air extérieur, celui-ci se pré-
cipitera de nouveau contre le fond du tuyau, et
ces mouvemens alternatifs continueraient, mais
en diminuant, et auraient bientôt cessé, si quelque cause n'entretenait leur permanence; c'est
à cela qu'est destinée la lame d'air qui souffle sur
la lèvre, si cette lame d'air agit de manière à
produire des vibrations qui coïncident avec les
allées et venues dont nous venons de parler, elles
les accroîtront à chaque vibration, le son prendra de l'intensité, et les vibrations de la bouche
répareront à chaque instant l'affaiblissement qui
pourrait résulter du frottement de l'air contre
le tuyau. Mais si l'embouchure ne produisait pas
des vibrations qui coïncidassent avec les oscillations de la colonne d'air ab, leurs effets ne
s'accumuleraient pas, ou même se combattraient,
et le tuyau *parlerait* mal ou ne parlerait pas;
c'est pourquoi telle embouchure qui fait bien
parler un tuyau ne fera pas parler un autre
d'une longueur différente. La force du vent y
est aussi pour beaucoup : telle force de vent est
bien convenable, si elle augmente un peu, le
tuyau ne parlera plus, et si elle augmente encore il rendra un autre son, qui a, avec le premier, un rapport que nous verrons bientôt.

Pour calculer quel son rendra un tuyau d'une
longueur donnée, observons que la première

vibration doit d'abord parcourir la longueur ab, puis après s'être réfléchie en a, aller ressortir en b, et ce n'est qu'après cette sortie, mais immédiatement, que doit se produire la seconde vibration, afin de coïncider avec l'air extérieur qui s'élance de nouveau contre le fond du tuyau; la durée de la vibration sera donc égale au temps que l'onde sonore emploie à aller de a en b, puis de b en a; si donc on veut que ce soit $\frac{1}{32}$ de seconde, il faudra que la longueur ba, plus ab, soit $\frac{337^{\mathrm{m}}}{32}$ (page 236), ou $10^{\mathrm{m}}\cdot\frac{1}{2}$, ce qui fait $5^{\mathrm{m}}\cdot\frac{1}{4}$ pour la longueur ab du tuyau; un tuyau de cette longueur produira donc le son ut[1]; si le tube était moitié de cette longueur, il est évident que chaque oscillation serait finie en moitié moins de temps, et on aurait l'octave supérieure du son précédent. En prenant cette longueur, $5^{\mathrm{m}}\cdot\frac{1}{4}$, comme unité, les longueurs qui donneront les notes de la gamme diatonique seront celles exprimées pour les cordes (page 251), il en est de même pour la gamme chromatique. Il ne faut pas cependant croire que le son dont nous venons de parler soit le seul que puisse donner le tube ab; il est encore susceptible d'en rendre une infinité d'autres plus aigus, la série de ces sons n'est pas comme pour les cordes la série des sons harmoniques 1, 2, 3, 4 (page 265), mais seulement ces sons de deux en deux, savoir : 1, 3, 5, 7... Pour nous en rendre compte imaginons un tuyau d'une longueur indéfinie *ab* (*fig. 74*). Figurons nous d'abord qu'un obstacle placé en a' empêche l'air renfermé en aa' d'en sortir ; supposons que, par une cause quelconque, cet air soit en partie accumulé contre le fond a, de sorte que sa densité aille en décroissant de a en a', la densité du milieu d, étant la même que celle de l'atmosphère ; l'air condensé en a repoussera l'air qui est en d contre le fond a', ce qui y produira une condensation ; tandis que l'air qui est en ad, en vertu de l'impulsion reçue, se raréfiera, et l'ordre des densités de a en a' sera renversé, la densité en d étant demeurée la même ; mais les molécules qui étaient en ce point se sont déplacées pour s'approcher de a'. Ce renversement se fera dans un temps égal à celui qu'il faut au son, pour arriver de a en a', alors un nouveau renversement s'opérera dans le même temps, ce qui remettra les densités dans leur état primitif, et l'air continuera ainsi d'osciller de a à a'. Si une cause continue quelconque, même très petite, excite ces oscillations, elles seront d'abord peu prononcées, mais si celles qui sont incessamment excitées par cette cause, coïncident juste avec le retour des mêmes oscillations, produit par l'élasticité de l'air contre le fond a, elles seront de plus en plus fortes, et le son deviendrait appréciable. Si au contraire, cette cause excitait des vibrations, qui fussent trop lentes ou trop rapides, pour s'accorder avec celles que reproduit l'élasticité de l'air, elles ne s'accroîtraient pas, et cela ne produirait pas un son perceptible. Imaginons maintenant qu'au lieu d'un fond en a', il s'y produise des condensations et dilatations venant du côté a'', semblables à celles qui se produisent en a et a', et qui fassent constamment équilibre à ces dernières, c'est-à-dire que l'air oscille de a' en a'', de manière qu'il se précipite en a', précisément lorsque celui qui oscille de a en a' se précipite au même point a'; il en sera de cette double oscillation comme de la simple, relativement au rapport qu'il doit y avoir entre la cause qui les produit et la longueur aa', et il faut que $a'a'' = aa'$, car sans cela les oscillations ne se faisant plus dans le même temps, ne lutteraient plus l'une contre l'autre en a', et ce point ce déplacerait bientôt du côté de l'espace le plus long. On peut imaginer autant d'oscillations pareilles qu'on voudra le long du tuyau ab, il y aura une suite de points équidistans a, a', a'', a''', où il se produira alternativement des condensations et dilatations, en sorte que lorsque l'air est condensé en a a'', il est raréfié en a' a''', et un instant après c'est le contraire. Dans les points intermédiaires d, d', d'', la condensation est toujours nulle, mais ce ne sont pas toujours les mêmes molécules qui y sont;

elles sont sans cesse poussées en avant ou en arrière. A présent supposons que pour établir ces vibrations on coupe le tuyau quelque part, et on y applique une embouchure telle que nous l'avons décrite précédemment ; à l'endroit où elle sera, il ne peut pas y avoir de condensation ou dilatation, puisqu'il y a communication avec l'atmosphère : cette embouchure ne peut donc être placée qu'en un des points d, d', d'', d''', où l'air va et vient sans se dilater ni se condenser : si on la place en d, on aura un tuyau où les oscillations seront telles que dans celui que nous avions décrit en premier ; si on la place en d', le son produit sera semblable à celui que donnerait un tube de la longueur $a'\,d'$; si on la place en d'', le son sera semblable à celui que donnerait le tuyau $a''d''$, etc... ; il est facile de voir que $a'd'$ est $\frac{1}{3}$ de ad', que $a''d''$ est $\frac{1}{5}$ de ad'', que $a'''d'''$ est $\frac{1}{7}$ de ad''', etc... ; d'où on voit que le son produit par un tuyau ad, peut aussi être obtenu d'un tuyau ad' qui serait triple, d'un ad'' quintuple, etc... ; un même tuyau peut donc, au moyen d'une embouchure et d'une force de vent convenable, produire les sons que produiraient son tiers, son cinquième, son septième, son neuvième, etc., mais pas d'autre ; ce qui forme bien en effet les sons harmoniques impairs, 1, 3, 5, 7, et si les vibrations excitées par l'embouchure, s'accordent avec l'un de ces sons, la première excitée se propagera jusqu'au fond a du tuyau, sera réfléchie et rencontrera la seconde en a', elles se réfléchiront l'une l'autre, la première retournant en a et la seconde en a'', où elle rencontrera la troisième, etc..; ces oscillations seront d'abord peu énergiques, mais si, comme nous l'avons dit, les oscillations excitées par l'embouchure concordent avec celles qui sont réfléchies, leur intensité s'accumulera et le son deviendra appréciable. On peut confirmer tout ce que nous venons de dire par l'expérience suivante : qu'on place sur une *soufflerie* un tube quelconque muni d'un embouchure à un bout, et d'un fond mobile à l'autre bout, formé par un piston; qu'on applique contre la lèvre supérieure une lame métallique très mince qui puisse glisser, de manière à avancer plus ou moins que cette lèvre, ce qui modifie les vibrations que produit l'embouchure; si le tuyau et son embouchure sont convenablement proportionnés, lorsque cette lame sera en arrière de la lèvre, on obtiendra le son qui convient à la longueur du tuyau; si on avance peu à peu cette lame, les vibrations de l'embouchure ne s'accorderont plus avec les vibrations réfléchies du fond du tuyau, et ces vibrations, peu perceptibles par elles-mêmes, n'étant plus renforcées par cette coïncidence, le tuyau parlera d'abord mal, et puis ne parlera pas; en continuant d'avancer la lame, on entendra d'abord un son vague, puis avec éclat un son qui sera au premier comme 3 est à 1, c'est-à-dire la quinte de son octave; en continuant de même, on aura successivement les sons 1, 3, 5, 7, 9..., avec des silences entre eux, mais aucun des sons 2, 4, 6, 8, ne sera entendu, conformément à la théorie que nous avons énoncée plus haut. De plus, si lorsqu'on a obtenu le son 5, par exemple, on baisse le piston qui forme le fond mobile, de manière à réduire le tuyau au cinquième de ce qu'il était d'abord, on verra que le son est le même, soit qu'on le réduise ainsi au cinquième, soit qu'on le mette au $\frac{5}{5}$ ou qu'on le laisse entier. Cela fournit même un moyen aux personnes non musiciennes de vérifier si le son obtenu d'abord était bien le son fondamental que pouvait donner le tuyau; pour cela, lorsqu'on a obtenu le second son en avançant la lame mise sur l'embouchure, on met le piston au tiers : si le son en est changé, ce n'est pas le son 3 qu'on avait; on le met au cinquième, ensuite au septième, etc..., jusqu'à ce que le son soit le même que pour le tube entier; supposons que ce soit à $\frac{1}{7}$, on en conclura que le second son obtenu est 7; le premier était donc 5, et le tuyau était susceptible d'en fournir deux plus graves 3 et 1, qu'on obtiendra en agrandissant la bouche.

Des tuyaux ouverts en tout ou en partie.

Rappelons-nous que lorsqu'une colonne d'air ab (*fig.* 74), se met en vibration, il y a des points d, d', d'', où l'air va et vient sans changer de densité, et d'autres a, a', a'', a''', où au contraire les dilatations et condensations sont plus fortes qu'en tout autre; pour les points intermédiaires, m par exemple, l'air éprouve des déplacemens comme en d, mais moins étendus, et en même temps des dilatations et des condensations comme en a', mais moins énergiques. Cela posé, si on perce un trou en a, a' ou a'', à cause de cette communication avec l'atmosphère, les condensations ne pourront plus être aussi énergiques et se réduiront presque à rien si ce trou est d'une grandeur suffisante. Si on le perce en d, rien ne sera changé, puisque l'air en d n'éprouve ni condensation ni dilatation; et on pourra même agrandir ce trou, de manière à faire le tour du tuyau, puis enlever la partie da, sans que le son soit changé; il en résultera un tuyau ouvert; ainsi, dans les tuyaux ouverts, comme dans les tuyaux fermés, la colonne d'air se subdivise en parties, dont chacune vibre séparément; mais avec cette différence, que, dans les tuyaux bouchés, en comptant ces parties, à partir de l'embouchure, on en trouve plusieurs égales $d''d'$, $d'd$, et la dernière da est moitié des autres, tandis que dans les tubes ouverts elles sont toutes égales ; il en résulte que la série des sons produits par un tuyau ouvert est 1, 2, 3, 4, 5, car il peut se diviser en autant de parties égales qu'on voudra.

Outre les deux espèces de tuyaux dont nous venons de parler, il y en a d'autres nommés tuyaux à *cheminée*, dans le fond n (*fig. 76*) est percé un trou auquel on adapte un petit tube ne ouvert ; dans ce cas il s'établira, comme auparavant diverses parties na', $a'a''$...., vibrant séparément ; l'air n'étant pas entièrement retenu en n, ne pourra autant s'y condenser qu'en a', mais comme il n'est pas entièrement libre, il s'y condensera néanmoins, d'autant plus que l'ouverture n sera plus petite ; il en résulte que le point n sera un point de l'onde sonore, analogue à quelqu'un des points entre a et d, tel que n (*fig. 74*), ou entre d et a', tel que m ; la partie na ou ma' (*fig. 76 et 77*) sera d'autant plus petite que l'ouverture n ou m sera moindre ; et si elle devient égale au tuyau, an deviendra aussi grand que ad, ce sera un tuyau ouvert (*fig. 75*).

De là nous pouvons tirer plusieurs conséquences importantes : 1° le son des tuyaux à cheminée est intermédiaire entre ceux des tuyaux bouchés et ouverts de même longueur ; 2° la série des sons que peut rendre un pareil tuyau est différente de celle des précédens. Si par exemple la cheminée est telle que an ou ma', soit $\frac{1}{6}$ de aa' ou $a'a''$, lorsque le tuyau se subdivisera en plusieurs parties elles seront toutes égales dd', $d'd''$, $d''d'''$, excepté dn qui en sera $\frac{1}{6}$, puisque $ad = \frac{1}{2}$ et $an = \frac{1}{3}$, ou $d'm$ (*fig. 77*), qui sera $\frac{5}{6}$, et suivant le nombre des subdivisions le tuyau contiendra l'onde sonore un nombre de fois marqué par l'un des nombres : $\frac{1}{6}$, $1 + \frac{1}{6}$, $2 + \frac{1}{6}$, $3 + \frac{1}{6}$, $4 + \frac{1}{6}$, pour les points analogues à m, et $\frac{5}{6}$, $1 + \frac{5}{6}$, $2 + \frac{5}{6}$, $3 + \frac{5}{6}$, $4 + \frac{5}{6}$, pour ceux analogues à n, et comme les sons seront proportionnels au nombre d'ondes contenues dans le tuyau, en multipliant tout par 6 pour ramener le premier son à l'unité, nous aurons les sons suivans : 1, 7, 13, 19, 25, et 5, 11, 17, 23.

La première série, si on en excepte le premier son, très difficile à obtenir, approche d'être proportionnelle à la série 1, 2, 3, 4 des tuyaux ouverts ; 13 est presque double de 7 ; 19 est presque les $\frac{3}{2}$ de 13, etc ; la seconde en approche également, mais augmente plus rapidement ; 11 est un peu plus du double de 5, 17 un peu plus des $\frac{3}{2}$ de 11, etc.

Dans le cas des tuyaux ouverts, $nd = 0$, et dans les séries ci-dessus, $\frac{1}{6}$ et $\frac{5}{6}$, se réduisent

à o et 1 , et la première aussi bien que la seconde deviennent 1 , 2 , 3 , 4.

Dans le cas des tuyaux fermés , $nd = ad = \frac{1}{2} dd'$, et ces séries deviennent toutes deux $\frac{1}{2}$, $1 + \frac{1}{2}$, $2 + \frac{1}{2}$, $3 + \frac{1}{2}$, qui, multipliée par 2 , forme bien la série des impairs 1 , 3 , 5 , 7 , résultats conformes à ce que nous avons déja vu.

Dans le cas d'un tuyau presque fermé , où dn serait presque égal à an ou $\frac{1}{2}$, égalerait, par exemple, $\frac{10}{21}$, les séries deviendraient $\frac{10}{21}$, $1 + \frac{10}{21}$, $2 + \frac{10}{21}$ ... et $\frac{11}{21}$, $1 + \frac{11}{21}$, $2 + \frac{11}{21}$ ... En les multipliant par 21 , on obtient 10 , 31 , 52 , 73... et 11 , 32 , 53 , 74... , séries peu différentes l'une de l'autre, et peu différentes de celle d'un tuyau fermé : 1 , 3 , 5 , 7... ; car 31 surpasse peu le triple de 10 , 52 le quintuple, etc... ; 32 est presque le triple de 11 , 53 le quintuple, etc...

1° Il en résulte encore que du côté de l'embou-
chure la communication avec l'air n'étant pas aussi libre qu'à l'extrémité d'un tuyau ouvert, la dernière subdivision de ce côté doit être plus courte que les autres, ce qu'on peut en effet vérifier au moyen du fond mobile dont nous avons parlé. Un tuyau donne donc le son que donne-
rait un tuyau un peu plus grand, d'après la théo-
rie précédente, si on ne tenait pas compte de l'observation que nous venons de faire; il en résulte aussi que cette abaissement de son sera d'autant plus considérable que la bouche lais-

sera une communication moins libre avec l'air.

2° De la théorie que nous venons d'exposer il résulte plusieurs moyens de corriger le ton que donne un tuyau ; car en donnant aux tuyaux les dimensions indiquées par la théorie, ils ne se trouvent jamais rigoureusement au ton désiré. Supposons premièrement qu'un *bourdon* (page 270) soit d'une matière qui ne se prête pas à l'extension ; on y met un bouchon cylindrique revêtu de peau qui y entre bien juste, et en l'enfonçant plus ou moins on obtient le ton que l'on veut. Mais si le tuyau est de plomb ou d'étain, on a coutume de souder son fond, et voici le moyen de le mettre en ton : on a soin de le faire un peu trop court, de sorte qu'il donne un son trop aigu ; on soude de chaque côté de la bouche deux *oreilles ab* (*fig. 78*), lorsqu'elles sont ouvertes et couchées sur le tuyau, c'est comme s'il n'y en avait pas, mais à mesure qu'on les relève et qu'on les incline vers la bouche, le son baisse, par le motif indiqué page 201.

5° Le même moyen s'emploie pour les tuyaux à cheminée.

Quant aux tuyaux ouverts, il y a d'autres correctifs : 1° on place à l'extrémité ouverte une lame de plomb qu'on incline sur l'ouverture, jusqu'à ce que le ton soit abaissé au point qu'on désire ; cette lame, en gênant la communication avec l'air, rapproche le tuyau d'un bourdon. Si le tuyau est en étain ou en plomb, on le met en ton au moyen de l'instrument *figure 79*. Si on enfonce la pointe a dans le tuyau, on évasera l'extrémité, et alors, gênant moins l'air qui y est renfermé, le bout qui est évasé équivaut à un qui serait plus court, et le son hausse; au moyen du cône creux b, on peut resserrer l'extrémité du tuyau, et le son baisse, puisqu'on rapproche le tuyau d'un bourdon.

Dans les instrumens à vent qui n'ont pas de trous latéraux, tel que le cor, la trompette, on ne peut pas, par la seule embouchure, produire des sons à volonté, ils sont astreints à la loi que nous avons indiquée plus haut, c'est-à-dire qu'on n'obtiendra, en représentant le plus grave par 1, qu'un des sons de la série 1, 2, 3, 4, 5, 6...; si on essaie de comparer ces sons à ceux employés en musique par le moyen (page 253), on trouvera que cette série correspond aux sons : ut, ut ^{2}, sol ^{2}, ut ^{3}, mi ^{3}, sol ^{3}, la ^{3} ♯ + *, ut ^{4}, ré ^{4}, mi ^{4}, fa ^{4} ♯ —, sol ^{4}, la ^{4} ♭ +, la ^{4} ♯ +, si ^{4}, ut ^{5}, ré ^{5} ♭, ré ^{5}, mi ^{5} ♭ —, mi ^{5}, mi ^{5} ♯ +, fa ^{5} ♯ —, sol ^{5} ♭ —, sol ^{5}, sol ^{5} ♯, la ^{5} ♭ +, la ^{5} —, la ^{5} ♯ +, si ^{5} ♭ +, si ^{5}, si ^{5} ♯ —, ut ^{6}. Cette table fait voir

---

* Nous avons indiqué par + ceux qui sont trop forts, et par — ceux qui sont trop faibles.

que les tuyaux dont les deux bouts sont ouverts ne peuvent donner, dans les premières octaves, que des sons très distans les uns des autres ; entre les deux premiers il y a une octave entière ; mais à mesure qu'on s'élève on trouve des sons de plus en plus rapprochés ; ce n'est pas tout, les lèvres du musicien, qui servent d'embouchure, peuvent modifier le son à peu près comme la grandeur de la bouche, et les oreilles qu'on y adapte modifient celui d'un tuyau d'orgue. Par là on peut ramener à leur vraie valeur usitée en musique les sons qui s'en écartent un peu ; en outre, en plaçant la main vers l'orifice opposé, de manière à gêner plus ou moins la communication avec l'atmosphère, on peut abaisser le son presque d'une octave, et par là on parvient à insérer, même dans les premières octaves, des demi-tons que l'instrument refuserait sans cet artifice ; mais il faut, pour les obtenir justes, une habitude qui n'appartient pas au commun des musiciens.

C'est afin de pouvoir faire varier la longueur de la colonne d'air en vibration, qu'on a imaginé les instrumens à trous latéraux, tels que le flageolet, la flûte. Dans ces instrumens, les vibrations sont produites comme dans les tuyaux d'orgue, par une lame d'air qui va se briser contre le bord d'un trou taillé en biseau ; dans le flageolet, c'est l'instrument lui-même qui conduit cette lame d'air, et il suffit de souffler avec une force convenable ; dans la flûte, c'est la bouche qui doit diriger convenablement cet air, aussi son embouchure est-elle plus difficile. Sans déboucher les trous latéraux, on pourrait en obtenir les sons successifs 1, 2, 3, 4..., comme dans tout tuyau ouvert ; mais on a coutume de n'employer que le plus grave de tous, et on en obtient d'autres en débouchant successivement les trous latéraux ; car l'air s'était d'abord divisé en deux parties vibrantes, de sorte que le point où se faisaient les condensations et dilatations successives dont nous avons parlé, s'était placé dans le milieu ; mais par l'ouverture des trous latéraux, la partie de la colonne d'air où ils se trouvent étant plus libre, le point dont nous venons de parler se déplace, se rapproche de l'embouchure, et les vibrations sont plus rapides, ce qui rend le son plus aigu.

Des instrumens à anches.

Ces instrumens au lieu d'être rangés dans la classe des instrumens à vent pourraient l'être dans celle des vibrations des corps solides, car les vibrations sonores y sont produites par les oscillations d'une languette qui les communique à l'air ; mais ces vibrations, excitées par un courant d'air, ne suivent pas la loi des vibrations libres des corps solides.

L'anche (*fig. 80*) est formée d'une rigole *ab* de bois ou de métal, sur laquelle est une lame flexible *cd*, nommée *languette*, qui s'en écarte un peu par son ressort; le tout entre solidement dans la pièce *f*, qui ferme exactement le tuyau *geh*, dans lequel on souffle par l'orifice *c*. l'air n'ayant pas d'autre issue, enfile la rigole *ab*, son courant pousse la languette contre, et bouche le passage; lorsque l'air qui est passé a épuisé sa force d'impulsion contre l'atmosphère, il revient, la languette se relève par son élasticité, et le même effet se renouvelant sans cesse produit un son plus ou moins grave, si les battemens sont assez rapides pour ne pas produire un roulement perceptible. Le ton de ce son dépend de la longueur de la languette, de son élasticité, de son poids, de sa courbure. Pour pouvoir régler ce son à volonté, il y a une tige *ci* qui presse par son ressort contre la languette; à mesure qu'on fait glisser cette tige nommée *rasette*, la partie libre de la languette diminue ou augmente, et la gravité du son diminue ou augmente en même temps. La longueur du tuyau par lequel s'écoule le son n'est point indifférente, il y a une longueur convenable à chaque anche, sans quoi elle parle mal et le son en est moins perceptible ou plus désagréable, la forme de ce tuyau influe aussi sur la qualité du son, sans influer sur sa gravité. Un tuyau évasé rend le son éclatant; au contraire, s'il va en diminuant, ou aura un son étouffé; mais s'il va en s'évasant d'abord et en diminuant ensuite (*fig. 81 ou 82*), le son sera le plus agréable.

Les anches, telles que nous venons de les décrire, produisent un son assez rauque et désagréable, à cause des chocs durs et secs de la languette contre la rigole. Pour adoucir cette rudesse, on revêt souvent de peau les bords où se produisent ces chocs; mais le mieux est de les éviter tout-à-fait. Pour cela l'anche doit pouvoir entrer dans la rigole (*fig. 83.*), et elle est repoussée seulement par son élasticité et celle de l'air. Ces sortes d'anches, de l'invention de M. Grenier, sont si parfaites, que la force du vent n'influe en rien sur le ton, ce qui n'arrive pas avec les autres anches, pour lesquelles cette influence est très sensible, quoiqu'elle ne soit pas considérable.

Il y a aussi des instrumens à anches dont on joue au moyen du souffle des poumons, tels que la clarinette et le haut-bois. Dans ces instrumens, le pincement des lèvres influe sur les vibrations de l'anche, comme le ferait une rasette mobile, et les trous latéraux de l'instrument permettent au musicien d'établir entre la longueur du tuyau et le jeu de l'anche l'accord propre à donner des sons harmonieux.

Article 5.

Des modifications du son autres que la force et la gravité.

Outre la distinction que l'on peut faire des sons en forts et faibles, en graves et aigus, il y a encore d'autres qualités qui les rendent différens les uns des autres ; ainsi on distinguera fort bien un *la* produit par un violon d'un *la* produit par un piano, une harpe, une flûte ou la voix humaine. Dans les sons produits par la voix, on distinguera un *a* d'un *i*, quand même ils auraient la même force et qu'ils seraient à l'unisson. Il y a même encore une autre espèce de modification qui tient seulement à la manière dont le son s'échappe de la bouche, c'est celle produite par les consonnes. Ces diverses modifications du son portent le nom de timbre, articulation. Quelquefois on applique le mot de timbre à une qualité de la voix qui ne devrait pas porter ce nom. Ainsi lorsqu'une voix est moins élevée dans l'échelle musicale qu'une autre, on dit que le timbre en est différent. Il est plus exact de dire que leur gravité est différente, en réservant le mot timbre pour désigner la différence de deux sons, qui les fait distinguer indépendamment de leur gravité.

Nous avons vu dans les articles précédens, en

quoi consistent, sous le rapport physique, la force et la gravité du son : nous avons dit que la force dépend de la plus ou moins grande différence de la densité des diverses parties de l'onde sonore, et la gravité de la fréquence de ces ondes, ou, ce qui est la même chose, de leur longueur, car plus elles seront serrées plus il en arrivera à l'oreille dans le même espace de temps. Au premier abord, on ne conçoit guère qu'il puisse y avoir d'autre modification, dans ces ondes aériennes, que leur densité et leurs distances respectives ; voici à cet égard ce qui nous paraît le plus probable.

Nous avons vu que, en même temps qu'un son est produit par un corps, les diverses parties de celui-ci vibrent aussi séparément, et produisent d'autres sons secondaires qui accompagnent le son principal : la plupart du temps ces sons sont les harmoniques du son principal (page 265), mais suivant qu'on fait vibrer une cloche, une corde, une colonne d'air, il peut fort bien arriver que la force respective de ces divers sons harmoniques ne soit pas la même, dans les uns que dans les autres. Dans les uns ils peuvent décroître très rapidement, et au contraire lentement dans les autres ; la loi de leur décroissement, dépendant des lois particulières selon lesquelles s'exécutent les vibrations des divers corps, doit être assujétie à la même variété.

Par exemple, nous avons vu que, parmi les tuyaux d'orgue, les bourdons ne donnaient pas la même série de sons que les tuyaux ouverts, et ceux-ci ne donnent pas non plus la même série que les tuyaux à cheminée; lorsqu'un de ces tuyaux fait entendre un son, outre les vibrations de la colonne d'air qui produisent ce son, il s'en produit d'autres plus petites, comme cela arrive dans les cordes, mais appartenant toujours à la série de celles que peut donner le tuyau, série qui étant différente pour les tuyaux de *diverses* espèces, produit des ensembles *différens*, quoique la gravité du son, estimée par le son principal, soit toujours la même; aussi l'oreille distingue-t-elle bien les uns des autres, les sons des trois espèces de tuyaux dont nous venons de parler.

De même le timbre des sons produits par une anche, varie avec la forme des tuyaux par où s'écoule le son, parce que la colonne d'air de ces tuyaux rend des sons secondaires qui accompagnent le son principal, et en change le timbre sans en changer la gravité.

Une autre différence peut encore exister entre diverses ondes sonores, et c'est à celle-ci que nous attribuerons de préférence la modification du son, dépendante de l'articulation : c'est l'ordre des densités dans une même onde sonore, ou la loi suivant laquelle elles décroissent d'un point à un autre d'une même onde ; par exemple , *fig. 84*, les ondes *ab, cd*, sont de même longueur ; les densités en *a* et *e* sont les mêmes que en *c* et *f*; cependant on voit que le rapprochement des lignes, représentant la densité, ne suit point la même loi en allant de *a* en *e* que en allant de *c* en *f*.

Nous dirons donc que le timbre dépend du plus ou moins de force de tel ou tel harmonique, et la différence des sons articulés, de la diversité des lois de décroissement dans les densités des diverses parties d'une même onde.

De la voix et de ses imitations.

La voix humaine est un véritable instrument à anche, les poumons servent de soufflet , un conduit nommé *trachée-artère* sert de porte-vent; il est formé de plusieurs anneaux cartilagineux liés par des membranes, c'est au bout de ce canal (dans l'homme et les quadrupèdes), qu'est placée l'anche ; elle est formée de deux ligamens fixés de part et d'autre aux parois de ce conduit, ils sont à peu près parallèles, et laissent entre eux une fente (*la glotte*) par laquelle l'air chassé des poumons est obligé de passer. Ces ligamens s'appellent *cordes vocales*; lorsque, par des muscles destinés à cet usage, on les tient près l'un de l'autre, le vent qui sort des poumons les fait vibrer, ce qui produit un son d'autant plus aigu qu'on les laisse vibrer sur une plus petite étendue, en les tenant en partie appliqués l'un contre l'autre. Pour confirmer cette théorie par l'expérience, on a pris le *larynx* d'un cochon, c'est-à-dire la partie de la trachée où est situé l'appareil vibratoire, et après l'avoir placé sur un porte-vent, lorsqu'on y soufflait on entendait un son qui variait à mesure qu'on serrait plus ou moins le larynx, de manière à laisser vibrer une plus ou moins grande partie des lèvres de la *glotte*, et on imite très bien par là le grognement d'un cochon vivant.

C'est sur ces principes qu'on a essayé de former divers appareils qui imitassent la voix ; il faut pour cela, faire les anches en matières souples, telles que de la peau ou de la gomme élastique ; pour arriver à une imitation passable, il faudrait un grand nombre d'expériences conduites avec patience et sagacité, ce qu'on a fait jusqu'à présent en ce genre est encore bien imparfait.

LIVRE IV.

DE L'EAU ET DES LIQUIDES.

CHAPITRE PREMIER.

DE L'EAU CONSIDÉRÉE MÉCANIQUEMENT.

Article 1ᵉʳ.

Équilibre et écoulement des liquides.

Les liquides, lorsqu'ils sont libres, s'arrangent toujours, pour se mettre en équilibre, de manière que chaque particule du liquide éprouve la même pression de tous les côtés, car si elle en éprouvait une plus forte d'un côté que de l'autre, elle céderait et serait mue du côté opposé. Mais cette pression se mesure uniquement par la hauteur du liquide et non par la longueur que peut acquérir la colonne de liquide en raison des diverses configurations du vase ; par exemple (*fig. 85*), si trois colonnes d'un même liquide *ab*, *cd*, *ef*, sont en communication, le liquide se mettra au même niveau dans toutes trois, et la distance *gh*, mesurée verticalement entre deux lignes horizontales passant par les deux extrémités de ces colonnes, est ce qu'on nomme leur hauteur, elle est indépendante de leur longueur absolue. Ainsi, quoique *cd* et *ef* soient plus longues que *ab*, l'une en raison de son obliquité, l'autre de ses sinuosités, il n'en est pas moins vrai que ces trois colonnes ont la même hauteur.

Si l'une était pleine d'un liquide plus léger que les autres, il est évident qu'elle serait plus haute et compenserait par cet hauteur ce qui manque du côté du poids.

Ainsi, dans des vases quelconques, communiquant entre eux, les liquides tendent à se mettre de niveau, et s'y mettent en effet, si aucun obstacle ne s'y oppose.

Si un vase est percé d'un orifice, soit à son fond, soit sur le côté, soit même sur la paroi supérieure d'une des parties du vase, comme par exemple en *a* (*fig. 86*), l'eau sortira et même jaillira par cette ouverture, si la pression du liquide *bc*, qui l'y sollicite, est suffisante; la quantité qui sortira dépend de la différence de niveau qu'il y a de *a* en *b*, comme nous l'avons expliqué page 159; si, par exemple, le liquide a dans le vase 2^m de hauteur, la rapidité de l'écoulement sera (pages 4 et 159) $4,43 \times \sqrt{2}$ ou $6^{m\cdot},265$ par seconde, et si nous supposons l'ouverture par où il s'écoule de un centimètre carré, il coulera par seconde, $626^{c.m.} \times 1^{c.m.q.}$ ou $626^{c.m.c.}$, ce qui fait un peu plus d'un demi-litre, car le litre vaut $1000^{c.m.c.}$.

Il est facile de concevoir que cette vitesse ne sera pas uniforme, car, à mesure que l'eau s'écoulera, la colonne bc (*fig. 86*) diminuera de hauteur; mais, si on désire un écoulement uniforme, voici la manière de l'obtenir : le liquide étant dans un vase ab (*fig. 87*), on le bouchera avec un bouchon au travers duquel passera un tube ac, descendant jusqu'en c, un peu plus haut que l'orifice d par où le liquide s'écoule. Au premier moment, à mesure que le liquide s'écoule l'air enfermé en e se dilate, et bientôt sa tension diminuant, le liquide n'éprouverait plus une pression suffisante pour vaincre la pression atmosphérique en d, et l'écoulement cesserait aussitôt que cette tension, jointe au poids de la colonne ed, serait inférieure à la pression atmosphérique; mais à mesure que cette pression diminue, l'air poussé par la pression atmosphérique s'introduit par le tube ac, et arrive en c lorsque ce point n'éprouve plus de la part de l'air e qu'une pression qui jointe à la colonne ec, égale celle de l'atmosphère; alors des bulles d'air s'introduisent dans le liquide et montent en e, ce qui maintient toujours une pression, qui ajoutée à *ec*, forme une pression atmosphérique; d'où il résulte, que le point *d* éprouve constamment la pression atmosphérique plus la colonne *cd*; mais comme du dehors il éprouve aussi la pression de l'atmosphère, la pression qui produit sa rapidité, est seulement égale à la différence de niveau de *c* à *d*. Si on enfonçait le tube de manière que cette différence fût nulle ou même que le point *c* fût plus bas que *d*, l'écoulement n'aurait plus lieu.

Quelquefois on emploie des vases dans lesquels l'écoulement, comme nous venons de le dire, ne peut pas s'effectuer (*fig. 88*); le vase est entièrement clos en *a*, et le liquide retenu par la pression atmosphérique ne peut s'écouler en *b*; mais si l'on vient à ôter, par l'orifice *b*, quelque peu du liquide, le niveau s'y abaissant, laisse quelques bulles d'air entrer dans le vase et venir en *c*; cela y augmente la pression et permet au liquide de s'élever quelque peu en *b*, où il reste stationnaire, jusqu'à ce qu'on y enlève de nouveau du liquide. Ces vases sont employés comme écritoires, comme abreuvoirs d'oiseaux et quelquefois pour lampes, le niveau du liquide en *b* reste presque invariable.

La construction de ces lampes varie d'une infinité de manières; mais le principe en est toujours le même. La construction de certains quin-

quets qu'on pend contre le mur est presque semblable à la *fig. 88* ; les quinquets qu'on pend en
forme de lustre et les réverbères n'en diffèrent
qu'en ce qu'il y a plusieurs becs *b*. Dans certaines lampes *astrales*, pour éviter l'ombre que
projette le réservoir circulaire *ab* (*fig. 91*), lorsqu'il est au même niveau que la mêche *c*, on le
place plus haut ; il en résulte le double avantage
d'éviter cette ombre et d'avoir un niveau d'huile
constant, mais il faut que l'orifice *d* soit exactement bouché. D'autres fois (*fig. 92*), le réservoir
est placé encore plus haut, et le verre *ab* passe
au travers ; pour éviter d'avoir à fermer exactement un orifice comme en *d* (*fig. 91*), le réservoir est clos exactement et sa tige *cd* entre dans
la tige *e*, après qu'on l'a rempli ; il n'y a pas à
craindre que l'huile s'échappe en *d*, la même
pression atmosphérique qui la retient en *a*, la
retiendra à plus forte raison en *d*. Souvent on
fait de même pour les réverbères, le réservoir *ab*
a une tige qui entre dans *bc* (*fig. 89*).

Le *tâte-vin* (*fig. 90*) est fondé sur le même
principe, on bouche l'orifice *a* avec le doigt, on
le plonge dans le liquide, l'air que renferme
l'instrument s'oppose à l'introduction du liquide ;
mais, au moment où on débouche en *a*, l'air
sort par là, pendant que le liquide entre en *b*,
et on enlève celui-ci en rebouchant l'orifice *a*.
De cette manière on peut avoir du liquide du

13.

milieu ou du fond d'un vase, tandis qu'en puisant avec un vase ordinaire, on n'en aurait que de la surface.

Du syphon.

C'est ici le lieu de parler d'un instrument qu'on met en usage dans une infinité de circonstances, pour transvaser les liquides, c'est le *syphon*. Dans sa plus grande simplicité, c'est un tube recourbé (*fig. 94*), on en plonge une extrémité dans le liquide a, on aspire avec la bouche en b, par cette aspiration, on supprime l'air qui est dans le tube et l'air qui presse *en a* fait monter le liquide dans le syphon; lorsqu'il est arrivé en b, on cesse d'aspirer et le liquide continue de couler. Pour en rendre raison, observons que l'atmosphère presse également en a et en b, il ne reste donc plus que le poids du liquide; or, la colonne ca tend à faire redescendre le liquide dans le vase a, et la colonne cb à le faire sortir en b; si donc cette dernière est la plus haute, le liquide continuera de s'écouler; au reste, il ne peut se faire de vide en c, car la pression atmosphérique en a et en b s'y oppose, à moins que de a en c il n'y ait plus de 10^{m}, si le liquide est de l'eau; alors la colonne ac ferait équilibre à la pression atmosphérique en a, il se formerait un vide en c, et l'écoulement n'aurait plus lieu. S'il s'agissait de mercure, la hauteur ac ne pourrait surpasser 760^{mm}.

Pour mettre en train le syphon simple, on est obligé, comme nous l'avons dit, d'aspirer en b jusqu'à ce que le liquide y arrive, de sorte qu'on en reçoit quelques gouttes dans la bouche; mais si c'est de l'huile d'éclairage, et à plus forte raison de l'acide nitrique ou sulfurique, on ne peut en recevoir dans la bouche, c'est pour remédier à cet inconvénient qu'on a inventé le *syphon composé* (*fig. 95.*); la branche ab est plongée dans le liquide, et c'est par la branche bc qu'il s'écoule; lorsqu'on veut le mettre en train, on bouche l'ouverture c et l'on aspire en d, jusqu'à ce que le liquide arrive en c, mais non en d, alors on débouche c et le syphon fonctionne comme le syphon simple.

La rapidité de l'écoulement se calcule comme celui par un trou latéral, cette rapidité est due à la pression d'une colonne d'eau égale à la différence de niveau de a à b (*fig. 94*); c'est absolument comme si le vase avait un orifice latéral à la hauteur b. Il en résulte que dans l'appareil (*fig. 87*) destiné à produire un écoulement constant, l'ouverture d peut se remplacer par un syphon (*fig. 95*), il y aura en d un écoulement d'une rapidité constante, due à la pression de la colonne cd. L'explication en serait la même que page 295.

A mesure qu'un corps tombe, sa rapidité va toujours croissant, de sorte que lorsqu'une haute colonne d'eau tombe dans un canal vertical, sa chute tend à s'accélérer en descendant ; c'est là-dessus qu'est fondée la construction des *trombes*, dont nous avons déja parlé ; nous n'y attachons pas assez d'importance pour rien ajouter à ce que nous en avons dit page 219.

Il est une autre invention trop remarquable pour la passer sous silence, c'est celle du *bélier hydraulique*, due à Montgolfier. Voici sur quels principes elle est fondée :

Lorsqu'un liquide commence à s'écouler, il n'a pas de suite la vitesse qu'est capable de lui imprimer la pression à laquelle il est soumis ; mais il l'acquiert bientôt ; si au moment où il a acquis cette vitesse, le passage lui est tout à coup bouché par un obstacle quelconque, l'eau, en vertu de cette vitesse acquise, produira un choc plus ou moins fort contre cet obstacle, choc qu'il ne faut point confondre avec une pression, et qui ne peut lui être comparé (page 11). La *fig. 96* représente un bélier hydraulique dans sa plus grande simplicité : ab est un réservoir d'eau que nous supposons entretenu au niveau constant a, par une source ou d'une manière quelconque ; ce liquide s'écoulera par le conduit horizontal cd, mais la soupape e a été faite d'un poids tel que le courant cd est capable de la fermer lorsqu'il a acquis toute la rapidité qu'il peut acquérir en raison de la hauteur ca ; l'ouverture d étant fermée subitement, le liquide frappera contre cette soupape, et le choc qui en résultera se transmettra dans tous les points du liquide, il soulèvera la soupape f, et une partie de l'eau sera lancée dans le conduit ascendant fg; la vitesse que lui a communiquée le choc sera bientôt épuisée, la soupape e se rouvrira par son poids, et la même chose recommencera; à chaque coup du bélier une partie de l'eau montera dans le tube fg, mais cette partie sera d'autant plus petite que la colonne fg, par sa hauteur, présentera plus de résistance. A chaque coup il s'écoule la même quantité d'eau en d, d'où il résulte qu'on perdra à proportion d'autant plus d'eau qu'il en montera moins en g; de sorte que si on double la hauteur fg, l'eau élevée sera réduite de moitié.

Le bélier hydraulique est applicable toutes les fois qu'on a une chute d'eau ac, et qu'au même endroit on veut élever l'eau au-dessus du réservoir supérieur a.

ARTICLE 2.

Pression exercée et transmise par les liquides.

La pression produite par le poids d'un liquide se fait sentir, non-seulement contre le fond du vase, mais aussi contre ses parois, quelle que soit leur direction; la valeur de cette pression sur une portion quelconque de ces parois dépend uniquement de l'étendue de cette portion et de la hauteur du liquide au-dessus d'elle , sans aucun égard à la forme du vase ou à la situation de ses parois. Ainsi la pression sur le fond des trois vases A, B, C, (*fig. 97*), est égale, parce que ces fonds sont d'égale étendue, quand même les vases contiennent plus de liquide les uns que les autres, pourvu qu'il y en ait une hauteur égale. Cette même pression se transmet latéralement et de bas en haut. Soit, par exemple, les deux vases A, B, (*fig. 98*), ouverts en a et b : sur l'orifice b, qu'on pose un poids, je suppose, d'un kilog., qui la bouche complètement; supposons la surface de cet orifice de $\frac{1}{5}$ de décimètre carré; si on verse de l'eau par l'orifice a, elle sera retenue par le poids b, et ne pourra sortir par cette ouverture; mais lorsque son niveau en a sera de cinq décimètres au-dessus de b, ce poids éprouvera une pression de bas en haut, égale à une colonne d'eau de 5 décimètres de hauteur, et comme l'ouverture b a $\frac{1}{5}$ de décimètre carré, cela fera une pression de $\frac{1}{5} \times 5$, ou $1^{d.m.}$ cube d'eau, ou $1^{kil.}$; cette pression fera équilibre au poids b, et, pour peu qu'on ajoute d'eau, il sera soulevé, quelles que soient d'ailleurs la forme et la grandeur de la partie a du vase; la hauteur de l'eau qui y est a seule de l'influence sur la pression qui soulève le poids b, comme on peut s'en assurer par l'expérience , en faisant faire les deux vases A et B en verre ou en fer blanc.

Si le poids b était de $7^{kil.}$, et sur un orifice de $0^{d.m.c.}$, 35, la hauteur de la colonne a au-dessus de b devrait être $\frac{7}{0,35}$ ou $20^{d.m.}$

On conçoit par là la possibilité de produire une pression considérable au moyen d'une colonne d'eau peu volumineuse et très haute ; car si le tube a (*fig. B*) a par exemple $1^{c.q.}$ de grosseur et $30^{m.}$ de hauteur, il ne contiendra que $3000^{c.} \times 1^{c.q.}$ ou 3000 centimètres cubes, valant *3 litres*, et la pression produit en b, si l'orifice est de $1^{m.q.}$, sera $30^{m.} \times 1^{m.q.}$ ou $30^{m.c.}$, ce qui fait, si c'est de l'eau, $30000^{kil.}$

Mais un tube très haut étant très incommode et même souvent impossible, on y supplée en mettant en a un piston sur lequel on agit avec une force équivalente à la colonne d'eau que contiendrait un tube très élevé. La pression produite en b est la même ; c'est sur ce principe qu'est fondée la construction des *presses hydrauliques (figure 99)*, ab est un cylindre de fonte très épais, en partie plein d'eau, dans ce cylindre en entre un autre cd, parfaitement tourné, et d'égale diamètre dans toute sa longueur ; l'espace qu'il y a entre les deux cylindres est exactement bouché à la hauteur ef par un cuir circulaire, retenu et pressé par la rondelle bg, qui elle-même est fixée par des boulons qui ne sont pas marqués dans la figure ; le fond ah est percé d'une ouverture i, garnie d'une soupape qui permet à l'eau

d'entrer, mais non de sortir. On conçoit facilement que lorsque l'eau est foulée dans l'intervalle h, sa pression fait monter le cylindre ed,
et presse un corps quelconque k, placé entre les
plateaux l et m. Pour fouler l'eau en h on se
sert d'une pompe foulante o, dont le mécanisme
est le même que celle des pompes foulantes,
page 125, excepté que la plupart du temps au
lieu d'un piston il y a une tige $o\,p$, parfaitement
cylindrique, serrée fortement entre de la filasse
ou des cuirs circulaires en o. En g est une ouverture dont les bords extérieurs *sont* bien
dressés, elle est bouchée par une plaque garnie
d'un cuir qui est pressé contre le fonds ah par
le contre-poids r; on le soulève lorsqu'on veut
vider le cylindre ah pour desserrer la presse.
Cette plaque sert en même temps de soupape
de sûreté à la manière de celles décrites page 79.
Le tout est environné d'une bande de fer forgé
stu, le meilleur possible, attendu que c'est
cette bande qui supporte tout l'effort. Pour
bien faire, il ne faut pas que cette bande soit
formée d'une seule barre de fer dont on souderait
les deux bouts, mais de barres de fer très longues qu'on soude les unes au bout des autres de
manière à faire trois fois le circuit stu, on
courbe le tout suivant ce circuit et on soude le
tout ensemble.

Il est facile de calculer la pression qu'on

pourra produire au moyen d'une presse hydraulique dont on connaît les dimensions.

La pression se transmet du piston o au fond c,
en restant la même, c'est-à-dire équivalente à
une colonne d'eau de même hauteur, mais la
pression absolue (page 11) se calculant en multipliant cette hauteur par les surfaces du fond c,
et de la section circulaire du piston o ; il en
résulte que les pressions absolues exercées en o
et en c seront entre elles comme ces deux surfaces, ou, ce qui revient au même, comme les
carrés de leurs diamètres. Soit donc le diamètre extérieur $ef = 20^{\text{c.m.}}$ et le diamètre du
piston $o = 1^{\text{c.m.}}$. Leurs carrés sont 400 et 1^{c},
d'où je conclus que la pression transmise en c :
la pression exercée en o :: 400 : 1. Si donc on
exerce en o une pression $= 500^{\text{kil.}}$ il y aura en c,
et par conséquent en k, $500 \times 400 = 200000^{\text{kil.}}$.
Cette pression peut être produite par une pres-
sion de $50^{\text{kil.}}$ en y, si vx n'est que $\frac{1}{10}$ de vy,
comme nous le verrons en mécanique.

Il est facile de voir, d'après le calcul précédent, qu'on obtiendra une pression d'autant
plus forte, que le piston o sera plus petit par
rapport au diamètre ef ; mais en même temps
comme cela introduit peu d'eau à la fois, la
presse ne se ferme que lentement ; c'est pourquoi dans les presses hydrauliques très puissantes on met deux corps de pompes : l'un

gros produit une pression peu intense, mais fait monter vite le plateau m, on s'en sert d'abord; l'autre petit produit ensuite une pression très énergique.

On se sert quelquefois de la presse hydraulique pour éprouver la résistance dont un vase est capable, comme nous l'avons indiqué page 79, alors elle se réduit à un simple corps de pompe o, au bout duquel on fixe un tube qu'on fait communiquer à l'intérieur du vase à éprouver. Si on exerce en y une pression de $50^{kil.}$, sans que le vase en souffre, on en conclura qu'il peut éprouver une pression de $637^{kil.}$ par centimètre carré; car nous avons supposé $vx = \frac{1}{10} vy$, la pression en o est donc $50^{kil.} \times 10$ ou $500^{kil.}$; et nous avons aussi supposé le diamètre du piston o de $1^{c.m.}$, ce qui donne (p. 79, note) une surface de $\frac{1}{4} \times 3$, 141 ou 0,785, et la pression absolue étant de $500^{kil.}$, cela fait pour la pression relative $\frac{500}{0,785}$, ou $637^{kil.}$ par centimètre carré. Cet essai n'offre aucun danger, l'eau n'étant pas expansible ne lance pas les débris du vase essayé, quand même il éclate.

Nous finirons cet article par la description de la fontaine de Héron, et d'une espèce de lampe à niveau constant qui est une véritable fontaine de Héron.

La fontaine de Héron, représentée *fig.* 100, est composée de trois réservoirs a, b, c, communiquant par divers tuyaux. Le réservoir supérieur est ouvert, les deux autres sont fermés. On verse d'abord par l'orifice *d* de l'eau dans le second réservoir jusqu'à la hauteur de l'extrémité *e* du tube *ef*; pendant ce temps l'ouverture *g* doit être ouverte, afin que l'air qui était en *e* puisse s'échapper par *efg* à mesure que l'eau entre par *d*; ensuite on ferme *d* et *g*, et on verse de l'eau en *h*; cette eau descend par le conduit *hi*, et par son poids condense l'air en *k* avec une force équivalente à la colonne d'eau *ca*; cette pression se transmet à l'air qui est en *e* par le tube *fe*, presse la surface du liquide *b* et le force à s'élever par le tube *el* à une hauteur égale à la colonne *ac*, si ce tube *el* est assez prolongé, s'il ne l'est pas, l'eau formera un jet continu *lm*.

Mais il faut remarquer que la force avec laquelle le liquide est soulevé au-dessus du point *e*, va sans cesse en diminuant, parce que le niveau *a* baisse en même temps que *c* s'élève, ce qui diminue doublement la colonne *ac*. De plus, comme le niveau *b* baisse aussi, il en résulte que le point *m* serait également de plus en plus bas, quand même *ac* resterait le même. Il a fallu remédier à ces trois causes pour obtenir un niveau constant, en prolongeant le tuyau *el* jusqu'en *m*; c'est ce qu'on a fait dans les lampes que nous allons décrire.

On verse de l'huile d'abord par le tube *ef* (*fig.* 101), il tombe dans le réservoir *h* par le tube *ikl*, ensuite, au moyen d'une petite pompe placée dans l'appareil en *mn*, et que nous n'avons que vaguement indiquée dans la figure, on élève cette huile de *h* en *g*, c'est elle qui est destinée à monter à la mèche *o* par le tube *po*; cela fait, on verse de nouveau de l'huile par *e*; il en entre un peu en *h*, mais l'air ne pouvant s'échapper comme la première fois par *gr po*, puisqu'il y a de l'huile en *p*, se condense en *h* et s'oppose bientôt à l'entrée du liquide par *l*; alors le vase *s* se remplit pendant que l'air s'échappe par un tube à côté de la pompe *mn* qu'on bouche aussitôt que le vase *s* est plein, alors commence le jeu de cette lampe que nous allons expliquer.

La pression que produit le liquide *s* sur l'air qui est en *l* n'est plus variable comme dans la *fig.* 100; car le tube *ef* produit, par le tube *ikl*, un écoulement constant sous une pression égale à *ab*, tel que nous l'avons expliqué page 295; la hauteur du liquide qui est en *s* n'y fait rien; celle de celui qui est en *h* n'y fait pas davantage, à cause de la courbure du tube *ikl*, c'est toujours en *l* que se fait l'écoulement; cette pression, constamment égale à *ab*, se transmet par l'air du tube *gr* jusqu'au point *t*, mais non à l'air *u*, car elle a à vaincre pour cela le poids du liquide *tu*, ce qui fait que ce n'est qu'à la hau-

teur *c* que le liquide éprouvera une pression
égale à la colonne *ba* ; la hauteur *cd* sera donc
constamment égale à *ba*, et, par conséquent, le
niveau *d* ou *o* sera constant à mesure que l'huile
qui monte dans la mèche brûlera. Lorsque toute
l'huile *pu* est brûlée, on tire par la pompe *mn*
l'huile de *h* en *g*, et on en verse de nouvelle en *e*,
comme on avait fait la première fois. Le tout est
renfermé dans une colonne qui ne laisse d'apparent que le bout *o* dans lequel on met un appareil propre à contenir la mèche et à l'élever à
volonté.

ARTICLE 3.

Équilibre des corps flottans.

Lorsqu'un corps est plongé dans un liquide,
son poids en est diminué ; par exemple, suspen-
dez un corps quelconque sous le bassin d'une
balance, ou à la place de ce bassin même, et mettez dans l'autre bassin les poids convenables pour
faire équilibre, approchez ensuite de ce corps
un vase plein de liquide, d'eau, par exemple, et
élevez-le de manière que le corps soit plongé, à
l'instant vous verrez l'autre bassin l'emporter,
quoique d'abord il fût en équilibre, et vous
pourrez, en diminuant les poids qui y sont, mesurer de combien le poids du corps en expérience a diminué. Cette diminution est toujours
égale au poids d'un volume de liquide égal au

volume de ce corps; ce qui fournit un moyen commode de mesurer très exactement ce volume, comme nous le verrons bientôt.

Il est facile de se rendre compte du principe que nous venons d'énoncer : si dans un liquide en repos on imagine une partie de ce liquide d'une forme quelconque, un centimètre cube, par exemple, cette portion tend à descendre par son poids, mais d'autre part, le liquide environnant le presse de toutes parts, de haut en bas, latéralement, de bas en haut ; cette dernière pression est la plus forte, comme agissant sur des points plus bas, et puisque le centimètre cube dont nous parlons est en repos, on peut en conclure que l'effet de toutes ces pressions est exactement de soutenir son poids ; leur ensemble est donc équivalent à une puissance qui pousserait cette portion de liquide de bas en haut, avec une force égale à son poids. Si maintenant, à cette portion de liquide est substitué un corps quelconque de même volume et de même forme, il sera pressé par le liquide environnant, absolument de la même manière, c'est-à-dire que l'ensemble de toutes les pressions qu'il éprouve équivaut à une force qui le pousserait de bas en haut, égale au poids du volume de liquide qu'il a remplacé, et qui, par conséquent, diminuera son poids de toute cette quantité, comme nous l'avons énoncé plus haut.

Il résulte encore de là que 1° si le poids du corps surpasse celui d'un égal volume de liquide, il sera mu de haut en bas, mais seulement avec une force égale à la différence ; 2° si le poids du corps est égal à celui d'un égal volume de liquide, le corps restera en équilibre sans être poussé ni au haut ni au bas, à quelqu'endroit qu'il soit placé ; 3° si ce poids est plus petit que celui d'un égal volume de liquide, la force qui sollicite le corps de bas en haut l'emportera sur son poids, et le corps montera à la surface du liquide ; tel est, par exemple, le liége à l'égard de l'eau, et le fer à l'égard du mercure.

Les conséquences de ce qui précède sont très importantes ; on en tire les moyens de déterminer facilement les pesanteurs spécifiques, soit des solides, soit des liquides, ce qui reçoit une foule d'applications dans les arts.

1°. *Pesanteur spécifique des solides.*

Nous avons dit que la détermination de la pesanteur spécifique d'un corps dépend de celle de son volume, car la balance fournit le moyen d'estimer son poids, et en divisant l'un par l'autre, on obtient la pesanteur spécifique (page 5).

Pour déterminer le volume d'un corps avec une précision égale à celle avec laquelle on dé-

termine son poids, on se sert d'une balance.
Sous l'un de ses bassins, ou à sa place, on pend
le corps en expérience, on le pèse exactement
hors de l'eau d'abord, ensuite dans l'eau, comme
nous l'avons dit ci-dessus, on note la différence
des poids. Nous avons vu ci-dessus que ce poids
est égal au poids d'un pareil volume d'eau. On
connaîtra donc facilement ce volume, car nous
savons que chaque gramme d'eau occupe un centimètre cube. Si par exemple on trouve pour cette
différence $35^{g.},5$, on en conclura que le volume
du corps est de $35^{c.m.c.},5$, et si on a trouvé d'ailleurs qu'il pèse $143^{g.}$, le centimètre cube pèse
$\frac{143}{35,5} = 4^{g.},03$, telle est donc sa pesanteur spécifique.
Si le corps surnageait tel que le liége ou le bois,
on le fixerait à un morceau de plomb, on déterminerait le volume de l'ensemble comme
nous venons de le dire, ensuite on déterminerait séparément celui du morceau de plomb,
celui du liége serait la différence entre deux.
Soit par exemple $7^{c.m.c.},5$, le volume de l'ensemble, $2,25$, celui du morceau de plomb, on en
conclura que celui du liége est $7,5 - 2,25$ ou
$5,25$; s'il pèse $1^{g.},75$, on en conclura que le
centimètre cube pèse $\frac{1,75}{5,25}$, ou $0,333$, c'est donc
là sa pesanteur spécifique.

On peut suppléer à l'emploi de la balance par
l'aréomètre de Nicholson, dont nous parlerons
à la fin de cet article.

2°. Pésanteur spécifique des liquides, aréomètres.

L'aréomètre est un instrument de verre ou de métal qui plonge en partie dans un liquide, l'autre partie restant au dehors. Il est fondé sur ce que nous avons dit ci-dessus qu'un corps plongé dans un liquide perd une partie de son poids égal à celui du volume de liquide qu'il déplace, il en résulte que si le corps est plus léger que ce volume de liquide il sortira en partie ; mais lorsque la partie plongée sera telle qu'un pareil volume d'eau pèse exactement autant que le corps tout entier, alors la force qui le soulève étant égale à son poids, il restera en équilibre, tel est l'aréomètre.

Cet instrument peut être disposé de plusieurs manières. La plupart du temps il se compose de deux boules de verre (*fig. 102*), l'une inférieure est pleine de mercure ou de plomb, l'autre supérieure est vide et surmontée d'un tube sur lequel sont marqués des degrés. La première tendant par son poids à occuper la partie inférieure maintient l'instrument dans une situation verticale lorsqu'on le plonge dans un liquide. Lorsque l'instrument est de verre, les dégrés sont marqués sur un papier dans l'intérieur de la tige ; lorsqu'il est de métal, ils sont marqués à l'extérieur.

i4

D'après ce que nous avons dit, plus le liquide sera léger, plus l'instrument s'enfoncera; car dans tous les cas le volume de liquide déplacé doit avoir un poids égal à celui de l'instrument, il en résulte qu'on peut se servir de cet instrument pour déterminer le poids spécifique des liquides.

On a coutume de faire les degrés des aréomètres égaux, il en résulte que le volume du liquide déplacé, c'est-à-dire le volume de liquide pesant autant que l'instrument, augmente proportionnellement au nombre de degrés ; de ce volume plus ou moins grand dépend la pesanteur spécifique du liquide , mais elle ne lui est pas proportionnelle , de sorte qu'un aréomètre à degrés égaux ne peut indiquer directement les pesanteurs spécifiques, mais on peut les en déduire facilement.

Il y a plusieurs espèces d'aréomètres en usage dans les arts , ils sont tous fondés sur les mêmes principes et ne diffèrent que par leur graduation.

Aréomètre centésimal.

Nous donnons ce nom à un aréomètre dont chaque degré représenterait exactement un centième du volume de la partie de l'instrument immergée dans l'eau à 0° de température. Au point jusqu'auquel l'instrument plongerait

alors, serait o, puis 1 , 2 , 5 degrés , soit au-
dessus , soit au-dessous. Il en résulterait que
les degrés au-dessus indiqueraient directement
combien de centièmes de plus qu'un litre occupe
un K. du liquide , et les degrés au-dessous combien de centièmes de moins ; ensuite ayant le
volume du K. , il serait facile d'avoir le poids
spécifique (page 5).

Soit par exemple un liquide dans lequel cet
aréomètre plonge de 7^d au-dessus de o, on en
conclura qu'à poids égal ce liquide occupe un
volume plus grand que l'eau de $\frac{7}{100}$, or $1^{kil.}$ d'eau
occupe 1^l ; $1^{kil.}$ de ce liquide occuperait donc
1,07 et son poids spécifique serait $\frac{1}{1,07}^{kil.}$ ou 0,954.

Si c'était 7 degrés au-dessous , le volume de
$1^{kil.}$ serait 0^l,93 et le poids spécifique $\frac{1}{0,93}^{kil.}$
ou 1,075.

Pour graduer cet aréomètre on le plongerait
d'abord dans l'eau , et on marquerait le point
jusqu'auquel il plonge, c'est le o ; ensuite, après
avoir pesé exactement l'aréomètre, on fixerait
à l'extrémité supérieure de sa tige un poids égal
à 0,20 de son poids , et le plongeant de nouveau
dans l'eau, on marquerait le point d'affleurement, et l'intervalle entre ces deux points serait
de 20 degrés, on le diviserait donc en 20 parties
pour en avoir un.

Lorsqu'on a un aréomètre gradué il peut
servir de modèle pour en graduer autant qu'on

voudra ; pour cela on les plongera tous dans l'eau et on marquera le point d'affleurement, c'est le o, ensuite on mêlera de l'eau et de l'alcool jusqu'à ce que l'aréomètre qui sert de modèle s'enfonce dans le mélange jusqu'au 15ᵉ degré par exemple, et plongeant les autres aréomètres dans le mélange, on marquera 15 au point d'affleurement, on divisera l'intervalle en 15 parties etc. Ce que nous venons de dire s'appliquera aussi bien à tous les autres aréomètres qu'à l'aréomètre centigrade.

Il convient d'avoir divers aréomètres pour les usages divers auxquels on peut les employer. Ainsi un aréomètre centésimal allant depuis o jusqu'à 3o au-dessus peut servir pour tous les liquides plus légers que l'eau, les esprits par exemple et les liqueurs, l'alcool absolu marquerait un peu plus de 26, l'esprit de vin, connu sous le nom de $\frac{5}{6}$, marquerait à peu près 19 ; un aréomètre allant depuis o jusqu'à 5o au-dessous pourrait s'employer pour les liquides plus pesans que l'eau, par exemple les acides et les sirops, l'acide sulfurique concentré marquerait 46.

Aréomètre de Cartier ou pèse-liqueurs.

Cet aréomètre très connu dans le commerce, s'emploie pour les eaux-de-vie, esprits-de-vin, il ne diffère du précédent que par la graduation ;

plongé dans l'eau il marque 10, et chaque degré en sus correspond à 0,0082 du volume immergé à 10, d'où il résulte, que si on veut en graduer un sans avoir de modèle, il faut d'abord marquer 10 en le plongeant dans l'eau, ensuite peser l'instrument et ajouter au haut de sa tige $\frac{82}{1000}$ de son poids, alors il plongera jusqu'à 20, que l'on déterminera de cette manière : on divisera l'intervalle en 10 parties, etc.

Si on a déjà un aréomètre gradué avec soin, on fera comme il a été dit pour l'aréomètre centésimal.

A l'aréomètre de Cartier, tel que nous l'avons gradué ci-dessus, l'alcool absolu à une température de 12°,5 doit marquer 42, et le $\frac{3}{6}$ 35 ; mais il paraît, d'après un travail de M. Gay-Lussac, que cet instrument a dégénéré entre les mains des artistes, et qu'au lieu de marquer 42 dans l'alcool absolu, il marque 43 $\frac{5}{4}$.

Aréomètre ou alcoomètre de Gay-Lussac.

L'usage de cet instrument est d'estimer la quantité d'alcool contenue dans les liquides spiritueux, et il ne peut donner par une simple opération les pesanteurs spécifiques ; en un mot, c'est un instrument sans usage autre que celui auquel il a été spécialement destiné; ses degrés sont inégaux, mais indiquent des quantités égales d'alcool.

Il a été construit de manière que son échelle indiquât directement le nombre de centièmes d'alcool contenu dans un liquide dont la température fût 15°; ainsi un esprit de 3o^{deg.} de l'alcoomètre, est un esprit qui sur 100 litres contient 3o litres d'alcool; mais à toute autre température que 15°, il y a des corrections à faire, à cause de la dilatation du liquide; elles varient suivant sa force alcoolique, car la dilatation de l'alcool est bien plus considérable que celle de l'eau.

M. Gay-Lussac a publié une instruction dans laquelle on trouve des tables propres à résoudre facilement les questions qu'on peut se proposer, soit pour estimer l'alcool contenu dans une quantité déterminée de liquide, soit pour savoir ce qu'il faut ajouter d'eau à un liquide pour le ramener à telle ou telle force; nous allons les indiquer sommairement.

Il faut d'abord distinguer la *force* d'un liquide de sa *richesse*. Sa force c'est le degré qu'il marque à l'alcoomètre lorsqu'on amène sa température à 15°; sa richesse est la quantité d'alcool contenu dans un litre du liquide. Lorsqu'il est à 15° la force et la richesse sont une même chose, mais il n'en est pas ainsi à toute autre température; par exemple, un esprit marquant 51^{deg} à 29° a pour force réelle 45^{deg.},7, c'est-à-dire que ramené à 15° il marquerait 45,7 ou renfermerait 45^{lit.},7 d'alcool par hectolitre; mais on n'en peut pas conclure que sa richesse est 45,7 , car 1000 litres à cette température, réduits à 15° n'occuperaient plus que 990 litres, et ces 990 litres contenant 45 $^{lit.}$,7 par 100 litres, renferment en tout 45,7 $\times \frac{990}{100} =$ 452 $^{lit.}$; ainsi, 1000 litres marquant 51$^{deg.}$ à 29°, ne contiennent que 452 lit. d'alcool pur à 15°., c'est pourquoi on dit que sa richesse est de 452 pour 1000, ou 45,2 pour 100, tandis que sa force réelle est 45,7 et sa force apparente 51.

Étant donnée une certaine quantité d'alcool quelconque on peut se demander : quelle est sa force, quelle est sa richesse, combien elle renferme d'alcool pur, combien il faudrait y ajouter d'eau pour le ramener à telle ou telle force? nous allons résoudre successivement ces quatre problèmes.

1° Pour trouver sa force, s'il est à 15°, il suffira d'y plonger l'aréomètre et de voir jusqu'à quel degré il s'enfonce; lorsque le liquide spiritueux ne sera pas à la température de 15°, on y ramènera un échantillon du liquide, soit en l'échauffant avec la main, soit en le refroidissant au moyen d'eau de puits; M. Gay-Lussac donne dans son instruction des tables qui dispensent de ramener la température toujours au même point.

2° On trouve dans la même instruction des tables propres à donner la richesse d'un liquide dont on connaît la force et la température, mais on peut la trouver par le calcul, connaissant les dilatations de l'eau et de l'alcool. Nous avons vu, page 64, que l'eau se dilate de 0,0042 entre 0° et 30°, ce qui fait 0,00014 par degré, et l'alcool de 0,1255 pour 100° ou 0,00125 par degré.

Supposons que nous ayons un liquide spiritueux à 25° dont la force réelle soit 83, ramené à 15° il contiendra, sur un litre, 0,83 d'alcool et à peu près 0,17 d'eau*, les 0,83 d'alcool se dilatent pour 1° de $0,00125 \times 0,83 = 0,0010375$, et les 0,17 d'eau de $0,17 \times 0,00014 = 0,0000238$, ce qui fait en tout une variation de volume de 0,0010613 par litre pour 1°, et $0,0010613 \times 10 = 0,0106$ pour 10°, ce qui réduirait le litre à 0,9894, et comme il n'y a que 0,83 d'alcool, cela fait $0,9894 \times 0,83 = 0,821$. Le liquide ci-dessus contient donc 0^{lit},821 d'alcool par litre ou 821 litres sur mille, c'est là sa richesse.

3° Lorsqu'on a calculé la richesse du liquide, on aura la quantité d'alcool que contient une quantité donnée de ce liquide, par une simple multiplication : soit proposé 3847 litres d'esprit

---

* Nous disons à peu près, car on aurait tort de croire qu'un litre d'eau et un litre d'alcool fassent 2 litres de mélange ; toutes les fois qu'on mêle ces deux liquides, ils se pénètrent l'un l'autre, ce qui rend le volume du mélange plus petit que celui des deux liquides séparés.

à 25° et 83 de force réelle, nous avons vu ci-dessus qu'il contient 0,821 par litre, cela fait donc 0,821 $\times$ 3847 = 3158 litres d'alcool absolu.

4° Pour ramener un alcool donné à une force déterminée, opération qu'on désigne par le nom de *mouillage*, le problème serait facile si le mélange ne se contractait pas comme nous l'avons dit page 320 note; mais cette contraction le rend bien plus compliqué, de sorte qu'on ne peut guère le résoudre qu'au moyen d'une table des quantités d'eau contenues dans les ésprits de diverses forces. Voici une table suffisante pour cet usage, elle n'est que de 5 en 5, mais pour chaque degré intermédiaire on peut prendre $\frac{1}{5}$ de la différence entre deux nombres consécutifs donnés par la table.

Degrés du liquide spiritueux.	Nombre de litres d'eau sur 1 litre d'alcool absolu.	Degrés du liquide spiritueux.	Nombre de litres d'eau sur 1 litre d'alcool absolu.
30	2,4236	65	0,5939
35	1,9457	70	0,4776
40	1,5855	75	0,3756
45	1,3026	80	0,2858
50	1,0746	85	0,2055
55	0,8864	90	0,1326
60	0,7286	95	0,0650

Supposons qu'on veuille faire de l'eau-de-vie à 35 avec de l'esprit à 85; je vois ci-dessus qu'à 35 un litre d'alcool est mêlé à 1^{lit},9457 d'eau, tandis qu'à 85 il en a 0,2055, la différence est 1,7402, il faut donc ajouter cette quantité d'eau sur chaque litre de l'alcool contenu dans l'esprit 85; supposons par exemple, qu'on ait 1000 litres d'esprit à 85, il contient $1000 \times \frac{85}{100} = 850$ litres d'alcool, il faut donc ajouter $1,7402 \times 850 = 1479$ litres d'eau, et le volume du mélange ne sera pas $1000 + 1479 = 2479$ à cause de la contraction, mais $1000 \times \frac{85}{55} = 2428$, la contraction est donc de 51 litres.

L'alcoomètre à cause de l'inégalité de ses degrés est plus difficile à graduer que les autres aréomètres; voici comment on pourra s'y prendre : plongez l'instrument dans l'eau et marquez 0 au point d'affleurement; ajoutez sur l'instrument un poids égal à $\frac{258}{1000}$ de son poids et marquez 100 au point d'affleurement; partagez l'invalle en 258 parties et marquez :

10 à la	14°	55 à la	82ᶜ
15	19	60	94
20	25	65	108
25	30	70	123
30	36	75	139
35	43	80	157
40	50	85	176
45	60	90	198
50	71	95	224

Les liquides spiritueux reçoivent différens noms suivant leur force alcoolique, jusqu'à 58 de l'alcoomètre on les nomme eau-de-vie, et au-dessus esprit-de-vin ou alcool; il serait peut-être mieux de réserver le nom d'alcool pour l'alcool absolu. 58 est le plus haut degré de concentration des liqueurs destinées à la boisson.

Les esprits portaient aussi diverses dénominations, telles que $\frac{5}{6}$, $\frac{2}{3}$, $\frac{5}{6}$, $\frac{5}{9}$, pour désigner des esprits qui marquent 58, 72, 84, 98 à l'alcoomètre, nous pensons que toutes ces dénominations doivent disparaître, le plus simple et le plus naturel est de désigner un esprit par la quantité d'alcool qu'il contient, ainsi on dirait du 50, du 65, pour désigner les spiritueux qui contiendraient $\frac{50}{100}$, $\frac{65}{100}$ d'alcool.

Les droits d'entrée sur les spiritueux étaient perçus d'une manière fort irrégulière, ainsi il y avait un surcroît brusque de droits pour les esprits qui marquaient 22 ou plus à l'aréomètre de Cartier, il en résultait qu'on évitait de faire des esprits de cette force, puisqu'en y ajoutant un peu d'eau on économisait une partie notable des droits. Depuis long-temps on désirait que les droits fussent proportionnels à la richesse alcoolique; M. Gay-Lussac, par son travail sur l'aréomètre et l'instruction qui en a été le résultat et qu'il a publiée, ayant mis les employés à même de calculer d'une manière exacte cette richesse, on a pu satisfaire aux vœux qu'on avait formés à cet égard, et une loi a sanctionné son trayail.

Aréomètre de Beaumé, pèse-acide ou pèse-sirop.

Cet aréomètre est répandu dans les fabriques autant que celui de Cartier; il est employé pour les liquides plus pesans que l'eau; dans l'eau il marque 0, et chaque degré correspond à 0,007 du volume immergé dans l'eau. Si on veut le graduer par le même moyen que nous avons indiqué pour les précédens, il faut que le 0, c'est-à-dire le point jusqu'où il plonge lorsqu'il est dans l'eau, ne soit pas tout-à-fait à l'extrémité de la tige, comme on le fait ordinairement dans ces aréomètres. On surchargera la tige de $\frac{7}{100}$ du poids de l'instrument, et en le plongeant dans l'eau, le point d'affleurement indiquera 10 au-dessus de 0, on divisera l'intervalle en 10 parties, on portera des parties égales au-dessous de 0 jusqu'à environ 70. Lorsqu'on aura une fois un aréomètre gradué avec soin, il pourra servir pour en graduer d'autres, comme nous l'avons dit ci-dessus, sans qu'il y ait besoin pour ceux-ci, de la précaution de laisser une partie du tube au-dessus de 0.

A cet aréomètre l'acide sulfurique concentré marque 66. Voici la comparaison des trois aréomètres précédens:

Chaque degré centigrade vaut $\frac{100}{82}$ de Cartier et $\frac{10}{7}$ de Beaumé;

Chaque degré de Cartier vaut $\frac{82}{100}$ centigrade et $\frac{82}{70}$ de Beaumé;

Chaque degré de Beaumé vaut $\frac{7}{10}$ centigrade et $\frac{70}{82}$ de Cartier.

Il faut se rappeler aussi que celui de Cartier marque 10 dans l'eau, tandis que les autres marquent 0, de sorte que lorsqu'on veut réduire l'un dans l'autre il faut toujours comparer les degrés de Cartier à 10 et non à 0. Par exemple, si un liquide marque 30 à celui de Cartier, ce qui fait 20 au-dessus de 10, ces $20 = 20 \frac{82}{100}$ ou 16,4 centigrades au-dessus de 0.

Quant à l'aréomètre de Gay-Lussac, on ne peut déterminer sa correspondance avec les autres par un calcul aussi simple, à cause de l'inégalité de ses degrés; voici sa comparaison de 10 en 10 avec l'aréomètre centigrade, ou ce qui revient au même le volume d'un kil. de liquide en centilitres.

Degrés de l'alcoomètre.	Volume d'un kilog. de liquide en centilitres.	Degrés de l'alcoomètre.	Volume d'un kilog. de liquide en centilitres.
0	100	60	109,4
10	101,4	70	112,3
20	102,5	80	115,7
30	103,6	90	119,9
40	105	100	125,8
50	107		

Lorsqu'on a le degré que marque un liquide à l'aréomètre, il est facile de calculer son poids spécifique ; nous en donnerons un exemple d'abord pour le centigrade ; le même calcul pourra servir pour les autres, lorsqu'on aura réduit leurs degrés en degrés centésimaux. Supposons qu'un liquide marque 23 centigrades, comme ces 23 degrés répondent à $\frac{23}{100}$ du volume immergé à o, ou dans l'eau, il en résulte qu'un volume de ce liquide égal à $1 + \frac{23}{100}$ pèse autant que l'aréomètre, ou autant qu'un volume d'eau égal à 1 (page 315). Prenant donc pour unités le kilog. et le litre, nous en conclurons qu'un kilog. de ce liquide occupe 1$^{\text{lit.}}$,23, sa pesanteur spécifique est donc $\frac{1}{1,23}$, ou $\frac{100}{123}$, ou o$^{\text{kil.}}$,81 par lit. (pag. 5).

On voit donc qu'il faut diviser 100 par 100 *augmenté du* nombre de degrés ; mais ce serait *diminué de*, si les degrés étaient au-dessous de o.

Soit, pour second exemple, un liquide marquant 33 à l'aréomètre de Cartier ; cela fait 23 au-dessus de 10, ou $23 \times \frac{82}{100} = 18,86$ centigrades au-dessus de o, le volume d'un kilogr. de ce liquide est donc 1,1886, et la pesanteur spécique, ou le poids d'un litre $= \frac{100}{118,86} = 0,84132$.

Soit, pour troisième exemple, l'acide sulfurique marquant 66 (Beaumé), ces 66 équivalent à $66 \times \frac{7}{10} = 46,2$ centigrades au-dessous de o, le volume d'un kil. serait $1 - \frac{46}{100}$, ou o$^{\text{lit.}}$,54, et le poids d'un litre $\frac{1}{0,54}$ ou $\frac{100}{100-46}$ ou $\frac{100}{54} = 1,83$.

Des gleuco-œnomètre, œnomètre, pèse-vin, pèse-bierre, alcoolomètre.

Tels sont les noms créés pour la plupart par le charlatanisme, pour désigner un seul et même instrument qu'on destine à mesurer la vinosité de diverses boissons fermentées, mais qui n'indique réellement que leur pesanteur spécifique, ce qui est loin d'être la même chose, comme nous le ferons voir dans notre Traité de chimie. Ces instrumens ne diffèrent de l'aréomètre de Cartier que par leur graduation ; quelques-uns, ayant une tige très mince, indiquent facilement de petites différences de pesanteur spécifique, mais rien n'empêche de faire un aréomètre centésimal, ou de Cartier, ou de Gay-Lussac, qui ait la tige assez mince pour indiquer les dixièmes de degrés, ce qui remplirait le même but, sans amener de confusion par la diversité arbitraire des échelles. Il serait bien à désirer que tout le monde employât l'aréomètre centigrade, et que les divers aréomètres ne différassent les uns des autres que par la partie de l'échelle qu'ils indiqueraient, comme nous l'avons dit page 316, ou par la longueur des degrés ; par exemple, un aréomètre allant de 0 à 2, et marquant les dixièmes de degrés, remplacerait avantageusement le pèse-bierre, ou pèse-vin.

L'instrument nommé *gleuco-œnomètre* est destiné à un autre usage ; lorsqu'on a mis une cuve de raisin en fermentation, le moût, ou liqueur qui en découle, a d'abord une pesanteur spécifique plus grande que l'eau ; mais à mesure que la fermentation s'avance, il devient plus léger, ce qui peut être indiqué par l'aréomètre ; pour tous les vins ce degré est à peu près le même, ou du moins la différence ne peut être indiquée par un aréomètre peu sensible, tel est le gleuco-œnomètre, de sorte qu'en le plongeant dans le moût, lorsqu'il indique *o*, c'est signe que le vin est fait, et qu'il faut le tirer, sans quoi il aigrirait. Mais un aréomètre quelconque peut servir au même usage, lorsqu'on a remarqué une fois pour toutes quel est le degré de cet aréomètre qui indique que la fermentation est arrivée au point convenable.

De l'aréomètre-balance, ou aréomètre de Nicholson.

Dans les aréomètres dont nous venons de parler, le point d'affleurement est variable, et le poids de l'aréomètre constant ; dans celui-ci, au contraire, on augmente ou diminue le poids de l'aréomètre pour faire arriver le point d'affleurement toujours au même endroit. Pour cela, il porte au haut de sa tige un petit bassin *a* (*fi-*

gure 103) dans lequel on met les poids additionnels, jusqu'à ce que l'instrument s'enfonce jusqu'à un trait *b* marqué sur la tige. La *fig. 104* présente une autre disposition de cet instrument qui le rend propre à d'autres usages ; le réservoir inférieur *c* est plein de mercure qu'on y introduit par le tube *ab*, il tombe en *d* et passe en *c* par les tubes *e* ; mais il faut, à cause de leur petitesse, faire d'abord chauffer l'instrument, comme nous l'avons expliqué page 22, pour introduire le mercure dans les thermomètres. Les aréomètres ainsi construits sont très fragiles ; ceux en fer-blanc (*fig. 105*) le sont moins ; le point d'*affleurement b* est marqué sur un fil de fer, et à la partie inférieure est un petit crochet *d* pour suspendre un poids de plomb *c* qui sert à maintenir l'instrument dans une situation verticale, lorsqu'on le plonge dans un liquide ; le mercure *c* (*fig. 103 et 104*) a la même destination.

Les usages de cet instrument sont plus nombreux que ceux des autres aréomètres, mais il est moins employé à cause de sa complication. On peut l'employer 1° comme les autres, à mesurer le poids spécifique des liquides ; 2° à mesurer celui des solides ; 3° à peser les corps, et c'est pour cela qu'il a reçu le nom d'aréomètre-balance.

1° Pour l'employer à mesurer la pesanteur spécifique des liquides, il suffit de lui donner la forme représentée *fig. 103*, et de le lester de mercure, de telle sorte que, dans le liquide même le plus léger, tel que l'éther, le point b ne soit pas immergé; on le pèsera exactement, ensuite on le mettra dans l'eau et on posera en a des poids juste suffisans pour le faire enfoncer jusqu'en b; par là on estimera le volume de l'aréomètre. Soit 7$^{gr.}$ le poids de l'aréomètre, et 2$^{gr.}$ le poids qu'on ajoute en a, on en conclura que le volume d'eau déplacé par l'instrument (page 3i3) pèse 9$^{gr.}$, et par conséquent occupe 0,009 de *litre*. Si ensuite on le plonge dans un liquide quelconque, il faudra ajouter en a plus ou moins de 2$^{gr.}$, supposons 5$^{gr.}$, ce qui fait 12$^{gr.}$ avec le poids de l'aréomètre; comme il y a toujours 9 millièmes de litre déplacés, on en conclura que 9 millièmes de litres de ce liquide pèsent 12$^{gr.}$; sa pesanteur spécifique est donc $\frac{12}{9} = 1,33$. Si le volume de l'instrument était d'un centilitre, ou 10 millièmes de litre, cela serait plus commode; car il n'y aurait plus qu'à diviser le poids total par 10, ce qui se fait en séparant un chiffre de plus par la virgule, par exemple, $\frac{12,3}{10} = 1,23$, $\frac{15}{10} = 1,5$.

2° Pour déterminer le poids spécifique d'un corps, il faut d'abord le peser, soit au moyen d'une balance, soit au moyen de l'aréomètre, comme nous le dirons ci-après (3°); ensuite on placera ce corps en c (*fig. 104 ou 105*), on plongera l'aréomètre dans l'eau, et on mettra des poids en a jusqu'à ce qu'il plonge jusqu'au point b; ensuite on ôtera le corps de c, et on sera obligé d'ajouter en a de nouveaux poids qui représenteront exactement ce que le corps pesait dans l'eau, et la différence de ce poids avec ce qu'il pesait dans l'air, donnera le poids du volume d'eau déplacé, et par conséquent ce volume par lequel on divisera le poids du corps (page 5). Soit 9 $^{gr.}$ le poids du corps, soit 7 $^{gr.}$ ce qu'il pèse dans l'eau; il a donc perdu 2 $^{gr.}$, il déplace donc 2 $^{gr.}$, ou 2 millièmes de litres; son poids spécifique est donc $\frac{7}{2}=5,5$. Si c'était un corps léger, tel que du liége, on fera comme nous l'avons dit page 312.

3° Pour peser un corps au moyen de l'aréomètre, on le place en a et on ajoute un poids suffisant pour faire plonger l'instrument jusqu'en b; ensuite, enlevant le corps, on le remplace par des poids jusqu'à ce que l'aréomètre descende au même point : ces poids ajoutés représentent évidemment le poids du corps.

CHAPITRE II.

DE LA VAPORISATION DES LIQUIDES.

ARTICLE 1er.

Lois générales de la formation et de l'existence des vapeurs.

Nous avons déja dit (page 75) que l'eau et les autres liquides tendent à se *réduire en vapeur* à toute température, mais avec une force plus ou moins grande. Voici comme on mesure cette force : soit ab (*fig. 106*) un tube qu'on renverse dans une capsule de mercure, après l'avoir lui-même rempli de mercure, comme nous l'avons dit page 71 ; si le tube est sec, ce sera un véritable baromètre, mais si au lieu de le remplir en entier de mercure, on met une petite couche d'eau, lorsqu'on le renversera, cette eau, plus légère que le mercure, montera en c, et, comme elle tend à se vaporiser, la tension de cette vapeur pressera le mercure, combattra en partie la pression atmosphérique et diminuera la colonne cb; cette diminution qu'on estimera en comparant la hauteur cb à la hauteur d'un baromètre, au même moment, représentera la force ou tension de la vapeur.

Supposons par exemple que le baromètre soit à 758ᵐᵐ·, et la colonne *bc* à 748ᵐᵐ·,5, on en conclura que la différence 9ᵐ·,5 est égale à la tension de la vapeur aqueuse, à la température à laquelle on opère, 10° par exemple. Pour pouvoir observer de même les tensions à toutes les températures on met l'appareil tout entier dans un vase *de* plein d'eau, qu'on chauffe à volonté, la température en est indiquée par un thermomètre; par exemple lorsque cette eau sera à 60°, on verra que la colonne *bc* sera moins haute que celle du baromètre de 144ᵐᵐ·; on en conclura que la tension de la vapeur d'eau à 60° équivaut à 144ᵐᵐ de mercure, ou 144 × 13, 57 * = 1954ᵐᵐ· d'eau. Si on veut éprouver les tensions à des températures au-dessous de celle de l'atmosphère, on mettra de la glace dans l'eau du vase *dc*, et on pourra par là abaisser la température jusqu'à 0°. Pour opérer au-dessous, on se servira de l'appareil (*fig. 107*), qui ne diffère du précédent qu'en ce que le tube est recourbé à la partie supérieure; on plonge le bout *b* dans un petit ballon dans lequel on a mis un des mélanges refroidissans dont nous parlerons en chimie, par exemple un mélange de parties égales de neige et d'acide sulfurique;

---

* Poids spécifique du mercure.

la vapeur qui est dans le bout du tube en d se refroidit à — 20° par exemple, cequi est indiqué par le thermomètre e, alors cette vapeur qui s'était formée en c à une température plus élevée et à une tension plus forte qu'il ne convient à — 20° se condense en d, et le liquide c en fournit sans cesse de nouvelle, jusqu'à ce qu'il soit entièrement vaporisé; le liquide a alors disparu en c, il s'est condensé en d, et le mercure cb n'est plus pressé que par la vapeur formée à — 20°; cette colonne n'étant que de $1^{m.m.},3$ au-dessous de celle du baromètre, *indique que la tension de la vapeur d'eau à* — 20° *est équivalente à* $1^{m.m.},3$ *de mercure*. Lorsqu'on veut opérer à plus de 100°, on emploie l'appareil *figure 108*, ici le vase df est exactement fermé, l'eau est placée dans ce vase à la surface du mercure, et le tube est ouvert en a; tant que la petite ouverture qui est en d est ouverte, le mercure ne s'élève pas dans le tube. On chauffe jusqu'à ce que l'eau b entre en ébullition, on la laisse bouillir un moment pour chasser l'air du vase, puis on bouche l'ouverture d; alors le liquide s'échauffe davantage, et une colonne de mercure bc s'élève dans le tube. Par exemple à 130°, cette colonne sera de $1147^{m.m.}$, et comme il y a en outre la pression atmosphérique qui presse en c, cela fait en tout $1147 + 760 = 1907^{m.m.}$, en supposant la pression atmosphérique au même instant de 760$^{\text{m.m.}}$, pression qu'on observe au moyen d'un baromètre.

C'est à l'aide de ces trois appareils qu'on a déterminé une partie de la table suivante, elle a été complétée par le calcul.

TABLE des tensions de la vapeur d'eau à diverses températures, exprimées en millimètres de mercure.

Degrés.	Tension.	Degrés.	Tension.	Degrés.	Tension.
— 20	1,333	60	144,66	140	2634
— 15	1,879	65	182,71	145	3040
— 10	2,631	70	229,07	150	3492
— 5	3,660	75	285,07	155	3910
0	5,059	80	352,08	160	4555
5	6,947	85	431,71	165	5426
10	9,475	90	525,28	170	6524
15	12,837	95	634,27	175	7849
20	17,314	100	760,00	180	9400
25	23,090	105	903,64	185	11177
30	30,643	110	1066,06	190	13181
35	40,404	115	1247,81	195	15412
40	52,998	120	1450	200	17869
45	68,751	125	1692	205	20553
50	88,742	130	1959	210	23463
55	113,71	135	2274	215	26600

Si on voulait exprimer toutes ces pressions

en mètres d'eau, ce qui est plus commode, attendu que le décimètre cube d'eau pèse juste $1^{kil.}$, il n'y aurait qu'à multiplier tous les nombres ci-dessus par 13,57 comme nous en avons donné un exemple page 333 ; il n'y aurait plus ensuite qu'à diviser le résultat par 1000 pour le réduire en mètres, car il exprime des millimètres. C'est ce que nous avons fait dans la table que nous donnerons ci-après, à l'article des machines à vapeur.

La table précédente ne fait connaître directement que la force élastique de la vapeur d'eau à diverses températures, mais elle peut aussi donner à peu près celle des autres liquides, au moyen d'une loi découverte par Dalton, qu'il crut d'abord exacte ; mais des expériences subséquentes ont démontré qu'elle ne l'est qu'à peu près. Cette loi consiste en ce que la force élastique des vapeurs de tous les liquides est la même à des distances égales de leur point d'ébullition. Par exemple, sous la pression atmosphérique de 760^{mm}, l'eau bout à 100° et l'éther à 39°, et en montant d'une quantité quelconque de degrés au-dessus, ou en descendant, les forces élastiques seront respectivement les mêmes, ainsi:

760^{mm} est la tension de l'eau à 100°, et de l'éther à 39°,

903,64 sera (335) celle de l'eau à 105, et de l'éther à 44,

1066,06 . . . celle de l'eau à 110, et de l'éther à 49,

634,27 . . . celle de l'eau à 95, et de l'éther à 34 :

Et ainsi de suite, de sorte qu'il suffit de déterminer la température à laquelle bout un liquide pour connaître la tension de sa vapeur au-dessous et au-dessus de ce point. Nous avons supposé dans tout ce qui précède, qu'il y avait du liquide de reste dans l'appareil, de sorte que l'espace au-dessus du mercure contînt toute la vapeur qu'il était susceptible de contenir ; si cela n'était pas, la loi suivant laquelle augmenterait la tension de la vapeur suivant la température, serait absolument la même que celle que nous avons indiquée pour les gaz, savoir : la loi de Gay-Lussac, combinée avec celle de Mariotte; et tout ce que nous avons dit relativement aux gaz, pages 86, etc., est exactement applicable aux vapeurs, excepté que si la pression qu'on leur fait éprouver surpasse celle qu'elles sont capables de supporter à la température où elles sont, au lieu de se contracter suivant la loi de Mariotte, elles se liquéfieront.

Ainsi (*fig. 106*), en supposant l'espace ac plein de vapeur, si cet espace en est saturé, s'il y a un peu d'eau de reste à la surface du mercure, et qu'on ait fait le tube ab assez long et le vase b assez profond pour pouvoir hausser et baisser le tube sans qu'il sorte du mercure, à mesure qu'on l'abaissera, comme cela diminuera la colonne *bc* qui combat en partie la pression atmosphérique, la vapeur éprouvera de cette dernière une plus grande pression, mais comme elle ne peut la supporter, elle se liquéfiera en partie jusqu'à ce que la colonne *bc* soit de nouveau de la même hauteur qu'elle était d'abord; si on hausse de nouveau le tube, il en sera de même, et la hauteur *bc* restera toujours la même, en supposant la couche d'eau assez mince pour que son poids n'accroisse pas sensiblement celui de cette colonne, cette eau se vaporisant à mesure qu'on soulève le tube. Mais s'il arrive un point où toute cette eau soit vaporisée, il n'en sera plus de même; alors la colonne *bc* augmentera réellement à mesure que l'espace *ac* augmentera, et cela exactement suivant la loi de Mariotte, c'est-à-dire que l'espace *ac* augmentera dans le même rapport que diminuera la pression qu'il supporte, pression égale à la pression atmosphérique diminuée de la colonne *cb*.

Dans tout ceci, nous supposons la température constante, de sorte qu'à mesure que la vapeur *ac* se dilate ou se condense, le tube et les corps environnans absorbent le calorique dégagé par cette compression, ou fournissent celui absorbé par la dilatation; s'il n'en était pas ainsi, les effets seraient tout différens. On peut consulter pour cela ce que nous avons dit de la compression des gaz, qui est applicable ici, sauf l'exception déja mentionnée plus haut.

Nous avons dit (page 76) que la vapeur résultait d'une combinaison d'eau et de calorique en quantité constante, à quelque température que ce fût. Voici comment on a fait pour le mesurer et pour s'assurer de cette constance :

On a mis dans un vase quelconque de l'eau qu'on a pesée exactement ; on a mis ce vase en communication avec un autre vase d'eau plus grand, par le moyen d'un conduit dont l'extrémité avait plusieurs petits trous pour mieux disperser la vapeur qui doit arriver par ce tube ; on chauffe le premier vase jusqu'à faire bouillir l'eau qu'il renferme, la vapeur qui se forme gagne par le tube l'autre vase, et s'y condense en échauffant l'eau qui y est enfermée ; de cet échauffement et de la quantité d'eau, on en conclut le nombre de calories apportées par la vapeur, et on estime la quantité de celle-ci en pesant de nouveau le vase qu'on a fait bouillir ; on en déduit la quantité de chaleur que la vapeur dégage en se condensant, qui est la même que celle qu'elle a absorbée en se formant. Supposons, par exemple, qu'il y ait dans le premier vase $138^{gr.}$ d'eau, et dans le second $2^{kil.}$ à $10°$, qu'on continue l'ébullition jusqu'à ce que cette température arrive à $25°$, ce qui fait $15°$ de plus;

il a fallu pour cet échauffement $30^{cal.}$ qui ont été fournies par la vapeur ; supposons que le premier vase de $138^{gr.}$ se soit réduit à $90^{gr.}$, on en conclura que $48^{gr.}$ de vapeur, en se condensant et s'abaissant jusqu'à 25°, fournissent 30 calories, donc 48 grammes de vapeur résultent de 48 grammes d'eau à 25°, combinés avec 30 calories, et pour $1^{kil.}$ ou 1000 grammes, $30 \times \frac{1000}{48} = 625^{cal.}$, et si au lieu de 25° on part de 0°, il en faudra 650, comme nous l'avons dit page 76.

Pour vérifier la même loi à une température bien au-dessous, on fait l'expérience suivante, fondée sur ce que l'eau a à toute température une tension à se vaporiser (même lorsqu'elle est à l'état de glace), et lorsque sans l'échauffer on favorise sa vaporisation, en se réduisant en vapeur elle absorbera aux corps environnans, à l'eau même qui reste liquide, tout le calorique nécessaire.

On dispose sous le récipient d'une machine pneumatique une petite capsule d'eau qu'il convient de suspendre, afin de mieux l'isoler et l'empêcher de prendre du calorique aux corps environnans; sous le même récipient, on met une capsule d'acide sulfurique concentré présentant beaucoup de surface; on éloigne l'une de l'autre autant que possible, et on fait le vide; la pression atmosphérique ne s'opposant plus à la vaporisation, l'eau se réduit en vapeurs qui sont absorbées à mesure par l'acide sulfurique qui jouit de cette propriété à un degré éminent. A mesure que ces vapeurs se forment, elles absorbent du calorique, l'eau se refroidit et enfin se gèle. En pesant avec soin l'eau qu'on a mise dans la capsule, et ensuite ce qu'il en reste lorsqu'elle se gèle, on peut calculer combien il y a de calorique combiné. Par exemple, supposons que la capsule soit de cuivre, qu'elle pèse 5 grammes, qu'on y met 5 grammes d'eau, et qu'on opère à $10°$, ou trouvera par l'expérience que lorsque l'eau commence à se geler, il n'en reste que $4^{gr},915$. Nous pouvons, pour simplifier le calcul, prendre les grammes pour des kilogrammes, alors il en résultera le calcul suivant : la capsule qui est de cuivre a fourni, en se refroidissant de $10°$ à $0°$, * $0^{cal},111 \times 5 \times 10 = 5,55$; l'eau qui reste, en se refroidissant de $10°$ à $0°$, a fourni $4,915 \times 10 = 49,15$, ce qui fait en tout $54^{cal},70$ qui ont servi à vaporiser $5 - 4,915 = 0,085$ d'eau, ce qui fait par kilog. $\frac{54,70}{0,085} = 643$, et si on observe que cette eau vaporisée était à $10°$, on en conclura qu'elle aurait absorbé 653^{cal}, si elle eût été à $0°$; résultat fort peu différent de 650. Cette différence tient à ce que le poids $4,915$ n'est estimé que jusqu'aux millièmes.

---

* Chaleur spécifique du cuivre.

L'eau exige, pour se vaporiser, 650$^{cal.}$ par kil., et (page 224) la houille produit 7050$^{cal.}$ par kil., il en résulte qu'un kil. de charbon pourrait vaporiser $\frac{7050}{650} = 10^{kil.},84$, s'il n'y avait pas de calorique perdu; mais au lieu de cela, on n'en obtient ordinairement pas plus de 6, et plus souvent moins.

Poids spécifiques des vapeurs.

Les vapeurs suivant exactement les lois de Mariotte et de Gay-Lussac dans leurs contractions et dilatations, selon les pressions et les températures qu'elles éprouvent, on peut facilement calculer leur volume lorsqu'on connaît cette pression et cette température. Mais il faut toujours observer que le résultat du calcul ne serait conforme aux faits qu'autant que l'hypothèse que l'on fait se trouve dans les limites de l'existence de la vapeur; car, si par exemple on supposait de la vapeur d'eau à 30° et 50$^{mm.}$ de mercure de pression, il serait illusoire de faire un calcul sur ces données, la vapeur dans ce cas ne pourrait exister, car à 30° elle n'a une tension que de 30,6 (page 335); une pression de 50 la condenserait donc en eau.

A l'aide du calcul dont nous venons de parler, on peut trouver le poids spécifique des vapeurs dans un cas quelconque, pourvu qu'on l'ait déterminé par expérience dans une circonstance.

Voici pour cela le moyen que M. Gay-Lussac a
employé : après avoir soufflé une petite boule de
verre très-mince, en y laissant une fort petite
ouverture, il l'a pesée exactement, l'a remplie
d'eau, comme on remplit les thermomètres
(page 22), l'a pesée de nouveau, d'où il a conclu le poids de l'eau qu'elle renfermait, puis il
l'a introduite dans le tube ab (*fig. 106*), elle est
montée à la surface du mercure en c ; il a échauffé
l'appareil jusqu'à 100°, en faisant bouillir l'eau
qui est dans le vase de, la tension que l'eau avait
à se réduire en vapeur a brisé la petite boule de
verre, et l'eau dont le poids était connu, s'est
réduite en vapeur dont il a pu facilement mesurer le volume par le moyen de la hauteur ca.
Tant qu'il existe encore une colonne bc de mercure, quelque petite qu'elle soit, on est assuré
que toute l'eau est en vapeurs ; car s'il en restait
en liquide, n'éprouvant pas tout-à-fait la pression
atmosphérique, puisqu'elle est combattue par la
colonne bc, et étant soumise à 100°, elle se vaporiserait à l'instant ; si au contraire cette colonne
cessait d'exister et que le mercure descendît au
niveau b, on ne serait pas sûr que toute l'eau
fût vaporisée, et le résultat de l'expérience ne
serait pas certain.

Supposons qu'ayant mesuré d'avance le tube
ab, on ait déterminé quelle longueur il en faut
pour contenir un volume de un centimètre cube

par exemple *; supposons qu'on ait introduit
0ᵍ⋅,25 d'eau, que la température soit 100° et la
hauteur bc 25ᵐᵐ⋅, celle du baromètre étant
760ᵐᵐ⋅, on trouvera que la vapeur ac occupe un
volume de 438ᶜ⋅ᵐ⋅ᶜ⋅,5; mais comme il éprouve
une pression de $760 - 25 = 735$, pour connaître le volume qu'il occuperait sous 760ᵐᵐ⋅,
nous dirons $760 : 735 :: 438,5 : x$, d'où $x = 424$;
tel est donc le volume de 0ᵍ⋅,25 et par conséquent celui de 1ᵍ serait $\frac{424}{0,25} = 1696$ᶜ⋅ᵐ⋅ᶜ⋅, ou
1696 fois aussi grand que celui de l'eau qui l'a
produite, et par conséquent la pesanteur spécifique sera $\frac{1}{1696} = 0,00059$. Cette vapeur éprouvant une pression de 760, sa température ne
pourrait s'abaisser au-dessous de 100° sans cesser d'être vapeur; si cependant on suppose que
cela ait lieu, et qu'elle descende à 0°, son volume,
d'après la loi de Gay-Lussac, diminuerait dans
le rapport de 367 à 267 et deviendrait $1696 \times$
$\frac{267}{367} = 1534$, et la pesanteur spécifique serait $\frac{1}{1534}$
$= 0,00075$. Ces nombres ne sont que fictifs puis-
que la vapeur n'existe pas dans les circonstances

---

* Le premier centimètre cube au bout a doit occuper plus de place que les autres, d'ailleurs si on
veut mettre beaucoup de précision dans cette expérience, il faut se contenter de remarquer le point c
du tube jusqu'où vient a vapeur, et l'expérience
finie on mesure la capacité ac en la remplissant
d'eau et en pesant cette eau.

précédentes, ils peuvent néanmoins servir dans le calcul, pour obtenir le volume ou la pésanteur d'une quantité donnée de vapeur dans des circonstances données. C'est ainsi qu'on ramène toutes les pesanteurs spécifiques à o° et 760$^{mm.}$ de pression.

Connaissant ainsi que le volume de 1$^{kil.}$ de vapeur $= 1334$ litres à o° ou 1696 à 100°, et sous une pression de 760$^{mm.}$ de mercure, on peut facilement calculer ce qu'il deviendrait dans chacune des circonstances comprises dans la table (page 335), où on suppose toujours l'espace *saturé* de vapeur, c'est-à-dire en contenant autant qu'il en peut contenir à la température où on opère. Par exemple à 150°, pour que l'espace soit saturé de vapeur, il faut qu'elle éprouve une pression de 3492$^{mm.}$; si on veut connaître dans ce cas le volume d'un kil. de vapeur, on le supposera d'abord à 100°, il occupe 1696 litres; si on l'échauffe de 50°, sans changer la pression, il augmentera (page 68) de $\frac{50}{567}$ de 1696, ce qui fait 231, il sera donc 1927; mais ainsi dilaté il ne saturera pas l'espace qu'il occupe, pour cela il faut que la pression passe de 760$^{mm.}$ à 3492 ; alors le volume 1927 diminuera dans le rapport de 3492 à 760, et deviendra $1927 \times \frac{760}{3492} = $ 419$^{lit.}$,4. C'est ainsi qu'a été calculée la troisième colonne de la table que nous donnerons à l'article des machines à vapeur.

15.

Nous avons dit qu'un kil. de vapeur renfermait toujours le même nombre de calories, quelle que fût sa température, pourvu qu'il fût en même temps soumis à la pression la plus forte qu'il puisse supporter sans se condenser, telle que celles indiquées page 335, de sorte à saturer l'espace qui la contient. Il en résulte que si on condense ou dilate un certain volume de vapeur qui remplisse cette condition, sans qu'il perde ou acquierre aucun calorique, il la remplira toujours. Ainsi, comme nous avons vu ci-dessus, qu'un kil. de vapeur à $150°$ et 3492^{mm} occupe 419^{lit},4, si on le laisse dilater jusqu'à 1696, il faudra réduire la pression à 760^{mm}, et la température se réduira à $100°$, sans que la vapeur ait perdu de calorique. Réciproquement si on prend 1696^{lit} à $100°$ et 760^{mm}, et qu'on les condense jusqu'à 419^{lit}, il faudra une pression de 3492^{mm}, et la température s'élèvera à $150°$. On voit que les deux pressions 760 et 3492 ne sont pas entre elles dans le même rapport que les volumes 419 et 1696, selon la loi de Mariotte, ce qui vient de ce que dans cette contraction la température a changé, tandis que cette loi suppose qu'elle reste la même, et que le calorique dégagé par cette compression se disperse à mesure. C'est donc une grave erreur qu'a commise M. Christian, dans sa Mécanique appliquée aux arts, de dire que la loi de Mariotte s'applique à la vapeur, dans l'hypothèse où celle-ci ne perd pas de calorique, et non lorsqu'elle conserve la même température; c'est directement le contraire.

Ce que nous avons dit pages 135 et suivantes, pourrait s'appliquer à la vapeur, puisqu'elle fournit toujours les mêmes phénomènes que les gaz, tant qu'elle ne se condense pas en eau; on pourrait par ce moyen calculer ce que nous avons ci-dessus déduit de l'expérience, savoir à qu'elle température parvient une certaine quantité de vapeur à mesure qu'on la condense, et par suite la tension qui en résulte; mais nous nous abstiendrons de ces calculs, parce qu'ils seraient trop abstraits; d'un autre côté, il serait assez difficile de les présenter complètement sans le secours de l'algèbre, et d'ailleurs on est obligé de supposer dans ce calcul plusieurs lois qui ne sont pas précisément démontrées.

ARTICLE 2.

Mélange des vapeurs avec les gaz, hygrométrie.

Nous avons vu dans l'article précédent les lois de la vaporisation considérée en elle-même, nous allons voir quelles modifications y apporte la présence de l'air ou d'un gaz quelconque; supposons d'abord l'espace dans lequel la vapeur a à se répandre, limité et inextensible, telle serait par exemple une capsule d'eau, placée sous un bocal dont on luterait les bords, dans ce cas la pression que le gaz exerce sur la surface du liquide, retardera bien la vaporisation, mais ne diminuera pas la quantité absolue de vapeur qui s'élèvera dans un espace donné, en s'insinuant peu à peu dans l'air, tandis que dans le vide elle se forme presque instantanément. La formation insensible des vapeurs à l'air libre sans ébullition prend le nom *d'évaporation.*

De ce que nous venons de dire il résulte que la pression qu'éprouve l'enveloppe de l'espace dans lequel elle se forme augmentera de toute la tension de cette vapeur, et de plus, si on met dans ce même espace des liquides de plusieurs natures différentes, les vapeurs de tous ces liquides se formeront toutes indépendamment les unes des autres ; si, par exemple, on met dans un certain espace bien clos, une capsule d'eau et une d'éther, le tout à 20°, et qu'on mette en communication avec cet appareil un tube recourbé *abc* (*fig. 109*) en partie plein de mercure ; si avant l'expérience l'air de l'intérieur de l'appareil était parfaitement sec*, on verra un moment après que la colonne de mercure *a* qui

---

* On dessèche parfaitemen un certain espace d'air en y laissant séjourner du *chlorure de calcium* ou muriate de chau x desséché.

indique l'excès de la pression intérieure sur la pression atmosphérique, sera de 384^{mm}, ce qui fait la tension de la vapeur d'eau 17^{mm} à $20°$ et de plus 367^{mm}; or (page 336), la vapeur d'éther à $20°$ produit justement 367^{mm}, les deux vapeurs ont donc produit leur effet sans influer l'une sur l'autre. Le tube *fig.* 109 doit être assez mince pour que l'espace *ad* soit presque nul comparativement à la capacité de tout l'appareil.

Si l'espace est extensible, la vapeur produite combattra en partie la pression éprouvée par l'air et celui-ci n'éprouvant que le surplus se dilatera suivant la loi de Mariotte. Si par exemple, dans l'appareil *fig.* 106 on a d'abord rempli le tube de mercure, la colonne *bc* donnera la pression atmosphérique et l'espace *ca* sera vide; si maintenant on y introduit de l'air sec, jusqu'à ce que la colonne soit réduite à moitié, on en conclura que dans cet état, l'air qui est en *ca* éprouve une pression moitié de la pression atmosphérique, et réagit avec une force égale; si ensuite on introduit de l'eau en *c*, cette eau en s'évaporant produira une pression égale à 23^{mm} si on opère à $25°$; l'air se trouvera par là déchargé d'autant et se dilatera en conséquence; si après cette dilatation on mesure l'espace qu'occupe l'air *ca*, et qu'on calcule quelle tension il doit lui rester, on verra qu'en y ajoutant 23^{mm} produits par la vapeur d'eau, cela fera juste la pression supportée, c'est-à-dire la pression atmosphérique moins la colonne cb. Si ensuite on mettait de l'éther en c, sa vapeur produirait le même effet, et l'air contenu en ca se dilaterait encore d'une quantité qu'on calculerait de la même manière.

Dans toutes les expériences précédentes nous avons supposé qu'on introduisait assez de liquide pour fournir toute la vapeur que peut admettre l'espace occupé par le gaz; s'il y en a moins, la vapeur s'étendra dans cet espace à la manière des gaz et sa force élastique diminuera dans le même rapport.

Il nous reste encore à parler de la rapidité de l'évaporation dans des circonstances données, et des instrumens destinés à mesurer la quantité de vapeurs contenues dans l'air.

Quant aux lois suivant lesquelles s'accroît ou diminue la rapidité de l'évaporation, nous nous contenterons de les énoncer; on se figurera facilement les expériences propres à les constater.

1° D'abord il est évident que la quantité d'eau évaporée en un temps donné est proportionnelle à la surface que le liquide présente à l'air et non à la quantité du liquide.

2° M. Dalton a déterminé par expérience, que la quantité de liquide évaporée en un temps donné, est proportionnelle à la tension des vapeurs de ce liquide, à la température où se fait l'expérience ; de sorte que pour l'eau à 70°, il se vaporisera à peu près le double d'eau en une heure qu'à 55° ; car la tension est 229 à 70° et 114 à 55°. Mais lorsque l'air renferme déja des vapeurs, il faut ôter leur tension de celle des vapeurs qui s'échappent du liquide. L'hygromètre nous fournira le moyen de mesurer la tension des vapeurs répandues dans l'atmosphère.

3° La rapidité de l'évaporation est d'autant plus grande que la densité de l'air qui presse la surface du liquide est moindre ; de sorte que dans un air qui a une tension de 760^{mm}, l'évaporation ne sera que moitié de celle qui aura lieu dans le même air à 380^{mm}, en supposant la température la même dans un cas que dans l'autre.

De l'hygrométrie.

On donne le nom *d'hygromètre* à un instrument destiné à mesurer la tension des vapeurs aqueuses contenues dans l'atmosphère, ce qu'on appelle son état *hygrométrique*. L'hygromètre n'indique directement, ni la quantité de vapeurs contenue dans l'atmosphère, ni même la tension de ces vapeurs ; mais on peut en conclure cette tension au moyen de la table que nous donnerons ci-après, et au moyen de cette tension jointe à l'observation de la température, on peut calculer la quantité de vapeurs aqueuses que contient l'air.

La plupart des corps de la nature ont la faculté d'absorber une partie de l'eau contenue dans l'air, lorsque celui-ci en contient beaucoup, et de lui en recéder une partie lorsqu'il est devenu plus sec, de sorte qu'il y a un certain point où cette absorption s'arrête, et ce point est variable suivant l'état hygrométrique de l'air. Les corps qui jouissent à un haut degré de la faculté d'absorber l'eau sont dits très *hygrométriques*, tels sont l'acide sulfurique concentré et le chlorure de calcium. Beaucoup de corps de la nature changent de forme ou de dimensions, en absorbant plus ou moins l'humidité de l'air, et c'est précisément sur ce fait qu'est fondée la construction des hygromètres; les cordes de chanvre tordues s'alongent en séchant et se raccourcissent par l'humidité; la plupart des corps organiques au contraire, c'est-à-dire des matières végétales ou animales, s'alongent par l'humidité et se retirent en séchant, tels sont le bois, le papier, le parchemin, les cheveux, etc... Les cordes à boyaux se tordent plus ou moins, et c'est avec elles qu'on fait ces petites figures qui indiquent la pluie et le beau temps, ou plus exactement l'humidité et la sécheresse, en plaçant un parapluie ou autre chose sur leur tête ou derrière elles, c'est la torsion d'une corde à boyaux qui fait tourner plus ou moins leur bras.

Mais de tous les hygromètres celui dont les

effets sont les plus réguliers, c'est l'hygromètre à
cheveu (*fig. 110*). On fait d'abord tremper un
cheveu dans une dissolution faible de potasse,
afin de lui enlever la graisse dont il est recouvert
dans l'état naturel, et de le rendre par là plus
sensible aux variations hygrométriques de l'air;
ensuite on en fixe une extrémité en a et on lui
fait faire un ou deux tours autour de la poulie b,
dont l'axe porte une aiguille; au bout est attaché
un poids p qui tient toujours le cheveu tendu.
On conçoit facilement que le cheveu en se raccourcissant fera aller l'aiguille vers c, et en s'a-
longeant vers d; et les divers degrés d'humidité
seront indiqués par cette aiguille sur les divisions
de l'arc cd. Mais si ces divisions sont tracées au
hasard, l'instrument ne sera comparable qu'à
lui-même, et il n'y aura rien d'absolu dans ses
indications; pour lui donner une graduation convenable, il faut le placer sous un bocal ou dans
un espace quelconque exactement clos, et mettre
dans ce même espace du chlorure de calcium
pour dessécher l'air qui y est enfermé; l'aiguille
marchera vers c et on marquera o au point extrême où elle sera arrivée; ensuite on remplacera
le chlorure de calcium par une capsule d'eau
présentant une grande surface, l'aiguille marchera vers d et on marquera 100 au point extrême où elle s'arrêtera; on divisera l'intervalle
en 100 parties dont chacune sera un degré.

M. Gay-Lussac a déterminé par des expériences précises les tensions des vapeurs correspondantes à chaque degré de l'hygromètre, pour cela,
il a placé son hygromètre sous un récipient exactement clos, successivement avec diverses dissolutions salines, dont il avait mesuré la tension à se
vaporiser, comme nous l'avons indiqué page 333;
car il est à remarquer que les dissolutions salines n'émettent pas des vapeurs d'une aussi
grande tension que l'eau pure, parce qu'elles re-
tiennent l'eau plus fortement par leur affinité qui
combat en partie la tendance qu'a celle-ci à se
vaporiser. Connaissant donc la tension de la vapeur émanée de diverses dissolutions salines, et
observant le degré indiqué dans les mêmes circonstances par l'hygromètre, on en a déduit la
table suivante, qui n'est parfaitement exacte
qu'à une température de 10°, mais qui, aux autres températures, donne des résultats assez approchés pour être employés dans la pratique. La
tension y est indiquée en fraction de la tension
totale, dont la vapeur est susceptible au degré où
on opère; par exemple, si l'hygromètre marque
50°, le thermomètre étant à 30°, la table suivante
indique que la tension est 0,2779 de la tension
dont elle est susceptible, et la table page 335 indiquant qu'à 30° la vapeur est susceptible d'une
tension égale à 30^{mm},643, on en concluera que
l'observation ci-dessus indique une tension égale

à $\frac{2779}{10000}$ de 30^{mm},643, ou bien $30,643 \times 0,2779 =$ 8^{mm},516. On pourrait facilement de là conclure la quantité d'eau renfermée dans un mètre cube d'air, par le moyen indiqué page 345. Nous y avons dit qu'un kil. de vapeur à 100° et 760^{mm} occupe 1696 litres, mais la tension au lieu de 760 est 8,516; son volume augmente donc dans le rapport de 8,516 à 760 et devient $1696 \times \frac{760}{8,516} =$ 151357, et puisque la température n'est que 30°, il faut diminuer ce nombre de $\frac{70}{367} \cdot 151357 =$ 28869, ce qui le réduit à 122488 litres ou 122 mètres cubes, donc le mètre cube contient $\frac{1}{122}^{kil.}$ ou $0^{kil.}$,0082, environ 8 grammes de vapeurs.

Degrés de l'hygromètre.	Tension de la vapeur.	Degrés de l'hygromètre.	Tension de la vapeur.
5	0,0225	55	0,3176
10	0,0457	60	0,3628
15	0,0696	65	0,4142
20	0,0945	70	0,4719
25	0,1205	75	0,5376
30	0,1478	80	0,6122
35	0,1768	85	0,6959
40	0,2078	90	0,7909
45	0,2413	95	0,8906
50	0,2779	100	1,0000

ARTICLE 3.

Des séchoirs.

Il y a deux sortes de séchoirs, les séchoirs à air et les séchoirs par contact.

Dans les premiers, l'eau des objets qu'on veut sécher s'évapore dans l'air qu'on renouvelle sans cesse par un moyen quelconque, car sans ce renouvellement, l'air serait bientôt *saturé* de vapeurs aqueuses, c'est-à-dire, en contiendrait autant qu'il en est susceptible, et l'évaporation s'arrêterait aussitôt que l'hygromètre indiquerait 100; même avant ce terme, l'évaporation serait très lente. Si le courant d'air desséchant n'est pas échauffé, nous n'avons rien à dire sur ces sortes de séchoirs; les localités, les circonstances particulières guideront seules dans leur construction; qu'ils soient le plus aérés possible, éloignés s'il se peut de toute eau et de toute humidité. Quelquefois on construit des séchoirs dans lesquels on sèche tantôt sans chaleur, tantôt au moyen de la chaleur; les murs sont des pans de bois à claire-voie, dans lesquels les vides sont égaux aux pleins; contre la paroi intérieure ou extérieure est fixé, dans des coulisses, un châssis formé de planches espacées entre elles, précisément de la même manière que les membrures qui forment le pan de bois; par cette disposition, lorsqu'on place ce châssis de sorte que ces vides correspondent à

ceux du pan de bois, c'est comme s'il n'y avait
pas de châssis, et le vent a la liberté de circuler;
si au contraire on pousse les châssis dans leurs
coulisses, de manière que leurs pleins couvrent
les vides du pan de bois, le séchoir sera clos et
on pourra l'échauffer.

Pour rendre l'air plus susceptible de contenir
des vapeurs aqueuses, on l'échauffe ; dans ce cas,
les dispositions des séchoirs varient beaucoup :
le plus simple est de placer un poêle ou fourneau
quelconque dans l'intérieur même du local où
sont placés les objets destinés à être séchés , les
courans que produit la chaleur même du poêle ,
transportent l'air chaud de bas en haut , et cet
air, devenu par cette chaleur plus susceptible de
contenir des vapeurs aqueuses, sèche les objets
contre lesquels il passe. La plupart du temps,
dans de pareilles sécheries, il s'en faut de beaucoup que les lieux soient disposés de la manière
la plus convenable.

M. Clément affirme avoir vu en Hollande une
sécherie de poudre, où il y avait un poêle rouge
à un mètre de distance des rayons garnis de
poudre; dans cette sécherie, le chauffeur lui a
raconté que la poudre séchait bien mieux depuis
que, par accident, on avait cassé un carreau de
vître. Il paraît qu'avant il n'y avait pas d'ouverture convenablement disposée, pour qu'il s'éta-
blît un courant d'air du dedans au dehors, et

que l'air qui entrait nécessairement pour alimenter la combustion allait directement dans le cendrier sans circuler dans la chambre.

Les conditions pour qu'un séchoir à air produise tout l'effet qu'il est susceptible de produire, sont les mêmes que celles d'un bon chauffage, énoncées page 158; si donc on met un poêle dans l'intérieur même de la sécherie, il convient que la chambre soit d'abord très bien close, en ménageant des conduits qui introduisent l'air extérieur derrière le poêle et le long de ses conduits, cela vaut mieux que de faire des ouvertures au hasard; de là, l'air échauffé monte dans la partie supérieure de la chambre, se charge d'humidité, redescend lorsqu'il est refroidi, et sert ensuite à la combustion en se précipitant dans le foyer. Mais souvent on augmente encore l'effet produit, en faisant passer dans le séchoir plus d'air que n'exige l'entretien du feu; il conviendra donc que les ouvertures, dont nous venons de parler, soient plus grandes qu'il ne faut pour fournir l'air nécessaire à la combustion; et en outre, on pratiquera une ouverture quelconque, un peu plus haut que le niveau du poêle, mais non directement au-dessus, ni tout-à-fait au haut de la chambre; cette ouverture sera munie d'une porte à coulisse, pour la fermer plus ou moins, et on déterminera par expérience le point le plus convenable.

On peut également se servir pour ces espèces de séchoirs, de calorifères placés au dehors de la sécherie, et qui y envoient une certaine quantité d'air chaud qui s'écoule par un autre côté. Ce que nous avons dit des calorifères employés pour le chauffage peut guider également lorsqu'on les emploie pour sécher. Les calorifères ont l'avantage dans beaucoup de cas, de diminuer et même de supprimer les dangers d'incendie.

Étant donnés l'état hygrométrique de l'air extérieur, la température à laquelle l'élève le fourneau et la quantité qu'il en passe par heure dans la sécherie, on pourrait d'après les données de l'article précédent, calculer combien cet air est capable de contenir de vapeurs d'eau, et par conséquent combien il y aura de kilog. d'eau vaporisée par heure; pourvu toutefois que la sécherie soit assez étendue pour que l'air circule suffisamment autour des objets à sécher, pour se saturer d'humidité. Mais on peut, par un calcul plus simple, déterminer le rapport du combustible à la quantité d'eau vaporisée, et c'est là le résultat qu'il importe de connaître.

Pour cela, observons que l'eau absorbe pour se réduire en vapeur toujours la même quantité de calorique quelle que soit la température à laquelle elle se vaporise; il faudra donc pour vaporiser l'eau dans une sécherie $1^{kil.}$ de charbon pour $10^{kil.}$ d'eau en théorie, mais en pra-

tique 1$^{\text{lit.}}$ pour 6$^{\text{kil.}}$ (page 342). En supposant
que l'air après avoir circulé dans le séchoir,
redescende à la même température où il était en
entrant, ce qui n'arrive presque jamais, car il
faut pour cela augmenter considérablement l'é-
tendue du séchoir; c'est pourquoi, à la chaleur
nécessaire pour réduire l'eau en vapeur, il faut
ajouter celle que l'air absorbe pour s'échauffer.

Soit par exemple à sécher 200 pièces de calicot
par jour de 25 aunes sur $\frac{1}{2}$ de large, ce qui fait
une surface de 25$^{\text{a}}\times\frac{1}{2}=$ 3o$^{\text{m.}}\times$o$^{\text{m.}}$,6 $=$ 18$^{\text{m.q}}$
par pièce, et par conséquent 36oo pour les 200
pièces, un mètre carré contient en général 100$^{\text{g.}}$
d'eau, ce qui fait en tout 36oo$\times$100 $=$ 36oooo$^{\text{g.}}$
d'eau ou 36o$^{\text{lit.}}$, il faut donc $\frac{36o}{6}=$ 6o$^{\text{kil.}}$ de charbon pour la vaporiser. En outre, si nous suppo-
sons que l'air sort du séchoir à 20° après être
entré à 10°, nous établirons le calcul suivant.

L'air en entrant à 10° peut être déja saturé de
vapeurs aqueuses qui, à cette température, ont
une tension de 9,475 (page 335); le volume
d'un kil. sera donc (page 345) 1696$\times\dfrac{760}{9 \cdot 475}\times$
$\dfrac{277}{567}=$ 1026677$^{\text{lit.}}$; cette quantité de vapeurs sera
dans un pareil volume d'air, il y en a donc
$\dfrac{1}{1026677}^{\text{kil.}}=$ o^{g},00974 par litre, ou 9^{g},74 par
mètre cube; mais lorsque la température monte
à 20°, il y en a davantage : un kil. occupera
1696$\times\dfrac{760}{17 \, 314}\times\dfrac{287}{567}=$ 58218$^{\text{lit.}}$, il y en a donc
$\dfrac{1}{58218}^{\text{kil.}}=$ o^{g},0.718 par litre, ou 17^{g},18

par mètre cube, ce qui fait que chaque mètre cube d'air sortant emporte $17,18 - 9,74 = 7^g,44$, il faut donc pour emporter les $360^{kil.}$ supposés ci-dessus $\frac{560000}{7,44} = 48387^{m.c.}$; mais ces $48387^{m.c.}$, réduits à $10°$ et secs, n'occupaient pas cet espace, calculons celui qu'ils occupaient : ils supportent une pression de $760 - 17,314 = 742,686$ (page 549), et une température de $20°$; si la pression et la température étaient $760^{mm.}$ et $10°$, le volume deviendrait (page 345) $48387^{m.c.} \times \frac{742,686}{760} \times \frac{277}{287} = 45637^{m.c.},11 = 45637110^{lit.}$, et comme pour échauffer chaque litre de $10°$ il faut (page 145) $0^{c.},0003467 \times 10$, il faudra en tout $0,0003467 \times 45637110 = 158224^c$ à ajouter au calorique de vaporisation, qui est de $360 \times 640 = 230400$, ce qui fait une augmentation de 68 pour 100 à peu près. Si on recommence le même calcul, en supposant qu'on chauffe à $40°$ au lieu de $20°$, on trouvera encore plus de désavantage, mais le séchoir n'aura pas besoin d'être si grand.

C'est en partie à cette cause que tient la supériorité du séchage par contact où cette perte n'existe pas ; celui-ci a en outre les deux autres avantages, de pouvoir sécher la même quantité d'objets dans un atelier six fois plus petit, et d'exiger une surface métallique cinq fois moindre ; car le métal, en contact avec un corps mouillé, laisse passer beaucoup plus de calorique

que lorsqu'il est en contact avec l'air, comme nous l'avons dit page 38. Soit par exemple l'intérieur d'un conduit de cuivre de 2^{mm} d'épaisseur, échauffé par de la vapeur, comme nous le dirons au chapitre suivant. S'il est en contact avec l'air, il ne passera pas 768^c en une heure par mètre carré, tandis que s'il est en contact avec du linge mouillé, il en passera 3840.

Mais il y a des substances qu'on ne peut pas sécher par le contact, et qui exigent par conséquent le séchage à l'air chaud. Les toiles teintes en rouge des Indes, l'amidon qui *se* coagulerait à une température au-dessus de 70° ou 80°, la poudre dont le salpêtre rendu liquide viendrait à la surface des grains.

Dans le séchage par contact, les objets à sécher sont placés sur un conduit métallique dont la température est au-dessus de 100°, ce qui fait que l'eau peut se vaporiser sans le secours d'un courant d'air; quelquefois ce conduit est échauffé directement par le feu, mais plus souvent c'est par la vapeur d'eau, ce qui permet de lui donner une température presque invariable.

Lorsqu'on sèche les étoffes apprêtées, comme il importe de les sécher vite, et qu'elles occupent une très grande étendue, on les sèche directement par le moyen d'un feu de charbon de bois qu'on fait glisser le long de la pièce qu'on a tendue humide sur un métier destiné à cet usage.

On a cependant fait des métiers à apprêter où les pièces étaient séchées par une série de conduits métalliques placés sous les pièces ; mais comme elles ne sèchent pas aussi vite , les métiers sont disposés de manière à en étendre plusieurs les unes sous les autres ; cela rend les métiers plus compliqués et par conséquent plus dispendieux , mais on économise du combustible.

ARTICLE 4.

Des appareils évaporatoires.

En vaporisant un liquide on peut se proposer deux buts , ou de concentrer la partie qui ne se vaporise pas , ou de recueillir la partie la plus volatile ; ce sont les appareils destinés au premier usage , que nous désignons par le nom d'appareils *évaporatoires*, ceux destinés au second portent le nom d'alambics ou appareils *distillatoires.*

Lorsqu'on se propose d'évaporer un liquide , on peut y procéder de trois manières : 1° le disposer dans de grands vases présentant beaucoup de surface et les abandonner à eux-mêmes, en permettant à l'air de se renouveler, ou même en favorisant ce renouvellement ; ce moyen est le plus long et le plus embarrassant, et par là plus coûteux la plupart du temps, quoiqu'en apparence plus économique. Il ne peut être bon que dans quelques circonstances particulières, par exemple lorsqu'on a un soleil très chaud qui hâte cette évaporation ; lorsqu'on opère sur un liquide de peu de valeur, de sorte que la grande quantité de liquide qu'on met en évaporation ne représente pas un grand capital ; lorsqu'on est dans un lieu où le loyer de l'emplacement vaste qu'on est obligé d'employer est peu de chose ; 2° mettre le liquide en mouvement, afin de renouveler sans cesse les surfaces, et d'augmenter par là la vaporisation ; c'est ce que l'on fait pour l'eau salée dans des bâtimens nommés bâtimens de graduation ; des fagots sont entassés les uns sur les autres dans un hangar, on monte l'eau salée au moyen de pompes, et on la fait tomber sur le haut des fagots, elle se divise à l'infini, ce qui augmente et renouvelle continuellement les surfaces de contact avec l'air, surtout si le vent passe à travers les fagots ; l'eau se réunit au bas dans un tuyau qui la conduit dans un réservoir plus concentrée, c'est-à-dire contenant plus de sel dans un litre qu'elle n'en contenait avant. En faisant tomber plus ou moins d'eau sur les fagots, on peut obtenir la concentration qu'on désire.

Mais il est arrivé dans plusieurs circonstances qu'en calculant combien coûtait la force nécessaire pour soulever l'eau au haut des bâtimens de graduation, on a vu que cela surpassait le prix du charbon nécessaire pour produire le même effet par le moyen du feu, et on a dû dans ces circonstances renoncer au premier moyen pour y substituer le second. Les bâtimens de graduation, ne sont jamais mis en usage sans employer le feu en même temps; on ramène la dissolution saline à un point de concentration tel que la moindre vaporisation subséquente fasse cristalliser le sel dans la dissolution, et ensuite on extrait le sel en faisant bouillir la dissolution dans des chaudières. Il est évident que cette dernière opération ne saurait se faire dans le bâtiment de graduation puisque le sel se déposerait sur les fagots.

3° Enfin le moyen le plus convenable, la plupart du temps, est de vaporiser par la chaleur. Si la vaporisation se fait au-dessous de la température à laquelle le liquide est bouillant, la quantité de liquide vaporisé dépendra de la surface qu'il présente à l'air (page 350) et de sa température; mais si le liquide est bouillant la surface libre n'y aura presque pas d'influence, et l'effet produit dépendra plutôt de la surface de chauffe et lui sera proportionnel.

Ici, comme dans tous les emplois de la chaleur, il importe que l'air brûlé soit dépouillé d'une grande partie de sa chaleur avant de se rendre dans la cheminée, c'est pourquoi il est avantageux qu'il y ait deux chaudières, l'une immédiatement sur le feu, qui est en ébullition, l'autre sous laquelle passe l'air brûlé avant d'aller dans la cheminée, est seulement chaude ; le liquide qui y est, est destiné à remplacer celui de la première chaudière.

Nous avons vu (page 81) qu'une diminution dans la pression atmosphérique favorise l'évaporation des liquides et leur ébullition puisque c'est cette pression qui les empêche de bouillir. Il en résulte que, si on faisait le vide dans la partie supérieure d'une chaudière, elle bouillirait à une température moins élevée ; mais la dépense de force qu'on ferait pour produire ce vide surpasserait la valeur du combustible économisé ; c'est pourquoi ce moyen ne peut devenir convenable que par quelque considération particulière, ce qui est arrivé pour l'évaporation du sirop de sucre. Lorsqu'on fait bouillir ce sirop, afin de le concentrer assez pour le faire cristalliser, il se forme de la mélasse, c'est-à-dire du sucre incristallisable, et on a cherché les moyens de diminuer la quantité de cette mélasse qui ne se forme qu'au détriment du sucre cristallisable ; comme il s'en forme d'autant plus que la température est plus élévée, M. Howard a imaginé de faire le vide dans sa chaudière, afin de pouvoir la faire bouillir à une moins haute température, et de diminuer par là la quantité de mélasse formée par l'ébullition. Il y a à cet effet une pompe pneumatique à côté de la chaudière, qui pompe sans cesse l'air et les vapeurs qui en occupent la partie supérieure. M. Howard y a joint le chauffage à la vapeur dont nous parlerons au chapitre suivant. Les perfectionnemens apportés par M. Howard dans le raffinage du sucre sont tellement avantageux, que l'exploitation des priviléges qu'il a pris en Angleterre sont pour sa famille l'équivalent d'une grande fortune.

ARTICLE 5.

Des appareils distillatoires.

Nous avons dit (page 563) que l'opération de la distillation consiste dans la séparation d'un liquide quelconque d'un autre moins volatil. Ici le liquide qu'on veut recueillir étant celui qui se réduit en vapeurs, l'appareil est nécessairement composé de deux parties, l'une destinée à le réduire en vapeurs, nommée chaudière ou *cucurbite*, l'autre destinée à ramener ces vapeurs à l'état liquide, se nomme *condensateur* ou *serpentin*, elle est en contact avec une capacité pleine d'eau fraîche nommée *réfrigérant*. Nous verrons qu'il y a quelquefois une autre partie intermédiaire nommée *rectificateur*.

Lorsqu'on voudra calculer le combustible nécessaire à la vaporisation du liquide qu'on veut distiller, on pourra y procéder comme nous l'avons fait (page 342) pour la vaporisation de l'eau, il faudra connaître le calorique de vaporisation du liquide (page 77), et la chaleur virtuelle du combustible (page 224). Par exemple, pour vaporiser $100^{kil.}$ d'alcool qui serait à $0°$, au moyen de la houille, il faudrait $\frac{100 \times 258}{7050} = 3^{lil.}$, 65 de houille.

Si on veut connaître la surface de chauffe à donner à la chaudière on peut partir de cette donnée, qu'un mètre carré de cuivre de 3 à 4 millimètres d'épaisseur laisse passer en une heure le calorique suffisant pour vaporiser $50^{kil.}$ d'eau ou $32500^{cal.}$. Si c'était un autre liquide, il faudrait augmenter cette quantité de calories en raison de sa capacité pour le calorique (page 50), et cette chaleur produirait plus ou moins de vapeurs, suivant le calorique de vaporisation du liquide (page 77).

Quant à la condensation, elle doit se faire contre des surfaces métalliques le plus minces possible, refroidies par des liquides et non par l'air; car refroidies par l'air, elles laisseraient passer beaucoup moins de chaleur, à cause du peu de capacité de l'air pour le calorique (page 50), on serait donc obligé d'établir des surfaces condensantes beaucoup plus grandes. Il faut à peu près un mètre carré de cuivre, en contact avec de l'eau à $23°$, pour condenser 100 kil. de vapeur d'eau, il faut donc $\frac{1}{2}$ mètre de surface de condensation pour chaque mètre de surface de chauffe ; mais au lieu de cela , on en met 2 mètres afin non-seulement de condenser la vapeur, mais de plus, de ramener le liquide condensé à une basse température, pour éviter qu'il s'évapore.

La distillation qu'on a le plus étudiée est celle de l'alcool , comme étant la plus importante, et c'est principalement elle que nous aurons en vue en parlant de la distillation.

Nous distinguerons sept systèmes de distillations, nous en renvoyons trois au chapitre suivant ; les quatre dont nous allons parler sont : la distillation simple, la distillation à double effet, la distillation au bain marie et celle à rectificateur.

1° *Distillation simple.* Les appareils destinés à cette espèce de distillation se composent de deux parties : l'une où le liquide se vaporise ; l'autre où les vapeurs se condensent.

L'appareil distillatoire le plus simple est l'appareil *fig.* 1, dont nous avons parlé page 20 ; en plongeant le ballon dans l'eau fraîche, qu'on renouvelle convenablement, il peut servir à distiller un liquide quelconque.

Un appareil presqu'aussi simple est celui auquel on donne le nom d'*alambic* (*fig.* 117) ; *a* est la cucurbite où se fait la vaporisation, *b* est le *chapiteau* où se fait la condensation, il a tout le tour des rebords *c*, qui ramènent le liquide condensé dans le bec *d*, et de là dans un

16.

vase quelconque destiné à le recevoir. Pour favoriser cette condensation, le chapiteau est quelquefois surmonté d'un *réfrigérant*, c'est-à-dire d'un vase plein d'eau froide.

La *fig. 112* représente un appareil distillatoire dont le condensateur a la forme de serpentin ; il est plus complet que les précédens et peut être employé dans les manufactures, tandis que ceux-ci ne doivent être considérés que comme des appareils de cabinet. On peut le construire sur toute dimension ; tel que nous l'avons représenté, en le mesurant à l'échelle qui y est jointe, il peut servir à distiller 100$^{kil.}$ d'eau-de-vie par heure. Voici le calcul de ses dimensions, qui peut servir de guide dans les cas semblables ; il est un peu au-dessous de la vérité, puisque nous supposons qu'il y a de l'eau pure, tandis qu'elle est mêlée d'un peu d'alcool, qui se vaporise plus facilement.

1$^{m.q.}$ de surface de chauffe vaporise 50 kilogrammes d'eau par heure (page 368), il en faut donc ici 2$^{m.q.}$; cette surface de chauffe se compose du fond *ab*, et d'une partie des parois latérales ; car nous supposons que l'air qui passe dans le feu ne se rend pas immédiatement dans la cheminée, mais passe par *c, d, e, f*, en tournant autour de la chaudière ; en supposant que le fond *ab* fasse la moitié de la surface de chauffe, il aura 1$^{m.q.}$ de surface, ce qui fait un cercle de

1^{m},13 de diamètre, et la partie bg aura 0^{m},28, la chaudière entière aura le double. Pour vaporiser $100^{kil.}$, il faudra $\frac{100}{6} = 16^{kil.}$ de charbon (page 342), et autant pour échauffer la partie qu'on ne distille pas, chaleur qui est perdue, ce qui nécessitera, pour l'ouverture de la cheminée (page 204), $1^{dm.q.}$,6, et pour la grille $1,6 \times 20 = 32^{dm.q.}$. Le serpentin, dont la surface doit être double de la surface de chauffe, aura donc $4^{m.q.}$ de surface, en le supposant de 0^{m},05 de grosseur, ce qui fait $0,157$ de circonférence; il lui faudra $\frac{4}{0,157} = 25^{m}$,5 de longueur; et supposant qu'on lui fasse faire huit révolutions et demie, cela fera pour chaque révolution $\frac{25,5}{8,5} = 3$, ou 1^{m} pour diamètre; la cuve hi aura donc 1^{m},5 de diamètre.

Si on ne renouvelait pas l'eau qui est dans la cuve, elle s'échaufferait bientôt, et ne condenserait plus les vapeurs du serpentin ; c'est pourquoi on en introduit un courant continu par le tube kl, qui la conduit au fond de la cuve, et elle sort par le haut en m. Supposons que l'eau entre à $10°$ et sorte à $40°$, chaque kil. emportera $30^{cal.}$, et comme on veut condenser 100 kil. par heure, si c'est de l'eau, cela fera $640 \times 100 = 64000^{cal.}$, il faudra donc $\frac{64000}{30} = 2133^{kil.}$ d'eau par heure ; il en faudrait moins si le liquide condensé avait moins de calorique de vaporisation, si l'eau froide avait moins de $10°$ et qu'on la fît sortir à plus de 40°. Voici l'estimation des frais qu'en-traînerait la distillation au moyen de cet appareil.

	mq.	m.	mc.
Fond de la chaudière. .	1 sur	0,004	=0,004
Surplus de la chaudière.	3 sur	0,002	=0,006
Serpentin	4 sur	0,001	=0,004

$$\text{Total.} . . . . . . \quad 0,014$$

Ou $14^{dm.c}$, ce qui fait (page 7) $7,80 \times 14$
$= 109^{kil.}$, à $4^{fr.}$ . . . . 436^{fr}

Porte, grille et maçonnerie du fourneau. 64

Cuve. 50

$$\text{Total.} . . . . \quad 550$$

Dont intérêt à 20 p. 100. 110

Journées de deux hommes, un le jour,
un la nuit. 1800

$32^{kil.}$ de charbon par heure $=768$ par
jour $= 230400$ par an $= 2880$ hectolitres, à $4^{fr.}$ 11520

$$\text{Total.} . . . . \quad 13430$$

Pour produire $100^{kil.} \times 24 \times 300 = 720000^{kil.}$, ou 7200 hectolitres, si c'est de l'eau, et plus si c'est de l'eau-de-vie, ce qui fait $1^{fr.}$ 86^c par hecto-litre.

Il est évident que cela reviendrait plus cher s'il fallait distiller deux fois, ce qui arrive pour du 7 (page 323) lorsqu'on veut en obtenir du 60. Une première distillation, pour $800^{kil.}$ de liquide, donnera 200$^{kil.}$ de 40, qui, distillés de nouveau, donneront 100$^{kil.}$ de 60; cette seconde distillation se nomme *rectification*.

2° *Distillation à double effet*. Ce système de distillation diffère du précédent, en ce qu'on utilise en partie le calorique que les vapeurs abandonnent en se condensant; pour cela il y a deux serpentins, *fig. 113*; dans le premier, on met du liquide qui doit être distillé un instant après, et il doit y en avoir autant qu'on en met dans la chaudière; le second serpentin, la chaudière et le fourneau sont les mêmes que dans l'appareil précédent. Les avantages de cet appareil consistent en ce que le liquide est échauffé avant d'entrer dans la chaudière, de sorte que lorsqu'on l'y introduit il n'y a plus qu'à le vaporiser; tandis que dans l'appareil simple, il faut en outre chauffer d'abord le liquide; ce qui exige, comme nous l'avons vu ci-dessus, autant de chaleur que la vaporisation, lorsqu'on ne vaporise qu'un sixième du liquide; car ce sixième exige 550^c par kil. pour se vaporiser, après qu'on a déjà dépensé 100^c par kil. pour échauffer le tout; il y aurait donc, dans cette hypothèse, la moitié de la chaleur économisée, ou plus exactement, avec le même charbon et dans le même temps, on produirait le double, et on n'augmenterait la dépense que de $\frac{1}{5}$ sur les frais d'établissement, soit 100 f., ce qui ferait un intérêt de 20 f. et porterait les frais annuels à 13450 pour 14400 hectolitres, ou 93 centimes par hectolitres, moitié de ce que donne l'appareil simple. L'avantage ne serait pas si grand, si on vaporisait plus de $\frac{1}{6}$ du liquide, comme cela arrive dans la rectification ; mais il serait néanmoins la plupart du temps très considérable.

3° *Distillation au bain marie.* Dans les appareils qui précèdent, la chaudière qui renferme le liquide à distiller est immédiatement exposée au feu, c'est ce qu'on appelle distillation à feu nu ; il arrive quelquefois que la chaleur, plus grande en quelques points qu'en d'autres, décompose une partie des matières solides que contient le liquide en distillation, et produit divers gaz ou vapeurs qui altèrent le produit de la distillation ; cet inconvénient est surtout sensible dans la distillation de l'alcool ou des liqueurs et essences, car souvent une quantité fort minime d'huile empyreumatique, ou de quelque autre produit de la calcination des matières végétales, donne au liquide un goût détestable ; ce qui a principalement lieu lorsqu'on distille des matières pâteuses ou en partie solides, telles que du marc de raisin, des pommes de terre fermentées, etc. C'est pour y remédier qu'on a imaginé la distillation au bain marie ; tous les appareils dont nous avons parlé sont susceptibles de cette modification, qui consiste à placer la chaudière dans une autre chaudière plus grande , et à mettre de l'eau entre deux. Comme l'eau ne s'échauffe pas au-dessus de 100°, il en résulte que la chaudière intérieure n'éprouvera, en aucun de ses points, de température supérieure. Lorsqu'on veut distiller à une température plus haute, on dissout dans l'eau du bain marie des matières salines, ce qui élève la température de l'ébullition, ou bien on ferme la grande chaudière en y mettant des soupapes de sûreté (page 79).

Ce moyen , considéré sous le rapport économique, a de grands inconvéniens : le passage du calorique du bain marie au liquide en distillation ne s'effectuant qu'entre deux corps dont la température diffère fort peu, s'effectue beaucoup plus lentement que s'il venait directement du feu ; il faut donc perdre beaucoup de chaleur ou augmenter considérablement les points de con-tact, ce qui augmente la valeur de l'appareil : de plus , toute l'eau du bain marie qui se vaporise emporte du calorique qui est perdu ; c'est pour-quoi ce moyen n'est bon que lorsqu'on distille des liquides précieux, qu'on ne distille jamais en grand, et pour lesquels on craint le moindre goût ou la moindre odeur désagréable. Au reste, nous verrons dans le chapitre suivant des moyens de distiller à la vapeur , qui ont les avantages du bain marie sans en avoir les inconvéniens.

4° *Distillation à rectificateur*. On donne le nom

de rectificateur à un appareil destiné à donner en une seule opération, un produit alcoolique d'un degré qu'on ne pourrait obtenir que par une seconde opération, nommée rectification (page 373). Il y a deux sortes de rectificateurs : l'un qui fait partie de l'appareil *Derosne*, dont nous parlerons au chapitre suivant ; celui dont nous allons parler est le *rectificateur chauffe-vin*. Il est fondé sur ce principe. Lorsque les vapeurs se condensent, les premières condensées sont très aqueuses, et les dernières très alcooliques.

On a quelquefois placé le serpentin du chauffe-vin (*fig. 113*) dans une situation renversée, de sorte qu'il allait en montant, et tout le liquide qui se condensait dans son intérieur retombait dans la chaudière ; c'était un véritable rectificateur, mais dont on ne pouvait modifier l'emploi suivant les diverses circonstances, ce qui est un inconvénient.

Au lieu de cela, on dispose les hélices du serpentin verticalement (*fig. 114*) ; du point le plus bas de chaque hélice part un tuyau qui communique à un conduit horizontal *ab* ; celui-ci aboutit d'une part *a* à la chaudière, et d'autre part *b* au serpentin réfrigérant. Entre chacun des conduits *c*, *d*, *e*, *f*, est un robinet qui permet d'ouvrir ou d'intercepter le conduit *a b* ; par cette disposition, on peut ramener dans la chaudière

une partie plus ou moins grande du liquide condensé dans le serpentin *gh*, et obtenir par là une
concentration plus ou moins grande ; par exemple, si on ferme le robinet *i* en ouvrant tous les
autres, le liquide condensé dans les deux premières hélices retournera dans la chaudière, et
celui condensé dans les suivantes ira dans le réfrigérant ; si le liquide fourni par la distillation,
et qu'on doit éprouver de temps en temps, n'est
pas d'un degré assez élevé, on ouvrira *i* et on
fermera *k* ; si au contraire il l'était trop, on fermerait *l*.

Pour pouvoir observer à un instant quelconque la force du liquide distillé, on place sous le
serpentin un tube recourbé (*fig.* 115) dans lequel est un aréomètre ; l'alcool du serpentin
tombe en *a*, remonte en *b*, où plonge l'aréomètre, et redescend en *c* pour se rendre dans un
réservoir.

La rectification produite par le moyen que
nous venons d'indiquer, a un grand avantage
sur la rectification produite par une nouvelle
distillation : 1° le liquide à rectifier, qui retombe dans la chaudière, a déja une température presque égale à celle de l'ébullition, tandis
que par une distillation séparée, il serait froid et
il faudrait l'échauffer ; 2° les vapeurs alcooliques qui passent outre sont définitivement condensées, tandis que dans l'autre méthode, où

elles seraient restées mêlées avec le liquide à rectifier, il aurait fallu employer de la chaleur pour
vaporiser de nouveau cet alcool.

L'avantage pécuniaire de ce mode de rectification sera plus ou moins grand, suivant les circonstances ; on peut compter pour terme moyen
qu'on épargne la moitié des frais de rectification.

CHAPITRE III.

DE LA VAPEUR CONSIDÉRÉE COMME CONDUC-TEUR DU CALORIQUE.

L'un des principaux usages de la vapeur est
celle dont nous traitons dans ce chapitre ; elle
a , pour cet usage , plusieurs avantages sur l'air,
qu'on apercevra facilement.

ARTICLE 1ᵉʳ.

Des fourneaux à plusieurs chaudières.

Le transport du calorique, par le moyen de la
vapeur d'eau , fournit les moyens d'avoir une
température constante, et de n'avoir qu'un fourneau pour plusieurs chaudières , quoiqu'elles
soient distantes les unes des autres.

Tantôt la vapeur arrive dans le liquide même
à échauffer et s'y condense , tantôt elle l'échauffe

au travers de parois métalliques. Ce dernier mode est évidemment le seul applicable, lorsqu'il s'agit d'évaporer un liquide, tel que le sirop de sucre; car par le premier, on y introduirait de l'eau à mesure qu'on en vaporiserait.

Le premier est applicable toutes les fois qu'on se propose seulement de maintenir des chaudières à une température constante, comme cela arrive pour la teinture et pour la filature de la soie.

Dans tous les cas, il y a une première chaudière *a* (*fig. 116*) remplie seulement d'eau, dont la vapeur s'échappe par un conduit *bc*; de ce conduit partent latéralement d'autres conduits *d e* garnis de robinets, et terminés par des pommes d'arrosoir *fg* qui distribuent la vapeur dans le liquide par les petits trous dont elles sont garnies. Par le moyen des robinets *d e*, on peut modérer l'introduction de la vapeur, de manière à obtenir dans les cuves la température qu'on désire. Dans plusieurs emplois, et notamment dans la filature de la soie, l'eau de condensation suffit pour remplacer les pertes d'eau qui se font dans les chaudières, et les entretiennent d'une eau très pure, puisque c'est de l'eau distillée, pureté qui est presque toujours avantageuse. M. Clément cependant cite un exemple du contraire. Un teinturier ayant des cuves chauffées à la vapeur, avait remarqué que son noir était loin d'être aussi beau qu'avant l'emploi de la vapeur, et il était sur le point d'abandonner, par ce motif, ce mode de chauffage ; mais M. L. pensa que cela pouvait bien provenir de la trop grande pureté de l'eau de condensation introduite par la vapeur ; et considérant que l'eau qu'on employait avant contenait du carbonate de chaux, il en fit un peu ajouter dans la cuve, et obtint par là un aussi beau noir qu'auparavant, sans perdre les avantages du chauffage à la vapeur. La même chose pourrait arriver dans d'autres circonstances.

Le second mode de chauffage à la vapeur, dans lequel l'eau de condensation ne se mêle pas au liquide à réchauffer, doit être employé toutes les fois qu'il s'agit de vaporisation ; mais comme la chaleur de l'eau bouillante n'est pas toujours suffisante, on est quelquefois obligé de fermer solidement la chaudière d'où part la vapeur, en y adaptant des soupapes de sûreté, chargées d'un certain poids, de manière à maintenir dans la chaudière une tension supérieure à la pression atmosphérique, et quelquefois égale à plusieurs atmosphères.

Quelquefois on échauffe les chaudières évaporatoires en les plaçant dans une autre chaudière, et en introduisant la vapeur entre deux ; c'est ce moyen qui est employé dans les appareils Howard, dont nous avons parlé page 367 ;

quelquefois un conduit contenant la vapeur, circule dans le liquide même à échauffer, au fond de la cuve ou de la chaudière, ce qui augmente les surfaces de contact. Dans tous les cas, les conduits qui contiennent la vapeur doivent être inclinés et aller sans cesse en montant, à partir de la chaudière; cette pente ramène dans la chaudière toute l'eau qui se condense, à mesure que le corps à échauffer enlève le calorique de la vapeur; quelquefois le liquide condensé, au lieu de revenir à la chaudière par le même conduit où passe la vapeur, revient par un petit conduit qui y est joint au-dessous.

Le chauffage à la vapeur permet souvent de faire, dans des cuves de bois, des opérations qu'on ne pourrait faire que dans des vases métalliques, si on opérait directement sur le feu; telle est la cuisson en grand des pommes de terre, lorsqu'on les destine à la fabrication de l'eau-de-vie.

ARTICLE 2.

De la distillation à la vapeur.

Nous distinguerons trois sortes de distillation à vapeurs; la distillation à vapeur sans mélange, la distillation avec mélange, la distillation continue.

Distillation à vapeur sans mélange. Dans

ce mode de distillation, les appareils sont construits sur les mêmes principes que les appareils évaporatoires (page 381); ils ont été imaginés dans le même but que les appareils au bain marie (page 374), et présentent les mêmes inconvéniens.

Distillation à vapeur avec mélange. Ce mode de distillation est toujours avantageux et quelquefois presque indispensable. Il est fondé sur ce fait que toutes les fois que de la vapeur, formée de deux liquides plus évaporables l'un que l'autre, traverse un mélange des mêmes liquides, elle en sort contenant plus de liquide volatil et moins de l'autre, ce qui augmente la force du liquide distillé sans augmenter la dépense.

Soit par exemple (*fig. 117*) a une chaudière établie sur un fourneau comme dans les appareils distillatoires du chapitre précédent, et en partie pleine de vin; la vapeur, par le conduit d, se rend dans une seconde chaudière b, où on a mis aussi du vin à distiller, la vapeur s'échappe par une pomme d'arrosoir e, monte à la surface du liquide, et dans ce trajet laisse condenser de l'eau et vaporise de l'alcool, d'où il résulte qu'elle sort de cette chaudière plus riche qu'elle n'y est entrée. Le même phénomène se produit dans la troisième chaudière et dans les suivantes s'il y en a, et de la dernière la vapeur se rend dans le serpentin.

Lorsque le liquide de la chaudière ne contient plus d'alcool, ce qu'on peut reconnaître en présentant une flamme aux vapeurs qu'on fait sortir par le robinet f, ce qu'on peut même se dispenser de faire si on a déterminé une fois pour toutes par l'expérience, jusqu'à quel niveau le liquide a doit descendre pour être épuisé d'alcool; niveau qu'on peut observer au moyen du tube de verre gh, qui communique à la chaudière. Lorsque, disons-nous, le liquide a est épuisé d'alcool, on le vide par le robinet h, et on introduit le liquide b en a, on met de même le liquide de c en b, et ainsi de suite, mettant de nouveau vin dans la dernière chaudière. On pourrait éviter ce transvasement en plaçant le vase b plus haut que a, c plus haut que b, etc.; pour vider l'un dans l'autre il suffirait d'ouvrir un robinet.

Cet appareil a de grands avantages sur les précédens, d'abord il est évident qu'une fois l'appareil chaud on n'a pas plus de chaleur à produire pour chaque chauffe que dans l'appareil simple, sauf les déperditions augmentées par la surface de l'appareil, et cependant on obtient des vapeurs plus alcooliques. Un second avantage qui est très grand, lorsqu'on veut distiller des matières solides ou pâteuses, consiste en ce qu'on peut mettre les matières à distiller dans la chaudière b, et de l'eau en a, par là on obtient tous les avantages de la distillation au bain marie, signalés page 374, ou du chauffage à la vapeur sans mélange, et néanmoins la chaleur se transmet tout aussi facilement au liquide à distiller que dans les appareils simples.

Cet appareil est le seul convenable lorsqu'on veut distiller des matières non fluides, avec certitude de ne pas donner de mauvais goût au produit de la distillation. Entre la dernière chaudière et le serpentin, on peut ajouter un rectificateur chauffe-vin (page 376), *et obtenir par là un produit d'une force plus régulière.*

Cet appareil n'est pas cependant sans inconvéniens ; il en a un fort grave qui restreint beaucoup le nombre des chaudières qu'on peut placer les unes à la suite des autres. La vapeur qui arrive en e, pour monter en i, a à soulever la colonne ei, la tension de la vapeur en k devra donc surpasser d'autant plus la pression atmosphérique qu'on emplira plus de chaudières ; car s'il n'y avait qu'une seconde chaudière, il y aurait à vaincre en c la pression atmosphérique transmise par le serpentin, plus la colonne ei ; mais s'il y en a une troisième, il faudra vaincre en m la pression atmosphérique, plus ml, et par conséquent en e la pression atmosphérique $+$ $ml + ie$. Cette augmentation de tension de vapeurs fait qu'elles s'échappent alors par les jointures de l'appareil, ce qui est une perte réelle.

Distillation continue. Ce mode de distillation est fondé sur le même principe que le précédent; mais pour éviter l'augmentation de pression dont nous venons de parler, au lieu de faire traverser à la vapeur plusieurs vases pleins de liquide, on se contente de la faire passer sur la surface de ce liquide en augmentant les points de contact autant que possible. Soit par exemple (*fig. 118*) un cylindre de matière quelconque dans lequel il y ait des rondelles ou diaphragmes métalliques, les unes *ab*, *cd*, *ef*, joignant le cylindre au tour, et ayant une ouverture au milieu; les autres au contraire, *gh*, *ik*, *lm*, laissant un passage tout le tour entre elles et le cylindre; si on imagine que par le bas de cette colonne on introduise de la vapeur, elle sera obligée de parcourir le circuit formé par les intervalles entre les diaphragmes, de sorte qu'après avoir passé par le trou central d'un diaphragme, elle s'écarte pour passer vers les bords du suivant, puis se resserre pour passer au milieu du troisième, etc. Imaginons qu'en même temps on introduise du vin presque bouillant par le haut de la colonne, il tombera de diaphragme en diaphragme, en formant une lame de liquide sur chacun d'eux; la vapeur dans ce contact continuel avec le vin presque bouillant se charge de vapeurs alcooliques et laisse condenser une partie des vapeurs aqueuses qu'elle contient, de sorte qu'elle arrive au haut, beaucoup plus riche qu'elle n'était entrée par le bas ; et si la colonne est suffisamment prolongée, le vin qui entre par le haut peut arriver au bas complètement dépouillé d'alcool, et tomber dans la chaudière d'où il s'échappe avec une vitesse convenable pour qu'il y en ait toujours la même quantité dans la chaudière. La colonne distillatoire peut être disposée de beaucoup d'autres manières que celle que nous avons indiquée ; toute disposition sera bonne lorsqu'elle aura pour résultat de multiplier les *surfaces de contact* entre le vin bouillant qui se rend dans la chaudière, et la vapeur qui s'en échappe. M. Clément, par exemple, a proposé d'employer la colonne absorbante, ou cascade chimique, qu'il emploie dans la fabrication du chlore ; c'est une colonne remplie de boules dures, telles par exemple que des cailloux d'une grosseur convenable, le liquide, introduit par le haut, se divise en lames extrêmement minces à la surface de ces boules, pendant que la vapeur monte, ce qui produit le même effet que les diaphragmes dont nous avons parlé.

La vapeur alcoolique, en sortant de la colonne, se rend dans un serpentin, où elle se condense en échauffant le vin qui doit tomber par la colonne distillatoire.

Un appareil à distillation continue se compose donc nécessairement de trois parties : une chaudière, une colonne distillatoire, un chauffe-vin qui peut servir de réfrigérent. La *fig. 119* peut représenter cet appareil dans cet état de simplicité ; le vin arrive par le tube *ab* d'une manière uniforme, et monte peu à peu dans le réfrigérent *bc* ; au bas il est froid, mais en *c* il est rendu presque bouillant par la condensation opérée dans le serpentin ; de là, ce vin bouillant passe par le tube *d* dans la colonne distillatoire où la distillation s'opère, comme nous l'avons expliqué plus haut, et la vinasse tombe dans la chaudière et s'échappe par le robinet *e* avec une rapidité convenable. On doit régler l'arrivée du vin en *a*, de sorte que la vinasse qui s'échappe en *e* soit entièrement privée d'alcool ; si elle ne l'était pas complétement, il faudrait ralentir l'arrivée du vin en *a* ; lorsqu'on aura obtenu cet effet, il pourra arriver quelquefois, mais très rarement, que l'alcool qui coule par l'orifice *g* ne soit pas complétement condensé ; si cela arrive, ce sera signe que le vin mis en distillation est trop riche en alcool, et il faudra l'appauvrir en y ajoutant de l'eau ou de la vinasse froide.

L'avantage de la distillation continue consiste, 1° en ce que toute la chaleur perdue est celle employée à chauffer la vinasse chaude qui s'échappe, plus celle qui se perd par les parois, tandis que dans les autres appareils il faut de plus le calorique de vaporisation du liquide qui

se condense dans le réfrigérent où on met de l'eau
fraîche; 2° en ce qu'on peut complètement se
passer d'eau froide, excepté dans les cas très
rares où le vin serait trop riche; 3° en ce qu'on
obtient, en une seule chauffe, un esprit qu'on
n'obtiendrait dans les autres appareils que par
deux ou trois rectifications.

Nous avons dit que le vin devait arriver d'une
manière uniforme en *a*, voici le moyen qu'on emploie pour cette uniformité. Soit *a* (*fig. 120*), un réservoir dans lequel on met le vin d'une manière
quelconque, et portant un robinet qui, étant ouvert, laisse couler beaucoup plus de vin qu'il n'en
faut; ce réservoir se décharge dans un second plus
petit *b*; sur la surface du liquide de celui-ci est un
flotteur *c*, composé d'une boule creuse de métal
mince; elle tient à l'axe du robinet *d*, de sorte
qu'elle le ferme lorsque le liquide monte en *c*, et
l'ouvre lorsqu'il descend; par ce moyen, le niveau en *c* est à peu près constant, et l'écoulement par le robinet *e* est régulier.

M. Derosne, à qui on doit beaucoup de perfectionnemens dans la distillation, a ajouté aux
parties dont nous venons de parler, une seconde
chaudière, un rectificateur à vapeur, un rectificateur chauffe-vin; la *fig.* 121 peut donner une
idée sommaire de cet appareil. La première et la
seconde chaudière, que nous n'avons pas mises
dans la figure, communiquent par un conduit à

vapeur tel que *d* (*fig. 117*), et un autre conduit dans la partie inférieure, qui transmet la vinasse de la seconde chaudière dans la première ; cette seconde chaudière est destinée à vaporiser le peu d'alcool qui pourrait échapper à la distillation dans la colonne distillatoire, ce qui ne doit pas arriver lorsque l'appareil est bien conduit ; de là les vapeurs passent dans la colonne *ab*, où la distillation s'opère comme nous l'avons dit, page 385, le vin chaud arrivant par le tube *cd* ; *be* est le rectificateur à vapeur, qui est construit sur les mêmes principes que la colonne, mais qui, au lieu de vin, reçoit, par le tube *fg*, une partie du liquide condensé dans le rectificateur chauffe-vin *hi*, dont l'usage est tel que nous l'avons expliqué page 376, excepté qu'il est divisé en deux parties par une séparation *k*, qui ne laisse de passage qu'à la partie inférieure. Dans la partie *h*, le liquide est beaucoup plus chaud que dans la partie *i*, et il s'échappe en *d*, qui, étant au haut, contient nécessairement la partie la plus chaude du liquide. Du rectificateur *be*, la vapeur passe dans un serpentin renfermé dans le chauffe-vin *hi*, et de là dans le serpentin réfrigérant *lm*. Le vin entre en *n* d'une manière uniforme, comme nous l'avons expliqué page 388, arrive froid en *o*, s'échauffe peu à peu en montant en *p*, de là passe dans le chauffe-vin *ih*, dans le tube *dc*, dans la colonne *ba*, et arrive dans les chaudières, dépouillé de son alcool.

Cet appareil offre une économie considérable, comparativement à tous les autres, surtout lorsqu'on veut obtenir de l'alcool un peu concentré. Voici les résultats de deux expériences faites au moyen de l'appareil de M. Derosne.

Pour distiller 10000$^{l.}$ de 9 (page 323), et en obtenir 1059$^{litr.}$ de 85, il faut 42 heures, 2 ouvriers et 330$^{kil.}$ de charbon de qualité inférieure. L'autre expérience a donné les résultats suivans :

Pour distiller 10000$^{l.}$ de 9, et en obtenir 1059$^{litr.}$ de 85, il faut 50 heures, 2 ouvriers et 254$^{kil.}$ de charbon de très bonne qualité. En partant de cette dernière expérience, nous aurons :

50$^{h.}$, 2 ouvriers à 25$^{c.}$ par heure...... 25$^{fr.}$
254$^{kil.}$ de charbon à 5$^{c.}$ 12 70
Intérêt de l'appareil, 600$^{fr.}$ par an, et pour 50$^{h.}$ 5 30

Total...... 41

pour 1059$^{litr.}$, ce qui fait 4 fr. par hectolitre d'esprit à 85 ; tandis qu'au moyen des appareils les plus perfectionnés, mais non continus, l'hectolitre coûterait au moins 5 fr. 60 cent. pour frais de distillation, sans compter l'intérêt de l'appareil. Avec un appareil médiocre, la dépense serait doublée, et plus que triplée avec un mauvais.

Dans la distillation des esprits moins forts, l'avantage n'est pas aussi grand.

ARTICLE 3.

Des calorifères et des séchoirs à vapeur.

Les calorifères à vapeur consistent simplement en une chaudière placée sur un fourneau ; de cette chaudière partent des conduits qui vont dans les appartemens à échauffer. Un des grands avantages du chauffage à la vapeur, c'est d'éloigner le feu de l'établissement qu'on veut chauffer, et de diminuer par-là les dangers d'incendie ; les calorifères à air (page 185) offrent, il est vrai, le même avantage, mais il faut, pour conduire l'air chaud, des conduits bien plus volumineux que pour conduire la vapeur. On peut conduire une grande quantité de vapeur par un très petit conduit, qui ne laisse perdre que peu de chaleur ; un tuyau de trois centimètres suffit pour donner passage à la vapeur nécessaire pour chauffer un appartement de 10000 mètres cubes, et on peut le recouvrir d'un corps non conducteur du calorique ; la vapeur, de là, est introduite dans des tuyaux plus gros placés dans les angles des appartemens, et présentant beaucoup de surface.

Comme la chaleur dilate les conduits, et que cette dilatation est très sensible lorsqu'ils sont longs, il ne convient pas de les fixer sur des supports immuables, car ceux-ci seraient arrachés et les tuyaux déchirés s'ils étaient très longs.

On a mis à profit cette dilatation en l'employant à fermer le robinet par où arrive la vapeur, et empêcher par-là la température de s'élever au - dessus d'un degré désiré; chose très importante dans beaucoup de circonstances.

Pour ramener l'eau qui se rassemble dans les conduits par la condensation de la vapeur, on dispose un autre petit conduit qui communique par plusieurs points au conduit à vapeur, et va se rendre dans la chaudière; comme c'est de l'eau distillée, elle ne fait aucun dépôt.

Le calorifère à vapeur n'établit pas, dans le local qu'il réchauffe, le renouvellement nécessaire comme les calorifères (page 187); il faudra donc établir ce courant d'une autre manière en plaçant des ouvertures pour le laisser entrer, à côté ou derrière les conduits de chaleur ; pour ne pas introduire d'air froid dans la chambre, d'autres conduits, tels que ceux page 187, laisseront échapper l'air.

Lorsqu'on voudra calculer les dimensions d'un calorifère à vapeur, nécessaire pour produire un certain effet, on calculera d'abord combien il faut fournir de calories par heure (page 193), et on calcule combien il faut que les tuyaux présentent de surface dans la chambre, en partant de cette donnée, qu'il passe environ 1000ᶜ· en une heure par mètre carré de cuivre de 12ᵐᵐ· d'épaisseur. Quant au fourneau, on pourra en calculer les parties, comme nous l'avons fait page 203; en partant de cette donnée qu'un kil. de vapeur fournit 550ᶜ·, qu'il faut 1 kil. de charbon pour 6 kil. de vapeurs, et qu'il faut $\frac{1}{50}$ de mètre carré de surface de chauffe pour produire 1 kil. de vapeurs.

Les calorifères à vapeur peuvent également être employés au séchage, comme nous l'avons déja dit page 362; dans ce cas, on comptera qu'un mètre carré de tuyaux contenant de la vapeur, et extérieurement en contact avec du linge mouillé qui y reste jusqu'à ce qu'il soit sec, laisse passer 4000 c. en une heure.

Il faut bien prendre garde qu'il n'y ait pas de pertes par les conduits, car les boiseries, attaquées par la vapeur aqueuse, seraient bientôt détériorées.

CHAPITRE IV.

DE LA VAPEUR CONSIDÉRÉE COMME FORCE MOTRICE.

L'usage le plus important de la vapeur est son

emploi comme force motrice ; c'est aux machines à vapeur qu'est due une partie de la richesse de l'Angleterre ; Watt est un de ceux qui ont le plus contribué à leur perfectionnement, aussi les Anglais lui ont-ils voté une statue, et les ministres ont, à cette occasion, déclaré que ce célèbre mécanicien, par les machines à vapeur qu'il avait répandues en Angleterre, avait procuré à ce pays un revenu équivalent à l'intérêt de sa dette. Nous allons, dans un premier article, donner une idée des machines à vapeur, et des divers systèmes en usage ; dans un second, nous établirons la manière de calculer l'effet qu'on peut attendre de telle ou telle machine, et dans un troisième, nous donnerons une idée sommaire de l'artillerie à vapeur.

ARTICLE 1er.

Des divers systèmes de machines à vapeur.

Comme nous ne parlons ici des machines à vapeur que sous le rapport physique, nous passerons sous silence plusieurs pièces qui néanmoins font partie essentielle d'une machine bien construite, nous en parlerons dans notre Mécanique ; c'est là que nous renvoyons toutes les parties de la description de ces machines qui sont purement mécaniques.

Nous distinguerons quatre systèmes de machines à vapeur.

Premier système. Machines à simple effet.

Ces machines qui ont été les premières employées consistent en trois parties principales, une chaudière, un cylindre, un condenseur.

La *chaudière* est semblable à celles que nous avons décrites dans le chapitre précédent, et on peut calculer de la même manière la surface de chauffe et les dimensions du fourneau, lorsqu'on connaît la quantité d'eau qu'on veut vaporiser par heure. La chaudière doit être munie de soupapes de sûreté (page 79), pour prévenir les dangers d'une explosion causée par la force expansive de la vapeur; et cette soupape doit être assez grande pour livrer, au besoin, passage à une grande quantité de vapeur; car souvent il arrive que, par diverses circonstances, il se forme tout à coup, dans la chaudière, une quantité très abondante de vapeurs; c'est à cela qu'il faut attribuer les terribles explosions qui ont eu lieu, quoique les chaudières fussent garnies de soupapes de sûreté; on peut y ajouter des plaques fusibles (page 79). De la chaudière partent deux conduits; l'un a (*fig. 122*), par lequel la vapeur sort, l'autre b, qui plonge jusqu'au fond, par où l'eau arrive pour remplacer celle qui se vaporise; il s'appelle tube *nourricier*.

Comme il importe qu'il n'y ait toujours que la même quantité d'eau dans la chaudière, on met au tube nourricier un robinet ou une soupape, qui se ferme lorsque l'eau, dans la chaudière, monte au-dessus d'un certain niveau qu'on a déterminé d'avance; la *fig.* 122 en offre un exemple, *b* est le tube nourricier, *c* un robinet, *de* une traverse métallique qui entraîne, dans son mouvement de bascule, l'axe du robinet, *d* un contrepoids, *f* un *flotteur* plus pesant que le contrepoids *d*; mais lorsque l'eau monte jusqu'à ce flotteur et en baigne une partie, il devient *plus léger* (page 310), le poids *d* l'emporte, et le robinet se ferme. Le tube nourricier doit se prolonger au-dessus de la chaudière, à une hauteur plus que suffisante pour vaincre la résistance que présentent l'eau et la vapeur qui sont dans la chaudière.

Le *condenseur* est un appareil destiné à condenser les vapeurs qui sortent du cylindre; il se compose du condenseur proprement dit *g*, qui est une capacité communiquant par le tuyau *h* au cylindre, par le tube *i* au réservoir *k*, plein d'eau fraîche, par le conduit *l* à la pompe *m*, au moyen de laquelle l'eau du condenseur est extraite au-dehors. Pour concevoir le mécanisme du condenseur, imaginons que de la vapeur arrive par le tube *h*; cette vapeur, en contact avec l'eau froide *i*, se condensera, ce qui causera un vide en *g*, c'est-à-dire que la pression y sera diminuée; alors la pression atmosphérique poussera l'eau *k* par le tube *i*, et elle formera un jet dans l'intérieur du condenseur; ce jet favorisera encore la condensation des vapeurs, et le vide fait en *a* sera permanent, pourvu qu'une pompe *m* enlève à mesure l'eau du condenseur; la pression des vapeurs en *g* sera égale à la tension de la vapeur (page 335) à la température de l'eau qui sort du condenseur. Une pompe *n* doit sans cesse alimenter d'eau fraîche le réservoir *k*. C'est de l'eau de condensation *m* qu'on se sert pour alimenter la chaudière; comme elle est déjà échauffée par la vapeur, elle est préférable à l'eau fraîche. Si la chaudière est plus basse que la pompe *m*, un simple tube partant de cette pompe et allant au tube nourricier, peut y entretenir l'eau à un niveau constant; si elle est plus haute, on place, à côté de la pompe *m*, une pompe plus petite *o*, destinée à monter l'eau dans le tube nourricier.

Le *cylindre pq* renferme un piston *r*, et a, vers le bas, deux tuyaux *ap* qui vont l'un au condenseur, l'autre à la chaudière; ils sont garnis chacun d'un robinet, ces robinets ont des leviers *st tu* liés ensemble de telle sorte qu'en s'abaissant en même temps, l'un se ferme tandis que l'autre s'ouvre: c'est le contraire lorsqu'ils s'élèvent. Le robinet à vapeur *u* étant ouvert, et celui à condensation *s* fermé, la vapeur arrive sous le piston *r*, fait équilibre à la pression atmosphérique, et le piston est soulevé par un contrepoids *v*, égal à la moitié de cette pression atmosphérique sur le piston *r*; lorsque le piston est au haut du cylindre, un tasseau *z*, fixé sur une tige qui monte en même temps que le piston, fait baisser les leviers *st, tu*, ferme le passage à la vapeur en *u*, et ouvre le chemin au condenseur en *s*; la vapeur dont le cylindre est rempli va dans le condenseur, s'y condense, et, ne faisant plus équilibre à la pression atmosphérique, celle-ci pousse le piston au bas du cylindre; lorsqu'il y arrive, un autre tasseau *w*, fixé à la même tige dont nous avons parlé, ferme *s*, ouvre *u*, et la même chose recommence. L'extrémité de la tige *x* est fixée à un balancier auquel on attache, aux points convenables, les tiges des pompes *n, o, m*; c'est à l'autre extrémité de ce balancier qu'est un volant *y*; au moyen de son arbre, on communique d'une manière quelconque la force développée par la machine, à des pompes, un laminoir, etc.

Deuxième système. Machines à double effet.

Pour concevoir le mécanisme des machines de ce système, bien préférable au précédent, qu'on imagine dans la même figure le cylindre *pq*,

remplacé par le cylindre *ab* (*fig. 123*), fermé
au haut et au bas, la tige du piston étant serrée
dans un trou en *c*, au moyen d'étoupes, de manière à ne pas laisser échapper les vapeurs.
Qu'on imagine aussi le poids *v* supprimé. Au
haut du cylindre (*fig. 123*) sont deux conduits
de munis de robinets, et communiquant comme
f et *g*, l'un à la chaudière, l'autre au condenseur; ces quatre robinets ont des bras de leviers,
comme ceux *fig. 122*, combinés avec des tasseaux
fixés à une tige que soulève la tige du piston, de
telle sorte que le piston, arrivant au haut du cylindre, ouvre *d* et *g* en fermant *f* et *e*, et lorsqu'il
arrive au bas, il ferme *d* et *g* et ouvre *f* et *e*.
D'abord la vapeur arrive par *f* sous le piston et
le pousse au haut, lorsqu'il y arrive, *f* et *e* se
ferment, la vapeur cesse d'entrer sous le piston,
d et *g* s'ouvrent, et la vapeur qui est sous le piston va au condenseur, ce qui fait un vide sous
le piston; de nouvelle vapeur passant en *d* pousse
le piston au bas; lorsqu'il y arrive, la même
chose recommence. Cette machine a, sur la précédente, l'avantage qu'avec le même cylindre on
peut produire un effet double; car le piston est
sans cesse poussé par la pression de la vapeur,
que nous supposons égale à la pression atmosphérique; tandis que dans la précedente, en
montant il était mû par le contrepoids *v*
(*fig. 122*), égal à $\frac{1}{4}$ pression atmosphérique (la va-

peur en p faisant seulement équilibre à la pression atmosphérique); et en descendant, il était mû par la pression atmosphérique, réduite de moitié à cause du contrepoids v.

Troisième système. Machines à détente.

Dans le système précédent, le passage de la vapeur qui pousse le piston est ouvert jusqu'à ce que le piston soit arrivé au bout de sa course; mais comme elle n'est combattue que par la faible tension des vapeurs qui restent *dans le condenseur*, supposons que *le robinet se ferme lorsque la vapeur a rempli seulement* la moitié du cylindre, quand même il n'en arriverait plus, la force d'expansion suffirait encore pour pousser le piston jusqu'au bout ; la vapeur, en s'étendant, perdrait progressivement de sa force, mais il suffit qu'il lui reste à la fin une force supérieure à celle des vapeurs du condenseur. Cette extension de la vapeur dans le cylindre se nomme *détente.*

Ce système a sur les précédens l'avantage que, avec la moitié du cylindre plein de vapeur, on obtient plus de la moitié de l'effet que produirait le cylindre tout plein, de sorte qu'avec une même quantité de vapeur, $1^{m.c.}$ par exemple, on produira un plus grand effet.

Il est évident qu'on pourrait faire fermer le

robinet f, lorsque le tiers ou le quart seulement du cylindre est rempli de vapeur, on utiliserait par-là une plus grande partie de la détente de la vapeur; mais cela a cependant une limite; premièrement, parce que la vapeur se dilatant, sa pression diminue, et il ne faut pas qu'elle diminue jusqu'à être à peu près égale à celle des vapeurs du condenseur; secondement, si on fait trop détendre la vapeur, il faut pour un effet demandé, agrandir beaucoup le cylindre, ce qui augmente la force perdue par le frottement du piston.

Quatrième système. Machines à haute pression.

On donne ce nom aux machines dans lesquelles on emploie la vapeur à une température plus élevée que 100°, et par conséquent à une tension au-dessus de la pression atmosphérique; on a été jusqu'à employer la vapeur à une pression équivalente à 35 atmosphères. Quelquefois on donne le nom de machines à moyenne pression, à celles où la vapeur n'a qu'environ deux atmosphères de pression.

On peut, parmi les machines à haute pression, distinguer autant de systèmes particuliers que dans les précédentes; ainsi elles peuvent être à simple effet ou à double effet, avec ou sans détente, et de plus (ce qui n'a pas lieu pour les précédentes), elles peuvent être avec ou sans condensation.

La *fig. 123* peut donner une idée d'une machine à haute pression, sans détente ni condensation, elle a deux cylindres et deux pistons, l'un montant lorsque l'autre descend ; ils font monter et baisser alternativement les deux bras du balancier *ab*, qui imprime un mouvement de rotation au volant *c*, ou à un objet quelconque. La vapeur arrive par le tube *d*; les deux robinets *e f* sont rangés de telle manière que l'un se ferme lorsque l'autre s'ouvre : lorsque le *piston g* arrive au haut, le robinet *f* se ferme et *e* s'ouvre, alors la vapeur s'introduit sous le piston *h*, et le fait monter pendant que *g* descend, et le même effet se reproduit indéfinitivement. L'axe des robinets *A* est percé d'un canal *b*, qui communique, par un trou latéral *a*, avec le cylindre, toutes les fois que le passage de la chaudière au cylindre n'est pas ouvert par le trou *cd*; ce canal *b* est destiné à livrer passage à la vapeur qui s'échappe dans l'atmosphère.

Les machines à haute pression sont seules applicables, toutes les fois qu'on n'a pas d'eau pour condenser les vapeurs.

Pour que cette machine fût à détente, il faudrait qu'il y eût en *e* deux robinets, aussi bien qu'en *f*; l'un interceptant la vapeur avant que le piston fût au haut du cylindre, et l'autre la lais-

sant échapper dans l'atmosphère, lorsque le piston est au bout de sa course ; si par exemple le
premier robinet se ferme, lorsque le tiers seulement du cylindre est plein de vapeur, le piston
achevera sa course sous la pression décroissante
de la vapeur qui se détend, mais il faut qu'au
bout de la détente, la force de la vapeur soit encore supérieure à la pression atmosphérique.

La *fig. 122* aurait pu également représenter une
machine du même système que la précédente,
en supprimant tout l'appareil *n g m* destiné à la
condensation, et supposant que la vapeur se
formât en *e* sous une haute pression ; mais alors
il faut ou que le tube *b* soit très haut, ou que là
pompe *o* foule directement l'eau dans la chaudière, sans que le tube nourricier ait des ouvertures à l'air libre, ou supprimer entièrement la
pompe *o* et le tube ; dans ce dernier cas, on serait obligé d'interrompre le travail de temps en
temps, ce qui serait un inconvénient fort grave,
à moins de faire la chaudière assez grande pour
travailler tout le jour, et qu'on interrompît tous
les soirs.

Que, dans la même figure, on imagine le robinet *u* se fermant avant que le robinet *s* s'ouvre, et avant que le piston soit au haut de sa
course, en supprimant toujours le condenseur,
et supposant la chaudière à plus de 100°, on
aura une machine à haute pression, à détente,

et à simple effet. Le contrepoids v doit, dans tous les cas, être égal à la moitié de la force qui meut le piston.

Qu'on remplace le cylindre pq par le cylindre ab (*fig. 123*), et on aura une machine à haute pression, à double effet, elle sera à détente ou sans détente, suivant qu'on supposera que f se ferme lorsque le piston est en b, ou bien lorsqu'il est à la moitié, au tiers, au quart....

Pour se former une idée des machines à haute pression et à condensation, il suffit de rétablir le condenseur, de supprimer le *poids* v, et de supposer la chaudière à plus de 100°. Cette machine peut être, comme les autres, à détente ou sans détente, suivant le moment où se ferme le robinet f, mais on n'emploie pas de machines à haute pression, à condensation, sans détente, parce que la condensation est beaucoup dans les machines à basse pression, et moins dans les hautes, et c'est le contraire pour la détente.

Nous ne devons pas passer sous silence une autre manière de condenser les vapeurs et d'entretenir la chaudière, qui a été mal comprise par quelques personnes.

Le condenseur g est remplacé par un long tube, faisant à peu près l'office de serpentin, et baigné d'eau fraîche, qu'on renouvelle sans cesse; ce tube n'a aucune communication avec l'extérieur, de sorte que la condensation ne s'opère que par le refroidissement au travers des parois. La pompe *o* tire l'eau chaude qui l'accumule à l'extrémité de ce tube ou serpentin, et la refoule dans la chaudière. Voici les avantages de cette combinaison.

C'est toujours la même eau qui passe en vapeur de la chaudière dans le cylindre, et en liquide du condenseur dans la chaudière, d'où il résulte qu'elle ne peut former de dépôt qui s'accumule dans la chaudière, et que celle-ci est toujours entretenue de la quantité d'eau convenable; si la vapeur ne se condense pas bien dans le condenseur, et que la tension qui lui reste oppose au piston une résistance qui diminue l'effet de la machine, cette perte est restituée d'un autre côté, car plus il reste de tension à la vapeur du condenseur, plus aussi la température de l'eau qui s'y rassemble est élevée, et lorsqu'elle sera dans la chaudière elle sera plus tôt vaporisée, ce qui compense en partie la perte qu'on éprouve d'ailleurs, comme nous le calculerons dans l'article suivant.

ARTICLE 2.

Calcul de l'effet qu'on peut attendre des machines à vapeur de divers systèmes.

Avant de passer au calcul de la force des machines à vapeur, nous allons donner une table

renfermant les nombres qui servent de base à ces
évaluations.

Température.	Tension.	Volume.	Puissance.	Détente.	Température.	Tension.	Volume.	Puissance.	Détente.
0	0,0687	185,3	12,73		110	14,464	1,242	17,97	
5	0,0943	137,4	12,97	3,90	115	16,930	1,076	18,21	2,72
10	0,1286	102,6	13,20	3,88	120	19,538	0,9443	18,45	2,61
15	0,1742	77,16	13,44	3,85	125	22,957	0,8139	18,68	2,40
20	0,2349	58,24	13,68	3,87	130	26,580	0,7199	18,92	2,77
25	0,3133	44,44	13,91	3,78	135	30,853	0,6216	19,16	2,33
30	0,4156	34,06	14,16	3,78	140	35,738	0,5431	19,40	2,38
35	0,5486	26,25	14,40	3,77	145	41,247	0,4761	19,64	2,83
40	0,7190	20,35	14,63	3,74	150	47,380	0,4195	19,88	2,57
45	0,9328	15,94	14,87	3,64	155	53,051	0,3791	20,11	2,51
50	1,2039	12,55	15,11	3,62	160	61,803	0,3293	20,55	
55	1,5428	9,950	15,35	3,57	165	73,620	0,2797	20,59	
60	1,9627	7,943	15,59	3,52	170	88,518	0,2353	20,83	
65	2,4790	6,386	15,83	3,46	175	106,50	0,1978	21,07	
70	3,1080	5,167	16,06	3,41	180	127,54	0,1686	21,31	
75	3,8678	4,214	16,30	3,32	185	151,65	0,1420	21,54	
80	4,7771	3,462	16,54	3,25	190	178,84	0,1218	21,78	
85	5,8575	2,864	16,78	3,18	195	209,11	0,1053	22,02	
90	7,1270	2,388	17,02	3,09	200	242,45	0,0918	22,26	
95	8,6058	2,004	17,25	3,02	205	278,86	0,0806	22,50	
100	10,312	1,696	17,49	2,91	210	318,35	0,0714	22,74	
105	12,260	1,446	17,73	2,82	215	360,91	0,0636	22,97	

La première colonne représente la température; la seconde représente la tension de la vapeur exprimée en mètres d'eau, elle est déduite
des mêmes tensions exprimées en mercure, nous
avons indiqué page 336, la manière de passer
de l'un à l'autre; la troisième colonne indique

le volume d'un kil. de vapeur en mètres cubes,
ou d'un gramme en litres, elle a été déterminée
par le calcul indiqué page 345; la quatrième colonne est formée en multipliant les nombres de
la première colonne par ceux de la seconde, elle
indique le nombre de dinamies que développerait
un kil. de vapeur; en effet, nous avons dit
(page 14), qu'on obtient l'effet dinamique en
multipliant le nombre de mètres cubes d'eau
élevés, par la hauteur : supposons un piston de
$1^{m \cdot q}$ de surface, soulevé par de la vapeur à 5o°,
je vois par la 2_e colonne que la vapeur à 5o° est
capable de soulever une colonne d'eau de 1^m 2o3g,
ce qui fait $1^{m \cdot c}$ 2o3g puisqu'elle a un mètre carré
de base, d'ailleurs la colonne 3e fait voir qu'un
kil. de vapeur occupe $12^{m \cdot c}$,55, et comme chaque
mètre du cylindre vaut $1^{m \cdot c \cdot}$ puisqu'il a $1^{m \cdot q \cdot}$ de
base, $1^{kil \cdot}$ de vapeur fera monter le piston de
$12^m \cdot 55$; or $1^{m \cdot c \cdot}$,2o3g d'eau monté à 12^m,55 de
haut, cela fait $15^{din \cdot}$,11 (page 14).

Il est à remarquer que cette 4e colonne serait
juste quand même la seconde aurait été mal déterminée, pourvu que l'expérience première d'où
on est parti pour calculer les volumes : savoir,
$1^{kil \cdot}$ de vapeur $= 1^{m \cdot c \cdot}$,6g6 à 1oo° et $76o^{mm \cdot}$
(page 544) soit exacte; et comme elle a été faite
avec tout le soin possible par M. Gay-Lussac,
on peut en conclure que la quatrième colonne
n'est pas sujette à incertitude, mais la seconde, et

la troisième qui dérive de la seconde ne sont pas dans le même cas.

Nous disons qu'une erreur dans la tension, n'influe pas sur le produit qui exprime l'effet dinamique; en effet, si une tension quelconque était estimée à moitié de ce qu'elle doit être, en calculant le volume correspondant on le trouverait double, d'après la loi de Mariotte, et le produit de ces deux nombres serait le même qu'auparavant, puisque l'un serait moitié, mais l'autre double de ce qu'ils devraient être.

La cinquième colonne est *le nombre de dinamies développées par un kil. de vapeur en se détendant jusqu'à baisser de 5°*; à 30° par exemple, si on laisse détendre 1 kil. de vapeur jusqu'à ce qu'il descende à 25°, la pression passera de $0^{m.},4156$ à $0,3133$, et le volume de $34^{m.c.},06$ à $44,44$; la pression moyenne sera donc $\frac{0.4156 + 0.3133}{2} = 0^{m.},5644$; le volume d'eau soulevé, puisque notre cylindre a $1^{m.q.}$ de surface, sera $0^{m.c.},5644$, et la différence ou l'augmentation de volume étant $44,44 - 34,06 = 10^{m.c.},38$, ce soulèvement sera de $10^{m.},28$ de hauteur; l'effet dinamique de la détente est donc $0,,5644 \times 10,38 = 3^{d.},78$.

On peut remarquer des anomalies dans les nombres de cette colonne, leur décroissement est très irrégulier; ces anomalies ne doivent certainement pas exister en réalité, elles viennent des erreurs commises dans la détermination des pressions. Nous aurions pu leur donner plus de régularité en les assujétissant aux calculs que nous avons faits sur les gaz, mais nous ne croyons pas ces calculs d'une certitude assez bien démontrée pour les substituer à l'expérience. Ces irrégularités deviennent encore plus grandes au-dessus de 150°, et nous avons supprimé les nombres qui expriment la détente au-dessus de cette température.

Les nombres de cette colonne peuvent servir à calculer l'effet produit par la détente de la vapeur, quand même sa température varie de plus de 5° en se détendant, il suffit pour cela d'ajouter plusieurs nombres. Si par exemple je veux connaître la puissance développée par $1^{kil.}$ de vapeur, en se détendant de 120° à 90°, j'ajoute la détente de 120° à 115°, celle de 115° à 110°, celle de 110° à 105°, etc., et j'obtiens $2,40 + 2,61 + 2,72 + 2,82 + 2,91 + 3,02 = 16,48$.

Machines à simple effet.

Il est très facile de calculer l'effet produit par ces machines, lorsqu'on connaît la tension de la vapeur dans la chaudière et celle qui lui reste dans le condenseur.

Nous supposerons ici et dans tout ce qui suit que la base du piston équivaut à un mètre carré.

Soit 105° la température de la chaudière et

3o° celle du condenseur, en montant, le piston sera mu avec une force de 12^m,260 d'eau, mais combattue par la pression atmosphérique qui vaut 10^m,312, reste 1^m,948, et comme un kil. de vapeur fera monter le piston de 1^m,446, cela fera 1,948 $\times$ 1,446 = 2 ,817 ; ensuite le piston en descendant sera mu par la pression atmosphérique moins la tension de la vapeur du condenseur, 10,312 — 0,4156 = 9^m,8964, l'effet sera donc 9,8964 $\times$ 1,446 = 14^d,310, ce qui fait en tout 17^d,127 par kil. de vapeur.

Machines à double effet.

Soit 105° la température de la chaudière et 3o° celle du condenseur, le piston sera mu avec une force égale à la tension de la vapeur de la chaudière moins celle du condenseur : 12,260 — 0,4156 = 11,8444, et le piston sera soulevé de 1,446, volume d'un kil. de vapeur ; cela fera donc 11,8444 $\times$ 1,446 = 17^d,127, résultat semblable à celui des machines à simple effet. Il ne faut cependant pas en conclure qu'elles sont aussi avantageuses. Le poids v (*fig. 122*) qui a un mouvement alternatif cause une perte réelle de la force employée à vaincre son inertie, comme nous le verrons en mécanique. La machine à double effet produit en un seul coup de piston ce que l'autre produit en deux, d'où il résulte que, pour produire le même effet, il faudrait un cylindre d'une capacité double.

Machines à détente.

Soit 105° la température de la chaudière, 30° celle du condenseur, et supposons qu'avant de condenser la vapeur on la laisse détendre jusqu'à 70°, ce qui quadruplerait à peu près son volume. Il y a ici deux parties à distinguer dans l'effet de 1$^{kil.}$ de vapeur : 1° en soulevant le piston avant la détente, il produira le même effet que dans les machines précédentes 17$^{d.}$,127 ; quant à la détente, on pourra la calculer comme nous l'avons dit (page 409) et on trouvera 21$^{d.}$,59, mais cela suppose que la vapeur en se détendant n'est combattue par rien, tandis qu'elle l'est réellement par la tension 0,4156 du condenseur ; or, en se détendant de 105° à 70°, la vapeur passe de 1$^{m.c.}$,446 à 5$^{m.c.}$,167, ce qui fait un accroissement de 3$^{m.c.}$,721 ; la vapeur du condenseur produira donc 3,721 $\times$ 0,4156 = 1$^{d.}$,546 à déduire de l'effet de la détente, ce qui réduit celui-ci à 20$^{d.}$,04, ce qui fait en tout 37$^{d.}$,167 pour 1$^{kil.}$ de vapeur. Ce calcul fait voir le grand avantage d'employer la détente. Il faut observer néanmoins que la vapeur quadruplant de volume, il faut, pour employer 1$^{kil.}$ de vapeur, avoir un cylindre quatre fois plus grand.

Watt est le premier qui ait employé la détente de la vapeur; il prit pour cela une patente en 1782, mais il en avait déja conçu l'idée depuis douze ans, et l'on peut dire que c'est l'un des plus grands perfectionnemens qu'aient reçus les machines à vapeur.

Machines à haute pression.

Le calcul de ces machines est semblable à celui des précédentes; dans le cas où elles *sont sans condensation, comme les vapeurs sont lancées dans l'atmosphère*, c'est comme si le condenseur renfermait encore des vapeurs à 100°.

Premier exemple, sans détente ni condensation. Soit 150° la température de la chaudière; la vapeur aura une tension de $47^m,580$ combattue par la pression atmosphérique $10^m,312$, reste $37^m,068$; le volume d'un kil. est de $0^{m.c.},4195$, son effet sera donc $37,068 \times 0,4195 = 15,55$; on voit qu'elle est moins avantageuse que les précédentes.

Deuxième exemple, avec détente. Soit 150° la température de la chaudière et 110° celle de la détente; avant de se détendre, $1^{kil.}$ de vapeur produira comme précédemment $15^d,55$, plus, en se détendant (page 409), $20^d,40$ en supposant qu'elle ne soit pas combattue par la pression atmosphérique; mais cette pression vaut

10^m,312, et elle lutte contre la détente de la vapeur pendant tout son accroissement de volume, qui est de 1,242 — 0,4195 = 0,822, ce qui fait 0,822 × 10,312 = 8^d,48 à déduire de 20^d,40, reste 11^d,92 pour la détente, et en tout 27^d,47.

Troisième exemple, avec détente et condensation. Soit 150° la température de la chaudière, 80° celle de la détente, et 30° celle de la condensation, la vapeur a une force de 47^m,380, combattue par une de 0^m,4156 (le condenseur étant à 30°), reste 46^m,964, et le volume de 1$^{kil.}$ est 0,4195, l'effet sera donc 46,964 × 0,4195 = 19^d,701 avant la détente; de plus, en se détendant, la vapeur produira 38^d,14, moins ce que détruit la force de la vapeur condensée en s'opposant à l'expansion, cette force est de 0^m,4156, et comme l'accroissement de volume est 3,462 — 0,419 = 3,043, cela fait 0,4156 × 3,045 = 1^d,265 à déduire; il reste 36,88, et en tout 36,88 + 19,70 = 56^d,58. On voit que, dans cet exemple, la force produite par la détente forme la majeure partie du résultat. Ce résultat est plus avantageux qu'aucun des précédens; mais les dangers de l'emploi de la vapeur à haute pression (page 78) en restreignent beaucoup l'usage.

Quatrième exemple. Supposons que ce soit la même eau résultant des vapeurs condensées qui retourne dans la chaudière, comme nous l'avons expliqué page 405. Si l'on suppose, comme précédemment, la vapeur à 150°, la détente à 80°, et la condensation à 30°, on aura, comme ci-dessus, $56^d,58$ pour $1^{kil.}$ de vapeur, dont la formation nécessite $650^{cal.}$, et l'eau de condensation rentrant dans la chaudière à 30°, cela restitue $30^{cal.}$, reste donc $56^d,58$ pour 620^c, ou $0^d,091$ pour 1^c. Si maintenant on suppose qu'au lieu de condenser à 30° on ne condense qu'à 60°, la vapeur du condenseur combattra la vapeur avant et après la détente avec une force supérieure à la précédente de $1,9627 - 0,4156 = 1^m,5471$, et comme le volume total de la vapeur est $3^{m c},462$, cela fera une réduction de $3,462 \times 1,5471 = 5^d,356$; mais comme l'eau s'en retourne à la chaudière avec 30° de plus qu'avant, on gagne 30^c qui produiront $0,091 \times 30 = 2^d,730$, à peu près la moitié des 5^d qu'on a perdues.

Comparaison des systèmes précédens entre eux et avec la force d'un cheval.

Au moyen d'un kil. de charbon, on obtient 6 kil. de vapeurs (page 342), ce qui fait :

(1) Dans les machines à basse pression, sans détente. . . . . $17^d,127 \times 6 = 102^d,762$.

(2) Dans les machines à basse pression, avec détente. . . . . $37^d,167 \times 6 = 223^d,002$.

(3) Dans les machines à haute pression, sans détente. . . . . $15^d,55 \times 6 = 93^d,50$.

(4) Dans les machines à haute pression, avec détente, sans condensation. $27^d,47 \times 6 = 164^d,82$.

(5) Dans les machines à haute pression, avec détente et condensation. $56^d,58 \times 6 = 339^d,48$.

Il est évident que ces résultats ne se rapportent d'une manière précise qu'aux exemples que nous avons choisis, et qu'ils varieraient à mesure qu'on ferait varier les températures de la chaudière, de la détente, du condenseur. L'effet ci-dessus augmenterait aussi si on parvenait à produire plus de $6^{kil.}$ de vapeurs par kil. de charbon, ce qui peut arriver dans les grandes machines. La machine qui dans la pratique ait donné le résultat le plus satisfaisant est une machine de Watt, elle est du système (2), mais participe un peu du système (5) puisque la tension de la vapeur surpasse la pression atmosphérique, mais de peu de chose ; elle a donné 195^d par kil. de charbon, mais ce résultat ne s'est pas soutenu, et on peut regarder comme bien construite une machine qui donne plus de 100^d par kil. de charbon. L'ancienne machine de Chaillot ne donne que 22_d.

Si on estime à 5 centimes le kil. de charbon, on trouvera que 1000 dynamies coûtent

Dans le système (1)   49 centimes.
Dans le système (2)   22

Dans le système (3)   53 centimes.
Dans le système (4)   50
Dans le système (5)   15

Et dans la pratique en général 50^c; or 1000^d. est plus d'une journée de cheval qu'on peut estimer à environ 2 fr.; il y a donc les $\frac{3}{4}$ à gagner, et même plus, car si on a besoin par exemple de 25 chevaux, un seul homme pourra surveiller la machine et ne pourrait conduire 25 chevaux.

De l'eau nécessaire à la condensation.

Ce qui précède fait voir combien on perdrait si on n'employait pas la condensation; mais pour condenser la vapeur, il faut avoir à sa disposition de l'eau fraîche, et on peut calculer facilement la quantité nécessaire, lorsqu'on connaît sa température et celle qu'on veut donner au condenseur; supposons qu'elle ait 10° et le condenseur 30°, chaque kil. en s'en allant emportera 20^c; or, 1^{kil.} de vapeur en se liquéfiant à 30° abandonne 620^c, il faudra donc 31^{kil.} d'eau fraîche pour condenser chaque kil. de vapeur. Quelquefois on n'a pas à sa disposition une quantité suffisante d'eau fraîche; quelques personnes ont essayé pour la refroidir de la faire descendre dans un puits, mais le sol bientôt échauffé et conduisant peu le calorique n'a plus pu remplir cet office. On emploie quelquefois à cet effet un moyen préférable, dont on se servira toutes les fois qu'on n'aura pas assez d'eau fraîche à sa disposition. Près de la machine, et en plein air, on forme un réservoir présentant beaucoup de surface; il est partagé en deux parties qui communiquent entre elles par l'extrémité opposée à la machine; l'eau chaude du condenseur entre dans l'une, passe dans l'autre par l'autre bout, et revient dans le condenseur après s'être refroidie dans ce circuit.

Article 3.

De l'artillerie à vapeur.

On a essayé en Angleterre de substituer la force d'expansion de la vapeur d'eau à celle de la poudre pour l'artillerie; nous allons donner succinctement le calcul de la température nécessaire pour imprimer au boulet une vitesse demandée, et de la quantité de charbon que cela exige.

Soit un boulet de $12^{\text{kil.}}$ placé dans un canon de $2^{\text{m.}}$ de long, on doit lui donner, pour égaler la force de la poudre, une vitesse de 450 ou $500^{\text{m.}}$; calculons quelle tension la vapeur doit avoir pour cela. Supposons d'abord que le boulet soit mu par une pression égale à son poids $12^{\text{kil.}}$, il acquerra une vitesse égale à celle que lui donnerait une chute de $2^{\text{m.}}$, savoir (page 4) $\sqrt{2 \times 4{,}43} =$

18.

6^{m},26 par seconde, et comme la vitesse à lui imprimer est environ 80 fois plus grande, il faudrait une pression 80 fois plus grande que le poids du boulet si elle agissait autant de temps; mais comme elle agira 80 fois moins de temps, puisque le boulet devant aller 80 fois plus vite sera sorti du canon autant de fois plus tôt, il en résulte qu'il faut une force $80 \times 80 = 6400$ fois plus grande, ou $12^{kil} \times 6400 = 76800^{kil}$. Or un boulet de 12^{kil} a un diamètre de 0^{m},145, ce qui fait pour la grosseur du canon $1^{d.m.q.}$,652, et pour produire une pression de 76800^{kil} il faudrait une colonne d'eau de $\frac{76800}{1,652}^{d.m} = 4649^{m}$, ce qui fait environ 450 atmosphères, pression énorme qui prouve qu'on ne pourrait obtenir une force égale à celle de la poudre qu'en employant une température fort élevée, plus de 280°, et des vases d'une très grande force. La capacité du tube ci-dessus serait $20 \times 1,652 = 33^{lit}$ qui pèseraient environ 4^{kil}, il faudrait donc cette quantité de vapeurs pour chaque coup de canon, ce qui nécessiterait $\frac{4}{6}^{kil}$ de charbon. Si comme dans les machines à vapeur on ne brûlait que 1^{kil} pour 6 de vapeurs, mais ici comme on est obligé de rendre la surface de chauffe beaucoup plus petite, il faut porter cette quantité au moins 6 fois plus haut, 4^{kil}; et même dans cette hypothèse pour tirer 4 coups seulement par minute il faudrait produire 960^{kil} de

vapeur par heure, ce qui nécessiterait une sur-
face de chauffe de $\frac{960}{50} =$ environ $19^{m.q.}$ (page 368)
dans les circonstances ordinaires, mais seulement
$\frac{19}{6}$ ou 3 en brûlant six fois plus de charbon,
comme nous le supposons ici. D'autre part quelle
dimension faudrait-il au fourneau pour brûler
$960^{kil.}$ de charbon par heure? Ces calculs démontrent ce nous semble l'impossibilité dans la pratique de donner aux boulets une impulsion égale
à celle de la poudre en y substituant la vapeur
d'eau.

LIVRE V.

DE LA LUMIÈRE.

Tout le monde connaît les effets de la lumière et son immense utilité ; les savans eux-mêmes ne sont pas encore bien fixés sur la nature de la cause qui la produit ; est-elle l'effet d'une matière infiniment subtile lancée par le corps lumineux lui-même, c'était l'opinion de Newton ; n'est-elle que l'effet d'un mouvement vibratoire imprimé à un fluide infiniment subtil répandu dans tout l'univers, comme le son n'est que l'effet d'un mouvement vibratoire de l'air, c'était l'opinion de Descartes et d'Euler renouvelée, nous dirons presque démontrée par les savans modernes, au nombre desquels nous citerons M. Fresnel. Quoi qu'il en soit, la décision de cette question est peu importante relativement au but que nous nous sommes proposé dans cet ouvrage. Nous partagerons ce livre en trois chapitres qui traiteront de la lumière directe, réfractée, réfléchie.

CHAPITRE PREMIER.

LUMIÈRE DIRECTE.

Relativement à la lumière directe nous n'avons que trois choses à considérer, sa propagation, sa rapidité, son intensité.

La *propagation* de la lumière se fait toujours en ligne droite; une expérience constante l'a toujours confirmé et aucune ne l'a démenti.

La *rapidité* de la lumière est si grande qu'on ne peut la mesurer pour les distances qu'elle a à parcourir sur terre, elle a été déterminée par le temps qu'elle met à parcourir la distance de la planète nommée Jupiter à la terre; ayant calculé d'avance à quel instant précis les satellites de cette planète devaient s'éclipser, on trouva par l'observation que le moment où on l'observait devançait le moment calculé ou arrivait après, suivant que cette planète était plus loin ou plus près de la terre, de sorte que de là plus grande proximité au plus grand éloignement il y avait une différence d'environ 16 minutes, d'où on conclut que la lumière met ce temps à parcourir cet espace qui est d'environ 68 millions de lieues, et ce résultat a été confirmé par les expériences subséquentes qui ont fait voir que le retard dont nous venons de parler était exactement proportionnel à l'accroissement de distance. La rapidité de la lumière est donc d'environ 70,000 lieues par seconde, on peut donc en général négliger dans les expériences qu'on fait sur terre le temps que la lumière emploie à venir d'un objet à notre œil, comme par exemple dans l'expérience page 236.

L'intensité de la lumière décroit à mesure qu'on s'éloigne du corps lumineux ; l'intensité est toujours en raison inverse du carré des distances au corps éclairant, c'est-à-dire que si la distance devient deux fois plus forte, la clarté deviendra $2 \times 2 = 4$ fois plus faible; si la distance devient triple, la clarté deviendra 9 fois plus faible, etc. Cette loi fournit un moyen de comparer les pouvoirs lumineux de deux corps éclairans, il consiste à placer ces deux corps éclairans en deux points ab (*fig. 125*), de manière que chacun d'eux projette sur une surface blanche cd l'ombre d'un même corps e, et on avance ou recule l'un d'eux jusqu'à ce que les deux ombres fg, fh, qu'il convient de faire tomber l'une à côté de l'autre, soient d'une égale intensité; dans ce cas, comme les deux corps lumineux éclairent également le point f, les intensités de leur pouvoir lumineux seront entre elles dans le rapport des carrés de leurs distances à ce point. C'est par ce moyen qu'on a déterminé le rapport des pouvoirs lumineux suivans.

	Nombres proportionnels aux pouvoirs lumineux.	Quantité consumée par heure.	Quantité à consumer pour une égale lumière.
Lampe à la Carcel...	100	40 grammes.	0 gr.,640
Lampe de Gérard....	80	38 gr.	0 gr.,758
Chandelle de $\frac{1}{12}$ kil..	20	12,5 gr.	1 gr.
Un bec de gaz.......	160	170 litres.	1 lit.,702
Un id. de gaz portatif.	125	60 lit.	0 lit.,768

Et en évaluant le combustible à 1 fr. le kil., et le gaz à 6 c. pour 170 litr. de gaz ordinaire, et 5 c. les 60 litr. de gaz portatif; pour s'éclairer également par les cinq moyens précédens, il faudra respectivement dépenser 64 c., 75 c., 1 fr., 60 c., 64 c.

CHAPITRE II.

LUMIÈRE RÉFRACTÉE.

ARTICLE 1er.

De la réfraction et des lentilles.

On donne le nom de *réfraction* à l'inflexion que subit un rayon de lumière, lorsqu'il passe d'un milieu dans un autre. Soit par exemple (*fig. 126*) *ab* un vase, tel que l'œil placé en *o* ne puisse y apercevoir un objet quelconque *c*, parce qu'il est caché par les bords du vase; qu'on verse de l'eau dans le vase, et à l'instant on apercevra du point *o* l'objet *c*, qu'on n'apercevait pas d'abord; cela vient de ce que le rayon de lumière *cd*, émané de l'objet *c*, qui d'abord suivait la ligne droite, s'infléchit, se *réfracte* en passant de l'eau dans l'air, et suivant la route *ef* au lieu de *ed*, apporte à l'œil *o* la perception de l'objet *c*. On voit ici que la lumière, en passant de l'eau dans l'air, s'écarte de la perpendiculaire *eg*, et cela arrive en général lorsque la lumière passe d'un milieu quelconque dans un milieu moins dense. C'est le contraire lorsqu'elle passe de l'air dans l'eau; si *o* est une lumière, le rayon qui rase le bord du vase *h*, suivant la ligne droite, ira frapper en *i* et n'éclairera pas l'objet *c*; mais lorsqu'il y aura de l'eau, en y entrant, il s'infléchira, il se réfractera en s'approchant de la perpendiculaire *ek*, et l'objet sera éclairé; cela arrive en général lorsque la lumière passe d'un milieu quelconque dans un plus dense.

Lorsque la lumière traverse une lame d'un corps transparent, de verre, par exemple *ab* (*fig. 127*), si les faces opposées sont parallèles, elle sortira parallèle à sa première direction, car la réfraction qu'elle éprouve lorsqu'elle entre dans le verre en *c* la rapproche de la perpendiculaire *cf*, mais celle qu'elle éprouve en sortant en *g* l'éloigne de la perpendiculaire *gh*, et cet effet compensant le premier, le rayon sortant *gi*, qu'on nomme *émergent*, sera parallèle au rayon *incident kc*.

Mais si les deux faces opposées du corps réfringent ne sont pas parallèles, les deux réfractions, au lieu de se compenser, pourront s'ajouter ; soit *abc* (*fig. 128*) un angle de verre nommé *prisme*, le rayon incident *de*, en entrant dans le verre, s'approchera de la perpendiculaire *ef* et ira sortir en *g* en s'écartant de la perpendiculaire *gh*, ce qui augmentera encore l'angle du rayon émergent *gi* avec la direction *ek*, qu'il aurait suivie sans le prisme *abc*.

C'est un phénomène semblable qui se passe dans les disques de verre nommés *lentilles* ; les unes sont convexes (*fig. 129*), les autres concaves (*fig. 132*). Soit *a* un point lumineux, les rayons qui en partent de toutes parts seront réfractés plus ou moins en traversant la lentille, comme le rayon *degi* (*fig. 128*), excepté celui du centre *ab*, qui n'éprouvera pas de déviation, parce qu'il pénètre la lentille perpendiculairement à ses deux surfaces ; par ces réfractions, les rayons seront moins écartés les uns des autres qu'ils ne l'auraient été, et ils suivront la même route que suivraient les rayons émanant du point *c*, de sorte qu'un œil placé en *d* sera affecté comme si les rayons lumineux émanaient du point c, et verra réellement le point a en c plus loin qu'il ne l'est véritablement; si le point s'éloigne un peu de la lentille, il peut arriver que les rayons émergens soient parallèles entre eux. Si la lentille est plus convexe ou si le point a s'éloigne davantage (*fig. 130*), non-seulement l'écartement des rayons nommé *divergence* sera diminuée (comme *fig. 129*), mais même ils deviendront *convergens*, c'est-à-dire iront se réunir en un point c de l'autre côté de la lentille, et il en sera d'autant plus près, que *le point a sera plus éloigné; les rayons, après s'être croisés au point c*, divergeront de nouveau, et un œil placé en d sera affecté comme si les rayons émanaient du point c, et il verra le point a en c.

Il peut aussi arriver que les rayons lumineux arrivent parallèlement (*fig. 131*), alors ils se réunissent en un point c qu'on nomme foyer des rayons parallèles. Les rayons peuvent aussi tomber sur la lentille en convergeant, tels seraient les rayons mn, pq (*fig. 129*), s'ils partaient du côté mp; dans ce cas, la lentille augmentera leur convergence, et ils se réuniront en a, tandis qu'ils ne se seraient réunis qu'en c s'ils avaient suivi des lignes droites.

Les lentilles concaves produisent des effets opposés aux précédens. Si les rayons émanent d'un point a (*fig. 132*), leur divergence sera augmentée,

ils sembleront émaner du point c, et l'œil placé
en d verra le point a en c, plus près qu'il ne l'est
réellement; si les rayons arrivaient parallèlement,
ils divergeraient au sortir de la lentille. Si les
rayons incidens étaient convergens, suivant que
leur convergence serait plus ou moins grande,
relativement à la concavité de la lentille, les
rayons émergens pourraient être convergens, parallèles ou divergens; mais, dans le premier cas,
leur convergence serait moindre que celle des
rayons incidens.

Si au lieu d'un point il y en a plusieurs, les
rayons émanés de chaque point feront comme
nous l'avons expliqué pour un seul, d'où il résulte ($fig.$ 133) que si un objet est placé derrière
une lentille convexe et près, les rayons émanant
de chaque point a, par exemple, sembleront
émaner de c, de sorte que le point a paraîtra en
c, b en d, e en f, etc., et l'objet ab sera vu plus
loin en cd, et plus grand qu'il n'était. Si l'objet
est placé plus loin de la lentille ($fig.$ 134), il arrivera pour chaque point ce qui arrivait pour le
point a ($fig.$ 130), le point a paraîtra en c, b
en d, e en f, etc., et l'objet sera vu en dc, mais
renversé; cette image sera plus grande ou plus
petite que l'objet, suivant que of sera plus grand
ou plus petit que oe.

Au moyen des lentilles concaves, les effets seront contraires, l'objet ab ($fig.$ 135) paraîtra

en *cd* plus près et plus petit. Nous verrons à la fin de ce chapitre l'usage des lentilles, pour corriger les vues défectueuses lorsque nous parlerons de la vision.

Les lentilles, soit convexes, soit concaves, se font au moyen de plusieurs surfaces concaves ou convexes de fonte ou de cuivre, nommées bassins. Pour préparer les bassins, on fait d'abord tourner en bois ou en étain un bassin, c'est-à-dire une surface d'une courbure égale à celle de la lentille qu'on se propose de faire, mais convexe si celle-ci doit être concave, *et vice versâ.* Ce bassin de bois ou *d'étain* sert de modèle au fondeur, pour en couler un pareil en fonte ou en cuivre; il aura une largeur double de la lentille qu'on doit y travailler. Pour perfectionner un bassin, on y sème un peu de poussière et on y coule du plomb ou de l'étain, que la poussière empêche de s'y attacher, ensuite on frotte ce morceau de plomb dans le bassin, en interposant du sable ou de l'émeri, suivant qu'on veut le rendre plus ou moins parfait. Il convient d'avoir pour un même verre au moins deux bassins, l'un en fonte pour le dégrossir, l'autre en cuivre pour le finir. Après avoir choisi un verre exempt de défauts, on le taillera en cercle au moyen d'une meule, puis on lui donnera sa forme en le frottant sur le bassin de fonte avec du sable ou du grès interposé, ensuite on le finit avec de l'é-

meri de plusieurs finesses successives. Pour le
polir, souvent on colle dans le bassin un papier
sans y faire de pli, on en adoucit les aspérités en
y frottant une lentille encore rude qu'on n'a
qu'ébauchée avec le grès, on met sur ce papier
une petite quantité d'émeri très fin et on y polit
la lentille. Pour frotter la lentille sur le bassin,
on y colle, avec du mastic, un manche de bois
du côté opposé; quelquefois aussi on se sert
d'une perche qui appuie contre le plafond, et
qui, par son élasticité, presse sur la lentille.

ARTICLE 2.

Des télescopes.

Les télescopes sont des instrumens d'optique
destinés à voir nettement les objets qu'on ne
peut distinguer, à cause de leur éloignement ; il
y en a de deux sortes; ceux qui sont uniquement
composés de verres se nomment *dioptriques*,
ceux qui se composent de un ou plusieurs miroirs se nomment *catoptriques*.

Nous parlerons de trois télescopes dioptriques,
la lunette astronomique, la lunette terrestre, et
la lunette de spectacle ou de Gallilée.

La lunette astronomique (*fig. 136*) se compose de deux verres, l'un *ab*, tourné du côté
des objets qu'on regarde, se nomme, par cette
raison, *objectif*, l'autre *cd* se nomme *oculaire*.

Le premier est très peu convexe, le second l'est beaucoup plus. Soit *mn* un objet éloigné; les rayons partant de *m* après avoir traversé l'objectif iront se réunir en *e*, ceux de *n* en *f*, et ceux des points intermédiaires entre *e* et *f*, comme nous l'avons expliqué ci-dessus *fig. 134*, ce qui formera en *ef* une image renversée de l'objet *mn*; l'œil placé en *g* verra cette image au travers de l'oculaire comme un objet réel et un peu plus gros en *hi*, comme *fig. 133*. Si on examine l'angle *igh* sous lequel on voit cet objet au moyen de la lunette, ce qu'on nomme angle visuel, et l'angle visuel *mgn* sous lequel on l'aurait vu sans lunette, on voit aisément que le premier est beaucoup plus grand que le second, et c'est ce qui constitue la grandeur apparente des objets. Moins l'objectif *ab* aura de convexité, plus l'image *ef* ira se former loin de lui, plus elle sera grande, mais aussi plus la lunette aura besoin d'être longue; l'oculaire *cd* devra au contraire être très convexe pour produire un fort grossissement, mais plus il est convexe, plus on est obligé de le faire petit, ce qui limite la convexité qu'on peut lui donner.

L'oculaire est contenu dans un petit cylindre glissant dans un plus grand, ce qui permet de l'éloigner plus ou moins de l'objectif, car une même distance de ces deux verres ne convient pas à toutes les vues.

Cette lunette fait voir les objets à la renverse, ce qui importe peu lorsqu'on regarde les astres, c'est pourquoi on la nomme lunette astronomique; mais c'est un inconvénient très réel lorsqu'on regarde les objets terrestres.

La lunette terrestre renferme plusieurs verres de plus que la lunette astronomique afin de redresser les objets; la *fig. 137* représente une combinaison de quatre verres propre à cet usage; nous n'avons pas mis dans cette figure l'objectif qui forme comme celui de la *fig. 136* une image *ef* de l'objet qu'on regarde; le premier verre *a* diminue la divergence des rayons qui partent de cette image, de sorte qu'ils se meuvent de *a* en *b*, comme s'ils émanaient d'un objet *gh*; la lentille *b* les fait converger, et ils iraient se réunir en *ik* et y former une image droite, mais le verre *c* qui les arrête en chemin, augmente leur convergence, ils se réunissent en *lm* et y forment une image qu'on regarde au travers de l'oculaire *d*, et on la voit en *no* comme nous l'avons déja expliqué; ces quatre verres sont contenus dans un cylindre qu'on peut éloigner ou approcher de l'objectif, comme nous l'avons dit ci-dessus de l'oculaire simple; de plus ce cylindre est quelquefois composé de deux parties qui peuvent s'éloigner l'une de l'autre; l'une contient *a* et *b*, l'autre *c* et *d*, lorsque la distance *bc* change, le pouvoir grossissant de la lunette change aussi, mais à mesure qu'elle grossit davantage elle admet moins de lumière, de sorte que dans certaines circonstances, le soir par exemple, il convient de se contenter d'un grossissement médiocre, afin que la lunette admette plus de lumière ; c'est le contraire lorsque les objets sont très éclairés ; ces espéces de lunettes se nomment *polyaldes*.

La lunette de spectacle ou lunette de Gallilée *fig. 138* est composée de deux verres, un objectif convexe, et un oculaire concave ; l'objectif *a* produit le même effet que dans les lunettes précédentes, et les rayons qu'il a rendus convergens iraient se réunir en *cd* et y former une image, mais ils sont arrêtés par l'oculaire *b*, qui les rend divergens comme s'ils émanaient d'un objet *ef*. Les objets comme on voit ne sont pas renversés dans cette espèce de lunette.

ARTICLE 3.

Décomposition de la lumière et achromatisme.

Newton et tous les physiciens depuis lui, ont prouvé que la lumière blanche est composée d'une infinité de couleurs que l'on peut séparer au moyen du prisme (*fig. 139*) dont nous avons déja parlé page 425.

Si, au moyen d'un prisme *cde*, on dévie comme nous l'avons dit un rayon de lumière *ab* (*fig. 139*), introduit par le trou d'un volet dans une chambre obscure ; ce rayon, comme nous l'avons expliqué, au lieu de suivre la ligne droite *bf*, éprouvera dans le prisme deux réfractions qui le feront arriver en *gh* au lieu d'arriver en *f* ; mais de plus, si on le reçoit sur une surface blanche *ik* à une assez grande distance, au lieu d'y produire une lueur blanche il y produira une série de couleurs dont les nuances se fondront insensiblement les unes dans les autres ; on en distinguera néanmoins sept principales, savoir, à partir du bas : rouge, orange, jaune, vert, bleu, indigo, violet. Cette expérience prouve que le rayon *ab* qui seul aurait donné du blanc est composé de rayons de diverses couleurs, et que ces rayons sont diversement réfrangibles, car le rayon rouge *lh* s'est moins écarté de *af* que le rayon violet *mg*. Pour confirmer cette décomposition de la couleur blanche, on intercepte ces rayons en *o* par une lentille convexe placée à une distance convenable pour faire converger les rayons qui vont en divergeant à partir des points *ml*, et pour les réunir ensemble sur un point de la surface *ik* ; ils y forment un petit cercle blanc. C'est cette inégale réfrangibilité des rayons diversement colorés qui produit le phénomène de l'arc-en-ciel et plusieurs autres phénomènes dont nous ne parlerons pas, attendu qu'ils sont sans applications.

De cette inégale réfrangibilité résulte un grave inconvénient dans les instrumens d'optique tels que les télescopes dont nous avons parlé et les microscopes dont nous parlerons, voici en quoi il consiste : lorsque les rayons partant d'un point a (*fig. 140*) vont frapper une lentille et vont ensuite se réunir en b après l'avoir traversée, les rayons rouges se dévient moins que les violets, ceux-là iront se réunir par exemple en b, et ceux-ci en c, ce qui formera deux images du point a, l'une rouge, l'autre violette, avec une infinité d'autres images de couleurs intermédiaires entre b et c; il en sera de même du point d, du point e et de tous ceux qui sont entre ces deux là, de sorte que l'objet de aura une image rouge fg, une violette hi, et une foule d'autres intermédiaires; et l'œil placé en o avec ou sans oculaire verra l'image fg déborder tout le tour, l'image hi et les autres, ce qui formera tout autour une espèce d'iris ou frange colorée qui, dans cette exemple, sera rouge et orangée, et dans d'autres pourra être violette et bleue, mais qui, dans tous les cas rendra la vision très confuse; et comme cet effet augmente avec le grossissement, cela restreint dans des limites très étroites la puissance qu'on a pu donner aux lunettes tant qu'on n'a pas eu remédié à cet inconvénient. Euler est le premier qui en conçut la possibilité niée par Newton, et Dollon l'exécuta le premier.

On corrige ce défaut de deux manières, l'une consiste à empêcher la formation de ces images colorées, l'autre à les dissimuler à l'œil par un oculaire composé de plusieurs verres, tel que l'oculaire *fig. 137*. Le premier moyen est employé dans les télescopes, et ils le sont quelquefois tous deux; dans les microscopes le second seul est applicable.

Objectifs achromatiques.

Les objectifs achromatiques sont composés de plusieurs verres placés les uns contre les autres, et dont les uns détruisent la dispersion des autres sans détruire entièrement leur réfraction; on entend par dispersion la propriété qu'ont les corps transparens de disperser les diverses couleurs (*fig. 139*). Newton avait conclu de quelques expériences examinées superficiellement que dans les divers corps transparens la dispersion était proportionnelle à la réfraction, de sorte que l'un ne pouvait anéantir la dispersion produite par un autre, que s'il détruisait en même temps sa réfraction, et que l'effet produit était nul. Cette erreur accréditée par la réputation de son auteur a puissamment contribué à retarder les perfectionnemens des télescopes. Dollon constata le premier par des expériences précises que certains corps dispersent à proportion beaucoup plus la lumière qu'ils ne la réfractent, tel est, relativement au verre ordinaire, le cristal nommé *flint-glass*, dans la composition duquel il entre de l'oxide de plomb (nous en parlerons en chimie).

Soit (*fig. 141*) a le bord d'une lentille de cristal ordinaire convexe des deux côtés, et b celui d'une lentille de *flint-glass*, dont un côté est concave et s'applique exactement sur la convexité de l'autre lentille, et l'autre face c plane. Soit d un rayon blanc et renfermant par conséquent toutes les couleurs, en entrant dans le verre il se déviera, mais les rayons diversement colorés se dévieront plus ou moins ; le rayon rouge se déviera le moins et suivra par exemple la ligne r, le rayon violet se déviera le plus et suivra la ligne v, les autres suivront des lignes intermédiaires. La lentille de flint-glass b ayant pour les diverses couleurs des pouvoirs réfringens très inégaux, le rayon rouge sera fort peu réfracté en passant d'une lentille à l'autre, et ira tomber en e et sortir suivant la ligne ef; quant au rayon violet v il sera beaucoup plus dévié, ce qui pourra le ramener en e, et en sortant dans l'air il suivra aussi la direction ef, si les courbures des lentilles ont été combinées entre elles d'une manière convenable; quoique le rayon h tombe sous un angle moindre que le rayon i, comme il est moins réfrangible il s'é-

cartera moins de la route *ek* qu'il devait suivre
que le rayon *i* ne s'écartera de la route *el*, et on
conçoit fort bien qu'il peut arriver qu'ils suivent
tous deux la même route ; et comme il en arrivera autant à tous les rayons incidens, tous les
phénomènes se passeront comme nous l'avons
expliqué dans les deux articles précédens, et
comme si les rayons diversement colorés ne s'é-
taient pas séparés les uns des autres.

Les objectifs des lunettes de spectacle sont
construits de deux lentilles comme nous venons
de l'expliquer, mais on ne peut, par ce moyen,
accorder rigoureusement que deux rayons,
rouge, violet, par exemple, les autres restent
un peu séparés, mais fort peu. Au moyen de trois
verres (*fig. 142*) on peut en accorder trois :
rouge, vert, violet, ce qui produit un achromatisme plus parfait ; tels sont les objectifs des
lunettes astronomiques ou des grandes lunettes
terrestres.

Oculaires achromatiques.

Dans les oculaires on ne cherche pas à faire
suivre aux rayons diversement colorés exactement la même route, mais seulement à disposer
les images colorées (*fig. 140.*) les unes devant les
autres, de manière que les bords des unes ne
dépassent pas ceux des autres, et on évite par là

les franges colorées qui les environnent; cet achromatisme n'est pas aussi parfait que le précédent, car les images de diverses couleurs ne sont pas toutes à la même distance de l'œil, mais cet inconvénient est bien moins grand que la coloration des bords.

Le verre c de la *fig. 137* qui entre dans la composition de la lunette terrestre, était précisément destiné à produire l'achromatisme des bords dont nous venons de parler, car les verres *a* et *b* même *a* tout seul, s'il eût été assez convexe, aurait suffi pour redresser l'image *ef*; voici comment se produit cet achromatisme : soit *a* (*fig. 143*) une lentille quelconque au sortir de laquelle les rayons de lumière, qui ont traversé déja plus ou moins d'autres lentilles, iraient former une image rouge en *cd*, verte en *ef*, violette en *gh*; on place une lentille *ik* qui intercepte les rayons de lumière avant qu'ils forment ces images, par là celles-ci seront rapprochées de la lentille *ik*, elles conserveront toujours une certaine distance entre elles, mais ce qui est le plus essentiel, c'est qu'en se déplaçant, elles approcheront du centre *o*, de sorte que *c* viendra en *l* sur la ligne *co*, *g* en *m* sur la ligne *go*, etc.; par là l'image rouge *ln* sera plus petite que l'image violette *mp*, et l'œil placé en *q* les verra toutes de la même grandeur, si les lentilles ont été combinées entre elles d'une manière convenable.

Article 4.

Des microscopes.

On donne le nom de microscope aux instrumens d'optique destinés à voir des objets très
petits qu'on ne pourrait distinguer à la vue
simple.

On appelle microscope simple une lentille
très convexe et par conséquent très petite qui
produit une image amplifiée de l'objet qu'on
regarde au travers, comme nous l'avons expliqué page 427 (*fig. 133*); mais ici la lentille étant
très petite il est très incommode de s'en servir,
et cette incommodité est d'autant plus grande
qu'elle a un plus grand pouvoir amplifiant, parce
qu'on est obligé de mettre l'œil très près de la
lentille. L'usage des microscopes composés est
infiniment plus commode, et on peut par cette
raison les rendre beaucoup plus puissans. La
fig. 144 représente un microscope composé, *ab*
est l'objet qu'on veut regarder, la petite lentille
c qui en reçoit les rayons lumineux les rend
convergens, et on place l'objet *ab* assez près de
cette lentille pour que l'image qu'elle en forme
aille se placer entre les deux autres lentilles en
de; mais la lentille *f* recevant ces rayons avant
que l'image soit formée les fait converger plus
rapidement, ce qui forme l'image en *g*; cette

lentille est destinée à produire l'achromatisme des bords dont nous avons parlé page 438; on regarde cette dernière image au travers de la lentille h, qui la fait paraître plus amplifiée en ik, comme nous l'avons expliqué page 427 ; lm est un miroir destiné à envoyer la lumière sur l'objet qu'on examine, car il faut observer que plus l'objet est amplifié par le microscope plus l'image en est obscure, de sorte qu'elle cesse presque d'être perceptible si l'objet lui-même n'est pas très éclairé.

Il existe une autre espèce de microscope nommée *microscope solaire*, dans lequel on ne regarde pas directement l'objet, mais une image qui en est formée par les rayons du soleil. Ce que nous avons dit (page 427) de l'image formée en cd (*fig. 134*) explique la théorie de cet instrument. Si on reçoit cette image sur une surface blanche, telle qu'un papier ou un verre dépoli, lorsqu'elle sera placée exactement au point où se réunissent les rayons ac ainsi que les rayons bd, on verra distinctement sur cette surface une image de l'objet ab, et à mesure qu'on l'approchera de la lentille, l'image s'en éloignera et deviendra d'autant plus grande, puisqu'elle sera toujours comprise entre les deux lignes od oc; mais d'un autre côté plus cette image s'agrandira, moins la lumière en sera vive, d'où il résulte que, si on la veut très grande, il faudra éclairer l'objet d'une très vive lumière, à cet effet on réunit les rayons du soleil au moyen d'une lentille, comme on le voit *fig. 145*; *ab* est le volet d'une chambre exactement fermée de toutes parts; *cd* un cylindre métallique noirci à l'intérieur; *df* un miroir destiné à renvoyer les rayons du soleil dans le cylindre lorsqu'on incline convenablement ce miroir au moyen de la vis *dg*, et qu'on le tourne du côté du soleil en tournant l'instrument tout entier; *ed* est une lentille qui concentre les rayons solaires sur *hi*; *hi* est une bande composée de deux verres superposés entre lesquels on place l'objet qu'on veut examiner, on la glisse dans une fente faite à dessein aux côtés du tuyau; l'objet très éclairé par la lumière que concentre la lentille envoie les rayons qu'il reçoit à la petite lentille *c* qui les rend convergens et forme une image *kl* dont nous avons parlé; plus on rapprochera la lentille *c* de l'objet, plus l'image sera grande, et on sera obligé d'aller la recevoir plus loin, mais en même temps elle sera moins lumineuse, on s'arrêtera au point qu'on verra être le plus convenable pour examiner les détails de l'objet en expérience. Au moyen du microscope solaire on obtient un grossissement énorme; on peut avoir une image 100 fois aussi grande que l'objet, et souvent plus, jusqu'à 1000 fois, sans ôter à cette image une lumière suffisante.

19.

La lanterne magique est construite de la même manière; *hi* est un verre sur lequel sont peints divers sujets; la lentille *ed* est supprimée, et le miroir remplacé par une lumière aussi brillante que possible.

ARTICLE 5.

Des chambres noires et de la vision.

L'instrument nommé *chambre noire* est analogue au microscope solaire dont nous venons de parler, la différence est que les objets dont on veut former l'image sont des objets éloignés au lieu d'être de petits objets situés très près de la lentille; pour que l'image *dc* (*fig. 134*) soit d'une étendue suffisante, il faut que le verre soit très peu convexe, car la distance *oe* étant très grande, pour peu que la lentille soit convexe elle rassemblera les rayons trop près, et l'image *dc* aura fort peu d'étendue. Lorsqu'on veut faire une chambre noire dont les dimensions sont déterminées d'avance, il faut se procurer un verre dont le foyer principal soit à une distance du verre égale à la longueur de la chambre noire. Si on plaçait simplement la lentille au volet d'une chambre noire, et qu'on reçût les images sur le mur opposé, elles seraient renversées; pour éviter ce renversement, on fait arri-

ver à la lentille, au lieu de la lumière directe
des objets, cette lumière déja réfléchie par un miroir, ces rayons convergent au sortir de la lentille
et vont former une image sur la surface blanche
horizontale cd (*fig. 145*); la chambre noire *ef*
peut être assez grande pour contenir une ou
plusieurs personnes, et peut aussi être réduite à
une simple boîte sur l'un des côtés de laquelle
il y a un rideau sous lequel on passe la tête pour
voir l'image.

La *fig. 146* représente une autre disposition de
la chambre noire; les rayons de lumière partant
de l'objet *ab* sont d'abord rendus convergens
par la lentille *cd*, puis réfléchis par le miroir *ef*
contre la surface *eg* qui est un verre dépoli, on
regarde l'image en soulevant la porte *gh* d'une
quantité juste suffisante pour passer la tête.

On remarquera que la lentille *cd*, au lieu d'être
convexe des deux côtés, est concave au dehors,
mais a au dedans une convexité plus grande que
la concavité extérieure, afin d'être convergente;
c'est le docteur Wollaston qui a observé que
cela donnait plus de netteté aux images, principalement à celles qui s'écartent du centre.

On peut employer la chambre noire pour des-
siner un paysage ou une chose quelconque, lorsqu'on dispose un papier pour en recevoir l'image
dans la chambre noire; si c'est la chambre noire
fig. 146 qu'on emploie, ce papier doit être très

fin ; puisqu'on doit voir l'image au travers.

De la vision.

L'œil est une véritable chambre noire ; la *fig. 147* en représente la coupe ; il est formé de trois matières diversement réfringentes : la partie *ab*, dont l'enveloppe se nomme *cornée transparente*, est pleine d'un liquide qu'on nomme *humeur aqueuse*, parce qu'elle ressemble à de l'eau ; *cd* est une véritable lentille, convexe des deux côtés, nommée *cristallin* ; la partie postérieure *ef* est pleine d'un liquide visqueux nommé *humeur vitrée*, et le fond, nommé *ik*, est une extension de la partie centrale du nerf optique qu'on nomme *rétine* ; c'est là très probablement que s'effectue la sensation. La partie *ab* est séparée de la partie *ef* par un diaphragme *gh*, ouvert au milieu et nommé l'*iris* ; il sert 1° à écarter les rayons de lumière qui arrivent trop loin du centre ; 2° à empêcher trop de lumière d'entrer dans l'œil, ce qui le fatiguerait ; pour cela, l'homme et un grand nombre d'animaux ont la faculté de resserrer plus ou moins l'ouverture qui est au milieu, nommée *pupille*, suivant les circonstances, et on remarque en effet qu'elle se dilate beaucoup dans l'obscurité, et se resserre d'autant plus que la lumière est plus vive. La lumière reçue sur la cornée transparente, qui est convexe, est rendue convergente, elle l'est encore plus après avoir traversé le cristallin *cd*, et elle va former sur la rétine *ki* une image des objets extérieurs, absolument comme dans une chambre noire. Pour que la vision soit distincte, il faut que les rayons se réunissent précisément sur la surface *ki*, sans quoi l'image de chaque point ayant une certaine étendue anticipe sur les images des autres, et la vision est confuse; c'est ce qui arrive pour les yeux nommés *miopes* et ceux nommés *presbytes*; les premiers, par une cornée ou un cristallin trop convexe, réunissent les rayons avant qu'ils atteignent la rétine, ils se croisent et se sont déjà écartés lorsqu'ils y arrivent; les autres ont le défaut contraire, ils ne concentrent pas assez les rayons, et la vision est également confuse. Les miopes, en regardant de très près, voient très distinctement, parce que la proximité des objets rend leurs rayons plus divergens, et l'œil les réunit juste sur la rétine. Les presbytes, au contraire, y voient souvent mieux de loin que de près, parce que l'éloignement des objets diminuant la divergence des rayons qui en émanent, permet à l'œil de les concentrer sur la rétine; mais il peut arriver que l'on soit tellement presbyte, qu'on y voie plus de près ni de loin, tels sont par exemple ceux qu'on a opérés de la cataracte, c'est-à-dire auxquels on a enlevé le cristallin, qui était devenu opaque par une cause quelconque.

Pour remédier aux vues miopes, on porte des lunettes à verres concaves qui, augmentant la divergence des rayons lumineux (page 427), produisent par là le même effet que si on approchait les objets, et le cristallin n'a plus que la convexité suffisante pour réunir la lumière sur la rétine.

Pour remédier aux vues presbytes, on porte des lunettes à verres convexes qui, diminuant la divergence des rayons, ou même les rendant convergens, produit une partie de l'effet que devrait produire le cristallin, ou même le produit tout entier, s'il ne reste plus de cristallin, et les rayons se réunissent exactement sur la rétine, condition nécessaire de la vision distincte.

CHAPITRE III.

LUMIÈRE RÉFLÉCHIE.

Lorsque la lumière frappe les corps, il y en a une partie réfléchie, comme nous l'avons dit pour le calorique, page 46; pour la lumière comme pour le calorique, il faut distinguer deux espèces de réflexions, la régulière et l'irrégulière. La lumière irrégulièrement réfléchie, est lancée par le corps éclairé dans toutes les directions, sans égard à la direction dans laquelle elle est venue; c'est cette lumière qui nous donne la perception des corps, et qui permet à notre œil d'en distinguer la position, la forme, les inflexions, etc. Cette lumière réfléchie n'est pas toujours de la même couleur que celle qui est tombée sur le corps; les corps en général ont la propriété d'absorber ou d'anéantir certains rayons parmi ceux qui composent la lumière blanche qu'ils reçoivent; l'ensemble de ceux qu'ils ne détruisent pas forme ce qu'on appelle leur couleur. Un corps est rouge, c'est qu'il a la propriété d'absorber, en tout ou en grande partie, les rayons des autres couleurs. La lumière réfléchie régulièrement, qui doit faire l'objet de ce chapitre, conserve la même teinte qu'elle avait en tombant sur l'objet qui la réfléchit; elle se réfléchit, comme nous allons bientôt l'expliquer, sous un angle égal à l'angle d'incidence. Presque tous les corps donnent lieu à ces deux sortes de réflexions simultanément; le poli peut diminuer jusqu'à rendre insensible la réflexion irrégulière, alors une grande partie de la lumière incidente est réfléchie régulièrement; tels sont les miroirs.

ARTICLE 1er.

Des miroirs plans, concaves et convexes.

Soit *cd* un miroir, et *ab* un rayon de lumière

(*fig. 148*), soit solaire, soit quelconque, ce rayon, après avoir frappé le miroir, se relèvera et suivra la route *be*; si on mesure avec soin l'angle *abd*, que le rayon *incident ab* fait avec le miroir, et l'angle *cbe* que le rayon *réfléchi* fait aussi avec le miroir, on trouvera que ces deux angles sont exactement égaux, ce qu'on exprime en disant que *l'angle de réflexion cbe est égal à l'angle d'incidence abd*. L'œil, placé en un point quelconque de la ligne *ab*, recevra ce rayon de lumière comme s'il eût été sur le prolongement de *ab*, en l'absence du miroir. Lorsque le miroir est courbe au lieu d'être plan (*fig. 149* ou *150*), le rayon réfléchi *be* fait encore un angle égal à celui que fait le rayon incident *ab*; ici cet angle se mesure par l'angle que fait le rayon avec la ligne *mn* tangente * à la courbe au point d'incidence *b*.

Des miroirs plans.

Soit *ab* (*fig. 151*) un miroir plan et *c* un point lumineux ou éclairé, celui-ci lancera des rayons de toutes parts qui iront frapper le miroir *ab* et seront

---

* On nomme tangente un ligne qui a un point de commun avec une courbe, et dont la direction se confond avec celle d'une partie infiniment petite de cette courbe.

réfléchis sous un angle égal à l'angle d'incidence;
ainsi *cd* suivra la route *de*, *cf* la route *fg*, etc.,
et on peut remarquer que tous ces rayons réfléchis suivent les mêmes routes que s'ils émanaient
du point *h* situé de l'autre côté du miroir à une
distance égale à celle du point *c* au même miroir. Si donc on place l'œil en un point quelconque *kl* il recevra des rayons du point *c*
comme s'ils venaient du point *h*, et il verra le
point *c* en *h*. Si *m* est un autre point éclairé il
en sera comme de *c*, et l'œil le verra en *i*; il en
sera de même de tous les points intermédiaires,
si *cm* est un objet quelconque, et on le verra
en *hi* situé de l'autre côté du miroir; ce lieu où
paraît être un objet se nomme l'image de cet
objet, ainsi l'image de *c* est en *h*, l'image de *m*
est en *i*, l'image de *cm* est en *hoi*. On voit
aussi que les rayons qui composent le faisceau
pl ont précisément la même divergence qu'auraient eue les rayons *cp* prolongés; les miroirs
plans ne changent donc pas la divergence des
rayons qu'ils réfléchissent ; de même si des
rayons convergens tombent sur un miroir plan,
leur convergence ne sera pas changée, et le point
où ils devaient se réunir derrière le miroir sera
transporté devant; si par exemple *kl* (*fig.* 151)
était une lentille de verre qui rendît convergens
des rayons venant du côté *g* de manière à les
réunir en *h*, au lieu de cela ils viendront se

réunir en *c*; c'est aussi ce qui arrivait *fig. 146*, où les rayons concentrés par la lentille devaient se réunir derrière le miroir, et au lieu de cela se réunissaient en effet en *eg* sur le verre dépoli.

Des miroirs concaves.

. Les miroirs concaves produisent des effets analogues à ceux des verres convexes, et il peut arriver trois cas, lorsque des rayons divergens tombent sur un miroir de ce genre : s'ils divergent beaucoup, comme *ab*, *ac*, *ad* (*fig. 152*), ils seront réfléchis encore divergens, mais moins qu'avant, et sembleront émaner du point *f*; s'ils divergent moins, comme *ab*, *ac*, *ad* (*fig. 153*), ils seront réfléchis parallèles ; s'ils divergent encore moins, comme *ab*, *ac*, *ad* (*fig. 154*), ils seront rendus convergens, se croiseront en *e*, et paraîtront émaner de ce point à l'œil qui serait placé au-delà ; et réciproquement s'ils partaient de *e*, ils seraient réunis en *a* et paraîtraient émaner de ce point. Si au lieu d'un point éclairé il y en a plusieurs, comme *a*, *e* (*fig. 152*), chacun aura son image : celle de *a* sera en *f*, celle de *e* en *g*, et ainsi des points intermédiaires, de sorte que l'image de l'objet *ae* sera en *fg*, derrière le miroir, plus grande que l'objet *ae*; c'est ainsi qu'on se voit lorsqu'on se regarde de près dans un miroir concave. Si l'objet est plus loin du miroir, comme *eg* (*fig. 154*), l'image sera en *af* plus petite que l'objet et renversée; c'est ainsi qu'on se voit lorsqu'on se regarde de loin dans un miroir concave. Si au contraire *af* était l'objet, *eg* serait l'image plus grande et renversée. Il pourrait aussi arriver que *eb*, *fc*, *gd* (*fig. 153*) fussent des rayons parallèles tombant sur le miroir, alors les rayons réfléchis se réuniraient en un point *a*, qu'on nomme le *foyer principal*. Enfin il pourrait encore arriver que *hb*, *ic*, *kd* (*fig. 152*) fussent des rayons convergens tombant sur le miroir, ils seraient rendus plus convergens et seraient réunis en *a* au lieu de *f*, où ils devaient se réunir sans le miroir.

Cependant les directions parallèles, convergentes ou divergentes des rayons réfléchis ne seront pas toujours aussi exactes que nous l'avons supposé; cela dépend du genre de courbure des miroirs réflecteurs. Lorsqu'ils sont sphériques et que leur étendue est très petite par rapport à la sphère dont ils font partie, le parallélisme (*fig. 153*) ou la réunion en un même point sont assez exacts, mais il n'en serait pas de même s'ils étaient le quart ou le tiers d'une sphère. Si l'on voulait que toutes ces directions fussent exactement ce que nous avons supposé, il faudrait que les miroirs fussent *hyperboliques* pour la *fig. 152*, *paraboliques fig. 153*, *ellipsoïdes fig. 154*.

La courbe nommée *parabole* convient toutes

les fois qu'on veut exactement réunir en un point des rayons parallèles, ou rendre parallèles des rayons émanant d'un point. C'est cette forme qu'on a adoptée pour les reverbères à réflecteurs paraboliques qu'on a déja adoptés pour l'éclairage de quelques villes, et que probablement on adoptera bientôt pour Paris. Ces réflecteurs paraboliques peuvent être disposés de plusieurs manières suivant les circonstances. Lorsqu'on veut projeter la lumière en ligne droite, comme le long d'une rue, sans que l'éloignement l'affaiblisse, autant que cela arrive ordinairement ; on donne au réflecteur la forme indiquée *fig. 155* : *ab* est une parabole et *cbd* un demi cercle, les rayons réfléchis étant parallèles, la lumière ne peut être affaiblie par leur écartement ; il peut y avoir deux, trois ou quatre réflecteurs semblables autour d'une même flamme.

Si on veut disperser la lumière en cercle sans la laisser aller en haut, on donne au réflecteur la forme *fig. 156*, *ab* est une parabole, *db* un cercle ou un demi-cercle ; les rayons qui émanent de la flamme *l*, et qui sont les uns sur les autres, sont réfléchis parallèlement en *efg*, ce qui conserve la clarté à une plus grande distance ; ceux qui sont les uns à côté des autres ne sont pas parallèles, mais au contraire se dispersent tout à l'entour. Si on veut au contraire projeter la lumière vers le haut et vers le bas, comme pour

éclairer un escalier, on peut mettre deux réflecteurs, comme l'indique la *fig. 157.*

Des miroirs convexes.

Les miroirs convexes produisent sur la lumière
des effets analogues à ceux des verres concaves
(page 427); les rayons émanant d'un point *a*
(*fig. 158*) seront rendus plus divergens, et sembleront émaner du point *b*; de même le point *c*
aura son image en *d*, et le point *e* en *f*; l'objet *ce* aura donc une image *df* droite et plus petite; c'est ce
qui arrive lorsqu'on se regarde dans un miroir convexe. Si les rayons tombent parallèles (*fig. 159*),
ils seront rendus divergens et sembleront émaner d'un point *a*.

Article 2.

Des télescopes à miroirs.

Nous parlerons de quatre espèces de télescopes
à miroirs : le télescope d'Herschell, celui de
Newton, celui de Grégori et celui de Cassegrain.

Le télescope d'Herschell, le plus simple de
tous, est représenté *fig. 158*; au fond d'un tuyau
d'une largeur convenable est un miroir concave
ab qui forme en *cd*, comme nous l'avons expliqué
page 450, une image renversée des objets éloignés; on regarde cette image au moyen de la
lentille *e*, qui la fait paraître en *fg* très amplifiée.
On incline un peu le miroir *ab*, afin de rejeter

l'image *cd* sur le côté du tuyau, car sans cela on serait obligé de placer la lentille et la tête de l'observateur plus près de l'axe du tuyau, ce qui intercepterait trop de lumière. Ce télescope a sur les autres l'avantage de conserver beaucoup plus de lumière, mais à cause de l'obliquité du miroir, il ne donne pas une image aussi nette que celui de Newton, car nous avons dit que la réunion des rayons par un miroir sphérique, ne se fait pas parfaitement, et elle est d'autant moins exacte qu'ils sont plus écartés de l'axe. Il a sur celui de Grégori ce désavantage, que l'observateur *tourne le dos* à l'objet *h* qu'il examine.

Plus le miroir approche d'être plan, plus il est difficile de lui donner une forme exacte, mais plus aussi l'image *cd* se forme loin de lui, et est par conséquent plus grande. Herschell en a construit un dont la distance *ci* était de 13 mètres ; c'est par son moyen qu'il a fait une grande partie de ses découvertes astronomiques.

Le télescope de Newton est représenté *fig. 159.* Au fond d'un tuyau est un miroir concave *ab*, qui formerait en *cd* une image des objets éloignés, comme nous l'avons déjà expliqué ; un miroir plan *e* réfléchit les rayons qui devaient former cette image, et la transporte en *fg ;* on la regarde au moyen d'une lentille *h*, et on la voit amplifiée en *ik*, comme nous l'avons déjà expliqué. Il est aisé de voir que ce télescope présente les objets dans une direction perpendiculaire à celle où ils sont; lorsqu'on rend horizontal le tube latéral, on peut, en regardant directement devant soi, voir les objets qui sont à droite, à gauche, ou au-dessus, ce qui permet d'examiner tout le ciel sans que ce tube latéral cesse d'être horizontal.

La *fig.* 160 représente le télescope de Grégori; il est inférieur aux précédens sous le rapport de la lumière, quelquefois même de la précision; mais il a le grand avantage pour les usages ordinaires d'être tourné directement vers l'objet qu'on regarde, et il le présente droit. Le miroir concave *ab* est percé à son centre, il forme en *cd* une image des objets éloignés *h*; les rayons, après s'être croisés en *cd*, frappent le petit miroir concave *ef*, comme si *cd* était un objet réel; et en *gi* va se former une autre image, qu'on regarde au travers de l'oculaire *k*. La première image *cd* est renversée, mais le miroir *ef* la renverse de nouveau en *gi*, d'où il résulte qu'on la voit droite.

Cassegrain a modifié cette construction, en remplaçant le miroir concave *ef* par un petit miroir convexe qu'on place en *mn*; il intercepte les rayons qui vont former l'image *cd*; celle-ci ne se forme plus réellement, mais les rayons convergens qui frappent ce petit miroir sont réfléchis et rendus beaucoup moins convergens, ce qui transporte l'image en *gi*, tandis qu'elle serait en *pq* si le miroir *mn* était plan. Ce miroir convexe en *mn* produit donc, en définitive, le même résultat que le concave *ef*. Le but que Cassegrain s'est proposé dans cette modification est de compenser *les aberrations de sphéricité*; on nomme ainsi le défaut de justesse parfaite de la réunion des rayons par les surfaces sphériques, comme nous l'avons dit page 451; et comme cette aberration est dans les miroirs convexes, l'inverse de ce qu'elle est dans les miroirs concaves, elle est en partie *compensée dans la disposition de Cassegrain*.

Souvent au lieu d'un oculaire simple, on en met un double pour achromatiser les bords de l'image.

Les miroirs de télescope doivent être de métal; si on les faisait de verre, il y aurait deux surfaces à travailler, et les images auraient moins de lumière et moins de netteté : moins de lumière, parce qu'il s'en perd toujours une certaine quantité en traversant la glace des miroirs; moins de netteté, parce que la première surface de la glace réfléchit une partie de la lumière, ce qui produit une faible image à côté de la véritable et en diminue la netteté.

On les travaille à peu près comme nous l'avons indiqué pour les verres; ils sont ordinairement composés d'un alliage d'une partie d'étain sur deux de cuivre, quelquefois on y ajoute un peu d'arsenic et de platine.

Nous aurions une infinité d'autres choses à dire sur la lumière, très utiles et très curieuses; mais les bornes que nous nous sommes prescrites nous en empêchent : d'ailleurs, les propriétés de la lumière que nous omettons, telles que la diffraction, la polarisation et les nombreux phénomènes qui en dérivent, quoique fort intéressans dans la théorie, sont loin d'avoir avec les arts un rapport immédiat, comme ceux dont nous avons parlé ; par la même raison, nous serons encore plus courts sur l'électricité et le magnétisme : nous les réunirons en un même livre.

LIVRE VI.

DE L'ÉLECTRICITÉ ET DU MAGNÉTISME.

CHAPITRE PREMIER.

DE L'ÉLECTRICITÉ.

On donne le nom de phénomènes électriques à la propriété que les corps acquièrent ordinairement par le frottement, de s'attirer les uns les autres, et quelquefois de se repousser. On en attribue la cause à un fluide impondérable comme la lumière et le calorique.

ARTICLE 1er.

Attractions et répulsions électriques.

Les attractions électriques sont très faciles à produire. Qu'on frotte un morceau de verre bien sec avec une peau ou une étoffe de laine ; qu'on le présente à des corps très légers, il les attirera. Un bâton de cire d'Espagne ou de résine produira le même effet. Les corps ont, par rapport à l'électricité, deux propriétés qui les distinguent les uns des autres; ils sont plus ou moins susceptibles d'être électrisés par le frottement : tels sont surtout le verre, les résines et les peaux d'animaux revêtues de leurs poils ; les métaux, au contraire, ne le sont pas sensiblement. Les corps, d'un autre côté, peuvent être plus ou moins *conducteurs* de l'électricité, c'est-à-dire que, lorsqu'ils sont électrisés en un point, l'électricité se communique plus ou moins aux autres parties. Les métaux sont éminemment conducteurs ; la paille, l'eau le sont aussi ; le verre ; la soie, les résines, au contraire, ne le sont pas; l'air sec ne l'est pas non plus ; mais l'humidité qu'il renferme souvent le rend tellement conducteur de l'électricité des corps qu'il touche, qu'il rend beaucoup d'expériences électriques impossibles, à moins qu'on n'ait la précaution de le bien sécher.

Lorsqu'un corps ne communique aux autres que par le moyen de corps non conducteurs, on dit qu'il est *isolé*; parce que, si on lui fournit de l'électricité, il ne pourra la communiquer aux autres corps.

Quoique, dans l'expérience ci-dessus, le verre et la résine semblent produire le même effet, il y a une grande différence entre les électricités qu'ils développent. Pour manifester cette différence, prenez un fil de cuivre, terminé à ses extrémités par des boules, et suspendez-le en équilibre par un fil de soie, *fig. 161*, qui l'isolera comme nous l'avons dit ci-dessus ; touchez-le à plusieurs reprises avec un bâton de résine qu'on aura préalablement frotté, il deviendra électrique comme le bâton de résine ; si ensuite, frottant de nouveau la résine, vous l'approchez peu à peu de la boule *a*, vous remarquerez qu'elle est repoussée. Si, au contraire, vous en approchez un bâton de verre frotté, elle sera attirée. Cela prouve que deux corps électrisés comme la résine se repoussent. On prouverait de même que deux corps électrisés comme le verre se repoussent ; mais un corps électrisé comme la résine étant présenté à un corps électrisé comme le verre, ils s'attireront : de là la nécessité de distinguer deux espèces d'électricité. On nomme *électricité vitrée* celle qui est semblable à l'électricité produite dans un bâton de verre frotté avec une étoffe de laine, et *électricité résineuse* celle semblable à l'électricité produite dans un bâton de résine frotté avec de la laine. Nous avons précisé quel était le corps frottant ; car le même corps peut prendre l'une ou l'autre des deux électricités, suivant le frotteur employé. Lorsque deux corps s'électrisent par frottement, le frotteur s'électrise toujours aussi bien que le corps frotté, l'un résineusement, l'autre vitreusement. La peau de chat a la propriété de toujours s'électriser vitreusement; de sorte que, lorsqu'on s'en sert pour frotter le verre, celui-ci s'électrise résineusement.

De l'Électromètre.

La *fig. 162* représente cet instrument, qui est destiné à manifester la présence de l'électricité; *a* est une boule métallique, communiquant, par une tige également métallique, à deux pailles *bc*, qui y sont suspendues librement. Lorsqu'on communique de l'électricité à la boule *a*, elle se transmet aux pailles *bc*, qui alors se repoussent et s'écartent, comme on le voit dans la figure. Un arc avec des divisions tracées sur les parois du flacon qui renferme l'instrument permet de mieux observer la grandeur de l'écartement des pailles.

ARTICLE 2.

Propriétés des pointes.

La forme des corps a presque autant d'influence sur l'électricité que leur nature; l'électricité d'un corps est toujours à sa surface, de telle sorte que, si on laisse une ouverture pour toucher son intérieur, le corps qui l'aura ainsi touché n'acquerra aucune électricité. Si la surface est sphérique, l'électricité s'y répandra uniformément ; si elle ne l'est pas, l'électricité s'accumulera dans les parties les plus saillantes, et s'il y en a en pointe, l'électricité s'y accumulera tellement, qu'elle ne pourra y être retenue et s'échappera presque en entier en l'air, de sorte que le corps cessera d'être électrisé ; réciproquement, si on présente une pointe à une certaine distance d'un corps électrisé, on en soutirera l'électricité, et il cessera de donner des signes électriques. Si, par exemple, on substitue une pointe à la boule de l'électromètre (*fig. 161*), et qu'on le place à une certaine distance d'un corps électrisé, les pailles s'écarteront beaucoup plus que s'il y avait une boule ; mais, lorsqu'on aura retiré le corps électrisé, l'électricité s'échappera aussitôt dans l'air, tandis qu'une boule l'aurait conservée un certain temps, si elle avait touché le corps électrique. Nous verrons, à l'article 4, le parti que Franklin a tiré de la propriété des pointes.

ARTICLE 3.

Machines électriques.

Toutes les machines électriques sont fondées sur le développement de l'électricité par le frottement, et la propriété des pointes de soutirer l'électricité ; elles se composent d'un plateau tournant et d'un conducteur; le plateau tournant est de verre; la manivelle au moyen de laquelle on le tourne est ordinairement revêtue de cire d'Espagne, qui empêche l'électricité de passer; il tourne entre quatre coussins de peau, fixés à deux supports de bois, dans lesquels tourne l'axe de la manivelle. Le conducteur est un ou plusieurs cylindres, ou une boule métallique, ou au moins revêtus de papier métallique; il est armé de bras terminés par des pointes voisines du plateau dans la partie la plus éloignée des coussins, et il est porté sur des pieds de verre afin de l'isoler. Lorsqu'on tourne le plateau, le frottement contre les coussins dégage l'électricité, et les pointes du conducteur la soutirent. L'électricité du conducteur se manifeste par plusieurs phénomènes : lorsqu'on en approche une balle de liège ou de moelle de sureau, suspendue à un fil de soie, elle est attirée, électrisée, et alors repoussée jusqu'à ce qu'on la touche, auquel cas la même chose recommence. Lorsqu'on met l'électromètre en communication avec le conducteur, les pailles sont repoussées jusque contre les parois du flacon. Lorsque le conducteur est fortement électrisé et qu'on en approche la main, le coude ou un corps quelconque, conducteur, mais non pointu, le passage de l'électricité se fait à distance, et se manifeste par une étincelle. Sur les mêmes phénomènes sont fondés une foule d'appareils pour faire des expériences plus curieuses qu'utiles.

Pour augmenter l'effet d'une machine électrique, il faut que le conducteur soit poli et même verni ; toute surface raboteuse laisse facilement échapper l'électricité ; on frotte les coussins avec un amalgame composé de deux parties d'étain, quatre de zinc et sept de mercure ; on pile cet alliage lorsqu'il est refroidi, et on le mêle avec une petite quantité de graisse de porc ; cela augmente beaucoup la quantité d'électricité produite.

On peut faire une machine électrique bien plus économique, en remplaçant le plateau de verre par un taffetas verni, dont les extrémités sont cousues, et qui tourne sans fin autour de deux cylindres, au moyen d'une manivelle ; le conducteur peut être de carton , pourvu qu'il soit revêtu d'une feuille mince d'étain ou de papier métallique.

ARTICLE 4.

De la Foudre et des Paratonnerres.

Franklin constata le premier que la foudre est produite par des nuages électrisés qui se déchargent de cette électricité sur des objets terrestres ; d'après ses idées, Romas construisit un cerf-volant armé d'une pointe métallique, et dont

la corde contenait un fil de métal, pour conduire l'électricté que la pointe du cerf-volant
soutirait au nuage lorsqu'on l'élevait en l'air dans
un moment d'orage. Un conducteur isolé, mis
en contact avec le fil de métal, donnait des signes énergiques d'électricité, on en tirait des
étincelles jusqu'à une distance de huit pieds et
plus ; une semblable expérience n'est même pas
sans danger. Franklin prévit, dès le principe,
qu'on pourrait soutirer l'électricité des nuages
au moyen de longues pointes; et éviter par là les
accidens nombreux causés par la foudre ; tels sont
les paratonnerres.

Un paratonnerre bien construit doit être composé d'une barre de fer ronde ou carrée , de six
centimètres de diamètre, et de huit mètres de
hauteur, terminée en pointe ; il convient que
cette pointe soit garnie de cuivre, terminé lui-
même par une aiguille de platine, qui doit être
solidement fixée à la tige. Du bas de cette tige
partira un conducteur métallique de deux ou
trois centimètres de diamètre, dont l'extrémité
inférieure plongera dans un puits, ou au moins
assez profondément dans un sol humide, afin
de donner à la foudre un écoulement facile ; et
c'est surtout de là que dépend l'efficacité d'un paratonnerre; le conducteur peut être une barre
métallique, ou encore mieux une corde de fils de
fer ou de fils de laiton, en évitant avec soin toute so-

lution de continuité. Le paratonnerre agit de deux manières : la plupart du temps il soutire peu à peu l'électricité des nuages, les rend incapables de produire la foudre ; mais quelquefois le paratonnerre est insuffisant pour cet écoulement ; et alors le tonnerre tombe dessus, mais c'est toujours sans danger pour l'édifice, et même pour les individus.

ARTICLE 5.

Du Galvanisme.

Les phénomènes galvaniques ont long – temps été considérés comme dictincts de l'électricité ; aujourd'hui l'identité du galvanisme et de l'électricité n'est plus douteúse, son mode d'agir seul est différent. Dans les articles 1 et 3, nous avons donné le frottement comme servant à produire l'électricité ; mais il n'est pas la seule source de l'électricité ; il y en a plusieurs autres ; seulement il est le plus convenable pour l'accumuler dans un conducteur donné. L'évaporation des liquides produit aussi de l'électricité, et c'est sans doute à l'évaporation qui s'effectue sur toute la surface de la terre qu'est due la cause du tonnerre. Une autre cause d'électricité, celle dont nous nous occupons ici, est une force dont on ignore la nature, mais dont l'effet est de pousser l'électricité d'un métal dans un autre lorsqu'ils sont en contact : on la nomme force électromotrice ; elle est plus ou moins grande suivant les métaux qu'on met en contact; ceux dont on se sert habituellement sont argent et zinc, ou cuivre et zinc ; le premier couple est plus puissant ; mais on ne pourrait en construire de grands appareils ; lorsque le zinc est en contact avec le cuivre, il s'électrise vitreusement et le cuivre résineusement, mais le degré d'électricité est très faible, est on ne peut le rendre manifesteque par des électromètres très délicats; celui dont nous avons parlé, page 461 , tel que nous l'avons décrit, n'est pas suffisant ; on peut à cet usage employer une grenouille fraîchement écorchée. Lorsqu'on met l'épine dorsale en contact avec un morceau de zinc, et les muscles des cuisses avec un morceau de cuivre, et qu'on met en même temps les deux métaux en contact , de vives convulsions se manifestent ; et on peut produire le même effet au moyen de l'électricité, même très faible; ce qui en prouve l'identité, qui se confirme encore par d'autres expériences non équivoques.

Lorsqu'on met un métal en contact avec de l'eau ils n'exercent l'un sur l'autre aucune force électromotrice sensible, et l'eau ne fait que transmettre l'électricité dont le métal est chargé, ce qui a fourni le moyen d'augmenter de beaucoup l'intensité des phénomènes électriques produits par le contact de deux métaux. Supposons qu'on place d'abord, en les isolant, un disque de cuivre sur un disque de zinc, en vertu de la force électromotrice, le zinc se chargera d'électricité vitrée ; qu'on pose dessus un disque de drap mouillé et un disque de cuivre, en vertu de sa communication par le moyen de l'eau, l'électricité vitrée du disque de zinc se communiquera au second disque de cuivre, et de nouvelle électricité passera du premier disque de cuivre dans les deux autres disques. Si maintenant on pose un disque de zinc il se chargera d'électricité vitrée par deux raisons, premièrement parce que le disque sur lequel on le pose en est déja chargé, secondement en vertu de la force électromotrice, d'où il résulte qu'il devra contenir plus d'électricité vitrée que le disque de cuivre qui le touche, et par conséquent que le premier de zinc avec lequel celui-ci est en communication par le moyen du disque de drap humide ; par la même raison, si on pose encore un drap humide et un couple de cuivre et zinc, ce troisième disque de zinc sera électrisé plus fortement que les deux premiers, et on pourra ainsi donner d'autant plus de tension à l'électricité accumulée dans le dernier disque de zinc qu'il y aura un plus grand nombre de couples. Cet assemblage de disques de cuivre, zinc, eau, cuivre, zinc, eau, etc., constitue ce qu'on appelle une pile voltaïque, du nom de son inventeur Volta. Les piles voltaïques peuvent être disposées de plusieurs manières. Celle dont nous avons parlé ci-dessus qui consiste en disques minces de cuivre, zinc, eau superposés, est la plus simple mais n'est pas la meilleure. La *fig. 163* représente ce qu'on nomme une pile à auges ; une suite de paires *ab*, *cd*, *ef*, sont composées d'un disque de cuivre et un de zinc, ordinairement soudés ; elles sont mastiquées dans une caisse *gh*, de sorte que chaque intervalle entre deux paires forme une espèce d'auge qui ne communique pas avec les autres ; c'est dans ces auges qu'on verse de l'eau qui remplace les draps humides dont nous avons parlé ci-dessus. On augmente beaucoup l'effet en remplaçant l'eau pure par de l'eau salée, ou mieux par de l'eau mêlée à un peu d'acide nitrique.

L'électricité développée par l'action de la pile se manifeste par plusieurs phénomènes. Si on met l'extrémité en communication avec un électromètre et qu'on touche l'autre, les pailles indiqueront un faible degré d'électricité ; mais on peut, par divers moyens, accumuler dans un corps l'électricité fournie par la pile et par là prouver son indentité avec l'électricité développée par le frottement. Si on place la langue entre deux fils métalliques qu'on fait plonger dans deux auges, on éprouve une saveur semblable à celle du sulfate de fer, d'autant plus intense que les deux auges sont séparées par un plus grand nombre de paires, elle devient insupportable s'il y en a un grand nombre ; en même temps si on est dans l'obscurité, ou si on ferme les yeux, on voit une lumière qui peut quelquefois être assez vive pour être même aperçue en plein jour. Un autre effet de la pile voltaïque, celui sur lequel nous insisterons le plus, est la propriété qu'elle a de décomposer l'eau, nous verrons en chimie que l'eau est composée de deux gaz combinés entre eux, *l'oxigène* et *l'hydrogène*. Lorsqu'on fait passer un courant électrique dans l'eau en la mettant en communication, d'une part avec l'extrémité zinc de la pile, et d'autre part avec l'extrémité cuivre, elle se décompose, l'oxigène se porte du côté zinc et l'hydrogène du côté cuivre ; celui-ci apparaît sous forme de bulles d'air ; quant à l'oxigène il se combine avec le zinc, cette combinaison forme ce qu'on appelle de l'oxide de zinc, dont la couleur est blanche, et le métal se détruit peu à peu. Voici le parti qu'on a tiré de cette propriété : les vaisseaux sont doublés à l'extérieur de feuilles de cuivre, que leur contact avec l'eau détruit peu à peu en formant de l'oxide de cuivre ; pour l'éviter qu'on place à un endroit quelconque une plaque de zinc contre le cuivre qui double un vaisseau, cela formera une paire électromotrice telle que celles dont nous avons parlé ; l'électricité vitrée sera sans cesse poussée du cuivre dans le zinc, et repassera du zinc dans le cuivre par l'intermédiaire de l'eau ; dans ce passage il décompose l'eau d'une manière insensible, l'oxigène qui se dégage du côté zinc l'oxide beaucoup plus promptement qu'il ne se serait oxidé sans son contact avec le cuivre ; mais l'hydrogène qui se dégage sur le cuivre, augmentant dans l'eau qui l'avoisine la quantité d'hydrogène, empêche l'oxigène, de celle-ci de se combiner avec le cuivre, et toute la doublure est par là préservée de l'oxidation qui se porte toute entière sur la plaque de zinc. On a même éprouvé qu'une plaque de fer produisait le même effet qu'une de zinc, quoique la force électromotrice soit moins grande.

CHAPITRE II.

DU MAGNÉTISME.

Presque tous les morceaux de mines de fer dans lesquelles il approche de l'état métallique jouissent de la propriété d'attirer le fer. Lorsque cette force a une énergie notable, le minerai porte le nom d'*aimant*, et sa propriété se nomme *magnétisme*.

ARTICLE 1er.

Des attractions et répulsions magnétiques.

Lorsqu'on plonge un aimant dans de la limaille de fer, on la voit s'y attacher inégalement sur les diverses parties de sa surface, et on remarque deux points principaux où il s'en attache plus que partout ailleurs : ces points se nomment ses pôles. Si on passe sur l'un de ces pôles un morceau de fil de fer d'une grosseur et d'une longueur assez petite, relativement à la force de l'aimant, ce fil de fer aura lui-même acquis la propriété magnétique, il pourra soulever de la limaille de fer, souvent même de petits morceaux de fer; si maintenant on suspend horizontalement ce fil de fer, soit sur l'eau au moyen de deux morceaux de liége, soit en l'air par le moyen d'un fil très fin qui lui laisse la liberté de tourner, lorsqu'on en approchera l'un des pôles de l'aimant, on remarquera qu'il est tantôt repoussé, tantôt attiré; l'extrémité du fil de fer qu'attire un pôle est repoussée par l'autre. Cela nous conduit à distinguer dans un aimant deux magnétismes, de même que nous avons distingué deux électricités; l'un se nomme *boréal*, l'autre *austral*, par les raisons que nous verrons à l'article suivant. Reste à savoir si ce sont les pôles de même nom qui s'attirent, ou ceux de noms dif-

férens ; pour cela, qu'on aimante deux fils de fer
au lieu d'un, qu'on les suspende, et qu'en présentant un même pôle de l'aimant à tous deux,
on remarque quelle est dans chacun l'extrémité
attirée et l'extrémité repoussée, il est évident
que les deux extrémités attirées sont des pôles
de même nom ; si on prend un de ces fils de fer
à la main et qu'on le présente à l'autre on verra
que les pôles de même nom se repoussent et que
ce sont ceux de noms différens qui s'attirent.

ARTICLE 2.

Du magnétisme terrestre et de la boussole.

Si, après avoir aimanté un fil de fer on le suspend librement, comme nous l'avons dit dans
l'article précédent, et qu'on l'écarte de l'influence
de tout autre aimant, il ne se tournera pas in-
différemment dans toutes les directions, au contraire, il en affectera spécialement une, et y re-
viendra toutes les fois qu'on l'en écartera ; l'une
des extrémités se tournera à peu près au nord, et
l'autre à peu près au sud. Un morceau de fer
allongé ainsi suspendu, est ce qu'on nomme une
boussole ; on les fait ordinairement d'acier, avec
un morceau de ressort qu'on termine en pointe
à chaque bout ; au milieu, on y fait un trou
qu'on garnit d'un petit cône creux de cuivre, on
place la boussole sur une pointe aiguë qui entre

dans le petit cône, ce qui la laisse tourner librement. Personne n'ignore combien la boussole est utile aux navigateurs, nous n'y insisterons pas.

Puisque la terre donne à la boussole une direction déterminée, comme le ferait un aimant, il est naturel de penser que la terre est un grand aimant dont l'action se fait sentir partout, et comme dans deux aimans les pôles de noms différens s'attirent, nous en conclurons que le pôle de la boussole qui se tourne au nord est de même nature que l'hémisphère sud ou austral du globe terrestre, c'est pourquoi ce pôle de l'aiguille porte le nom de pôle *austral*, et l'autre celui de *boréal*; ainsi, ce que nous avons appelé dans l'article précédent pôle austral d'un aimant, est celui qui tend à tourner au nord, et pôle boréal celui qui tend à tourner au midi.

Cependant cette direction au nord de la boussole n'est pas exacte, et la quantité dont elle s'en écarte se nomme *déclinaison*. La boussole néanmoins peut faire connaître le nord, lorsqu'il a été déterminé d'avance quelle est sa déclinaison dans le lieu où on l'observe. La déclinaison varie beaucoup avec les lieux et avec les temps, et d'une manière fort irrégulière. A Paris, en 1580, elle était de 11° 30′ à l'orient, elle a diminué et a été nulle de 1663 à 1665; en 1678, elle était de 1° 30′ à l'occident; et en 1818, de 22° 26′; depuis elle a un peu diminué.

Il y a des endroits de la terre où elle est nulle, comme elle l'était à Paris en 1664; l'ensemble de tous les points où cela arrive, forme sur là terre une ligne irrégulière qui la traverse à peu près du nord au sud. Il y a quatre lignes semblables sur la terre, mais, d'après ce que nous venons de dire, leur position change avec le temps, leur forme change également.

ARTICLE 3.

De l'aimantation.

Nous avons déja dit qu'en passant un morceau de fer ou d'acier sur les pôles d'un aimant, il acquiert les propriétés magnétiques, cette opération se nomme aimantation. Ce mode d'aimantation est loin d'être le meilleur, un grand nombre de physiciens ont fait de nombreuses expériences pour déterminer le meilleur mode d'aimantation, nous allons donner le résultat de leurs recherches.

On place le barreau à aimanter ab (*fig.164*) sur deux autres faisceaux de barreaux a' b', a'' b'', déja aimantés par une méthode quelconque; ensuite on place dessus deux autres faisceaux aimantés a''' b''', a'''' b'''', dans une direction inclinée au barreau à aimanter, sous un angle d'environ $20°$, et on tire ces faisceaux en les faisant glisser sur le barreau ab, à partir du milieu, l'un vers un bout, l'autre vers l'autre, on les enlève et on recommence plusieurs fois. Il faut bien observer de placer convenablement les pôles des faisceaux, la disposition qu'ils doivent avoir est indiquée par la *fig. 164*, les lettres a a' a'' a''' a'''' indiquent le pôle austral, et les autres le pôle boréal.

Au lieu de tirer les faisceaux a''' b''', a'''' b'''' de part et d'autre aux extrémités de ab, on les fait quelquefois marcher tous deux dans le même sens, en les tenant séparés l'un de l'autre par un morceau de bois de quelques centimètres, et les faisant glisser alternativement de a en b et de b en a, sans les enlever; lorsqu'on les a ainsi promenés, on les ramène au milieu et on les enlève. La première méthode est meilleure pour les petits barreaux et les boussoles, la seconde est préférable pour les barreaux plus gros.

Si on n'a pas quatre faisceaux, on peut remplacer deux faisceaux fixes par de simples lames de fer doux non aimantées; leur action sera moins efficace sans être cependant inutile.

On peut communiquer au barreau ab un magnétisme plus fort même que celui des faisceaux dont on se sert, ce qui fournit le moyen d'obtenir des barreaux fortement aimantés, au moyen de barreaux qui le sont très faiblement. Supposons qu'on ait six faisceaux ou six barreaux, car cela reviendrait au même, dont deux seulement

sont faiblement aimantés ; on en posera deux en
$a'\ b'$, $a''\ b''$, on en défera deux autres, et on aimantera séparément leurs barreaux, en les plaçant en ab et en se servant des deux faisceaux
faiblement aimantés ; cela fait, on substituera
ceux-ci aux faisceaux fixes, ceux qu'on vient
d'aimanter serviront de faisceaux mobiles, et on
aimantera ceux qui avant étaient fixes, puis on
répétera le même changement, jusqu'à ce que
les barreaux aient obtenu la plus grande force
magnétique possible. Il faudra bien observer de
placer toujours les pôles aux endroits convenables, car un renversement détruirait ce qu'on
aurait déja fait. Si on veut des barreaux ou des
boussoles qui conservent leur magnétisme, il faut
les faire d'acier, ou au moins de fer écroui au
marteau ; le fer et l'acier doux et recuit ne le conservent presque pas ; l'acier trempé très dur le
conserve obstinément, mais s'aimante avec plus
de peine ; il convient donc de prendre de l'acier
qui soit trempé sans l'être trop, tel que celui qui
est recuit jusqu'au bleu.

On a même essayé d'aimanter des barreaux
d'acier ou de fer, sans avoir préalablement aucun
aimant, et on y a réussi ; mais il faut un temps
bien plus considérable, pour en venir à bout,
que lorsqu'on possède déja un aimant, ou un
barreau aimanté. Pour cela, il faut d'abord poser
tous les barreaux ou les faisceaux, au nombre de

six, à la suite les uns des autres, dans une ligne allant du midi au nord, ou mieux dans la même direction que celle d'une boussole ; la surface sur laquelle on les pose peut être horizontale, mais il vaut encore mieux (dans notre hémisphère) incliner cette surface, en abaissant sa partie la plus voisine du nord ; cette position seule, continuée un certain temps, communiquera aux barreaux une faible vertu magnétique ; cela fait, on les aimantera les uns par les autres comme nous l'avons expliqué ci-dessus (*fig. 164*) en observant de les tenir toujours, pendant cette opération, dans la même direction où on les a laissés séjourner. On a observé que dans le cas qui nous occupe, il vaut mieux en commençant que les deux barreaux fixes et les deux mobiles soient de fer doux, mais lorsqu'en les employant, on sera parvenu à donner à six barreaux d'acier un degré notable de magnétisme, il faudra cesser de se servir des barreaux de fer, et aimanter les six barreaux d'acier les uns par les autres. La direction des barreaux qu'on aimante, parallèle à celle de la boussole, est encore utile, quand même on les a aimantés d'abord avec un aimant, mais elle n'est pas nécessaire ; elle est presque inutile si cet aimant est très fort.

FIN.

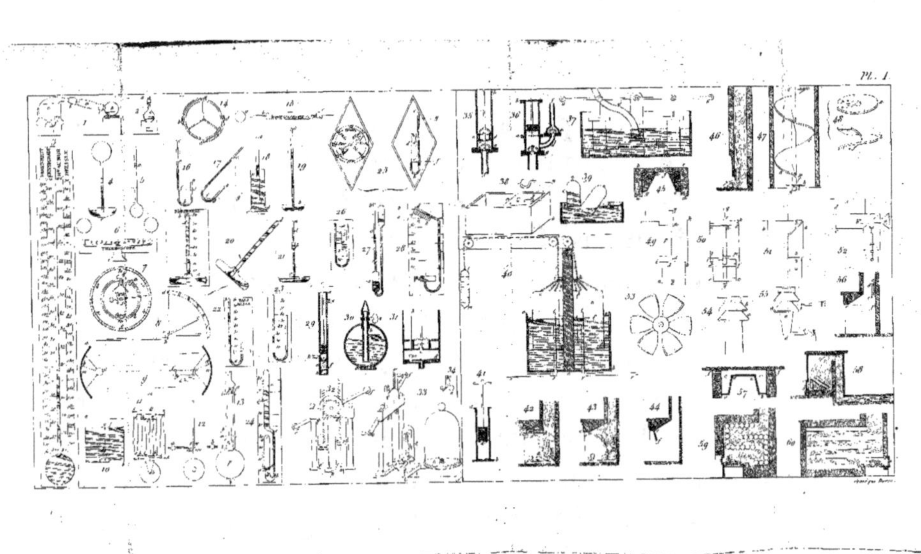

Pl. 1

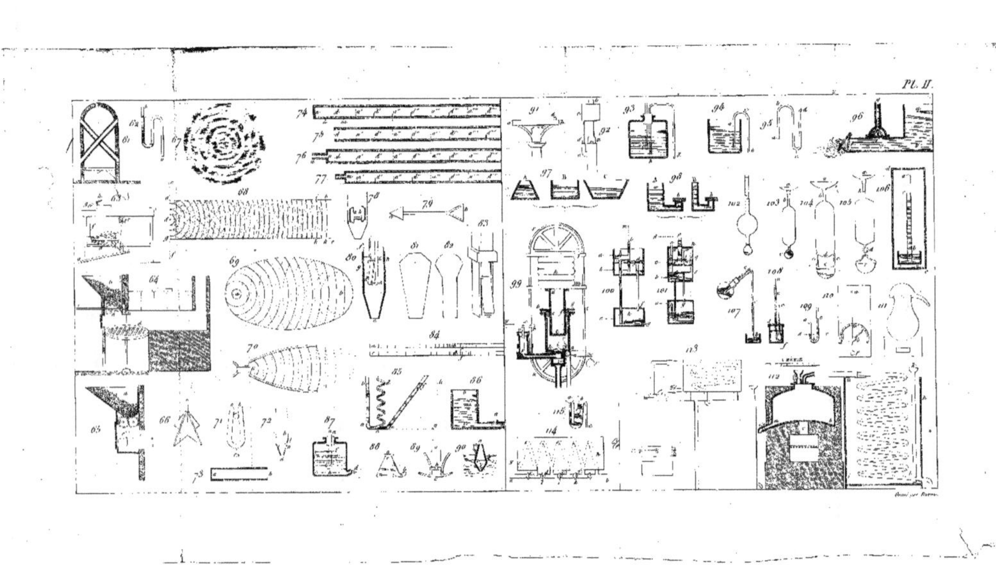

Pl. II.

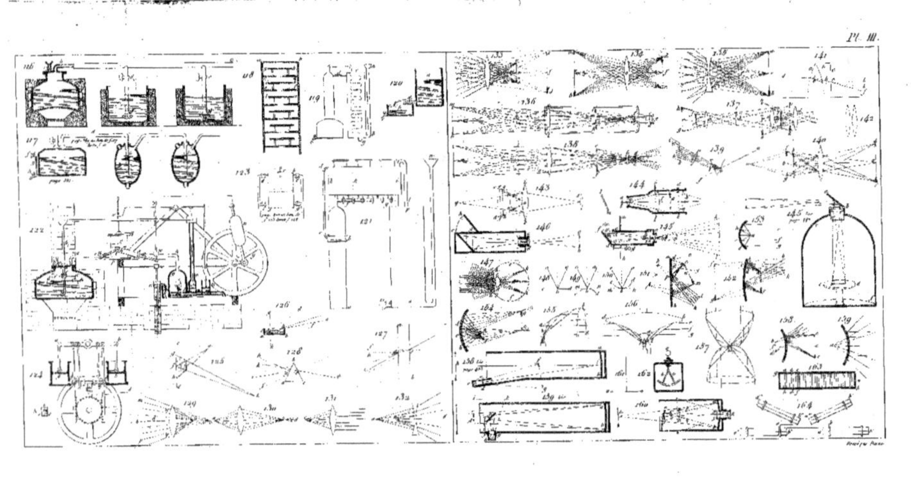

TABLE.

DES CHAPITRES.

LIVRE IV.

FIN DE LA TABLE DES CHAPITRES.

A. PIHAN DELAFOREST,

Imprimeur de M. le Dauphin et de la Cour de Cassation,
rue des Noyers, n° 37.